Probability Theory

제3판

박진호 · 박헌진 · 온일상 · 유동현 · 조민호 · 조성일 · 조성훈 · 황진수 지음

확률론 강의

자유아카데미

머리말

이 책은 2011년에 발간된 인하대학교 김진경 명예교수님의 〈확률론 강의〉에 대한 두 번째 개정판(제3판)으로, 한 학기 동안 학부 확률론 수업을 강의하는 데 적합하게 만들어진 강의 교재이다. 이번 개정판을 준비하게 된 이유는 크게 두 가지이다. 하나는 최근 통계학에서 잘 다루지 않는 내용을 전반적으로 축소하면서 불필요하고 복잡한 예제를 삭제하는 것이며, 다른 하나는 확률과정의 기본개념 및 확률과정 중 가장 많이 활용되는 마르코프 연쇄를 소개하는 것이다.

본 교재는 이전 개정판(제2판)의 오탈자를 전반적으로 수정하고 불필요한 부분을 삭제하였으며, 추가된 마르코프 연쇄의 내용을 포함하여 전체 7개 장으로 구성하였다. 1장에서는 균등확률모형을 적용하기 위해 필요한 경우의 수를 구하는 방법을 소개하고, 2장에서는 조건부 확률과 독립의 개념을 설명하였다. 3장에서는 이산확률분포에 관한 일반적인 내용을 설명하고, 유용한 이산확률분포인 베르누이분포, 이항분포, 기하분포, 음이항분포, 포아송분포의 특징을 소개하였다. 4장에서는 연속확률분포의 정의와 성질을 설명하였고, 정규분포를 비롯하여 균일분포, 지수분포, 감마분포 등 유용한 연속확률분포를 소개하였다. 5장에서는 이차원 이상의 고차원에서 정의되는 결합 확률분포에 관한 일반적인 내용과 다항분포, 다변량 정규분포를 다루고 있으며, 2장에서 학습한 조건부 확률의 개념을 이용하여 조건부 분포와 관련한 여러 문제들을 소개하였다. 6장에서는 통계학에서 매우 유용하게 쓰이는 간단한 극한 정리들을 다루고 있으며, 마지막 7장에서는 확률과정의 기본 개념과 마르코프 연쇄를 소개하였다.

이 책을 준비하면서 기존의 『확률론 강의 제2판』에서 부족하다고 생각한 것들을 보완하였지만 여전히 부족한 부분들이 남아 있을 수 있으며, 아직도 불필요한 예제나 연습문제가 있을 수 있다. 하지만 확률론 수업을 진행하면서 얻는 경험을 통해 더 나은 방향으로 개정되도록 노력할 것을 약속드리며, 출간 후에라도 수정사항이 생길 경우에는 자유아카데미 홈페이지 자료실(www.freeaca.com)에 해당 내용을 제공할 예정이니 참고하기를 바란다.

마지막으로 인하대학교 학생들의 확률론 학습을 위해 처음 이 책을 집필해주신 인하대학교 김진경 명예교수님께 감사의 인사를 드리고, 이 책의 출판에 도움을 주신 자유아카데미 여러분께도 감사를 드린다.

2023년 8월

저자 일동

차례

04 연속 확률분포

05 결합 확률분포

06 극한정리

07 확률과정

부록

01

확률의 기본원리

일반적으로 실험이나 관측에서 나올 수 있는 결과는 다양하고 그 중 어떤 결과가 나오는가는 불확실한 경우가 많다. 가장 간단한 예로 동전을 던지는 실험을 생각해 보면 그 간단한 실험의 결과조차도 앞면이 나올지 뒷면이 나올지 불확실하다. 그러나 동전이 온전한 대칭의 형태를 갖고 있다면 동전을 던져서 앞면이 나오는 정도나 뒷면이 나오는 정도는 같다고 예상할 수 있다. 이와 같이 불확실한 결과들에 대해서도 어떤 질서나 법칙이 존재하는데, 이러한 체계적인 질서나 법칙을 연구하는 학문분야가 확률론이다.

이 장에서는 확률론의 기본원리를 다양한 예제를 통하여 익힌다. 우선 확률론에서 사용하는 기본적인 용어와 확률의 공리, 공리로부터 얻어지는 여러 정리들을 살펴본다. 유한 표본공간에서 확률을 계산하는 데 가장 기본적인 모형인 균등 확률모형을 소개하고, 균등 확률모형을 적용하는 데 필수적인 도구인 경우의 수를 구하는 여러 법칙들을 알아본다. 또한 연속 표본공간에서의 균일 확률모형에 대해서도 공부한다.

1. 표본공간과 사건

실험이나 관측의 가능한 결과가 하나가 아니라 여러 개일 때, 그 불확실성을 설명하기 위해 확률이 이용된다. 확률을 체계적으로 공부하기 위해 필요한 기본적인 용어들은 다음과 같다.

> **표본공간**(sample space: Ω)
> 실험에서 나올 수 있는 모든 결과들의 모임
>
> **사건**(집합, event: $A, B, \cdots$)
> 표본공간의 부분집합으로 어떤 특성을 갖는 결과들의 모임
>
> **근원사건**(elementary outcome: $\omega_1, \omega_2, \cdots$)
> 표본공간을 구성하는 결과 중 하나의 원소로 이루어진 사건

예를 들어 동전을 두 번 던지는 실험을 고려하면 표본공간은 $\Omega = \{HH, HT, TH, TT\}$가 되고, $\{HH\}$, $\{HT\}$, $\{TH\}$, $\{TT\}$는 4개의 근원사건이 된다. 또한 첫 번째 동전이 앞면인 사건을 A라고 하면 $A = \{HH, HT\}$가 되고 HH, HT 중의 하나가 일어날 때 A가 일어났다고 말한다.

고려하는 사건 중에 가장 작은 사건은 아무 원소도 포함하지 않는 사건인 **영사건**(공집합, null event; $\varnothing$)이다. 이 영사건은 사건들 간의 관계를 설명하는 데 중요한 개념으로 사용된다. 또한 확률론에서 중요하게 사용되는 사건으로 **여사건**(여집합, complementary event)이 있다. 어떤 사건 A에 대하여 A의 여사건은 A의 원소를 제외한 표본공간의 모든 원소를 포함하는 사건으로 정의하며 A^c로 표현한다. 즉, $A^c = \{\omega \in \Omega : \omega \notin A\}$을 만족한다.

또한 사건 간의 연산을 통해 새로운 사건을 얻기도 하는데 다음은 두 사건의 합과 곱의 연산방법을 정리한 것이다.

> **합사건**(union: $A \cup B$)
> 두 사건 A 혹은 B에 포함되는 원소들의 집합
> $A \cup B = \{\omega \in \Omega : \omega \in A \text{ or } \omega \in B\}$

곱사건(intersection: AB, $A\cap B$)
두 사건 A와 B 모두에 포함되는 원소들의 집합
$A\cap B = AB = \{\omega\in\Omega : \omega\in A,\ \omega\in B\}$

예제 1.1

어느 모임에 참석한 3쌍의 부부의 직업은 다음과 같다.

남편1: 소아과 의사,	부인1: 산부인과 의사
남편2: 소아과 의사,	부인2: 주부
남편3: 회계사,	부인3: 공무원

이 6명 중 임의로 한 사람을 선택할 때 사건 A, B, C를 다음과 같이 정의한다고 하자.

A: 선택한 사람이 남자인 사건
B: 선택한 사0람이 의사인 사건
C: 선택한 사람이 두 번째 부부 중 한 명인 사건

다음 각 경우의 사건을 A, B, C의 연산으로 표현하라.

(1) D: 세 번째 부부 중 한 명을 선택
(2) E: 소아과 의사를 선택
(3) F: 직업을 가지고 있는 사람을 선택

풀이 위에서 설명한 세 개의 사건 A, B, C를 그림과 같이 벤다이어그램으로 표현할 수 있다.

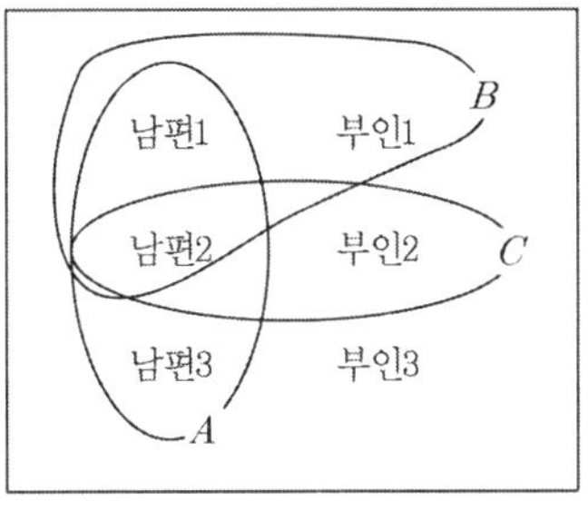

이를 참고하여 각 사건을 다음과 같이 표현할 수 있다.

(1) $D = B^c \cap C^c = (B \cup C)^c$

(2) $E = A \cap B$

(3) $F = B \cup C^c$

합사건이나 곱사건과 같은 연산은 세 개 이상의 사건, 심지어는 무한개의 사건에 대해서도 정의할 수 있다. 예를 들어 위 예제 1.1에서 사건 G를 부인3을 선택하는 사건이라고 하면 사건 G는 사건 A, B, C 중 하나도 일어나지 않았을 때에 해당한다. 따라서 사건 G는 다음과 같이 세 사건의 연산으로 표현할 수 있다.

$$G = A^c \cap B^c \cap C^c$$

일반적으로 n개의 사건, 혹은 무한개의 사건 A_k, $k = 1, 2, \ldots, n, \ldots$에 대한 연산을 다음과 같이 정의한다.

- $\cup_{k=1}^{n} A_k = A_1 \cup A_2 \cup \cdots \cup A_n$
- $\cup_{k=1}^{\infty} A_k = A_1 \cup A_2 \cup \cdots$
- $\cap_{k=1}^{n} A_k = A_1 \cap A_2 \cap \cdots \cap A_n$
- $\cap_{k=1}^{\infty} A_k = A_1 \cap A_2 \cap \cdots$

다음의 두 예제에서는 여러 사건의 연산이 갖는 의미를 살펴볼 수 있다.

예제 1.2

동전을 무한히 던지는 실험에서 사건 A_k가 k번째 던지기에서 H가 나오는 사건이라고 할 때 다음 사건의 의미를 해석하라.

(1) $\cup_{k=1}^{5} A_k$

(2) $\cup_{k=1}^{\infty} A_k$

(3) $\cap_{k=3}^{\infty} A_k$

풀이 합사건과 곱사건의 정의로부터 다음을 알 수 있다.

(1) 처음 5번의 던지기에서 적어도 한 번 H가 나온다.

(2) 처음부터 시작해서 적어도 한 번 H가 나온다.

(3) 3번째 이후의 던지기에서 모두 H가 나온다.

예제 1.3

[대응문제] 5명의 사람이 중요한 회의를 하기에 앞서 회의 시작 전에 휴대전화를 맡겨 놓았다가 회의가 끝난 후에 휴대전화를 무작위로 돌려받는다고 하자. 다음과 같이 사건을 정의할 때

B: 아무도 자신의 휴대전화를 받지 못할 사건

A_k: k번째 사람이 자신의 휴대전화를 받는 사건, $k=1,\dots,5$

사건 B를 사건 $A_1, \dots, A_5$를 이용하여 표현하라.

풀이 사건 B는 어떤 $k=1,\dots,5$에 대해서도 A_k가 일어나지 않아야 하므로

$$B = \cap_{k=1}^{5} A_k^c$$

로 표현할 수 있다.

이 예제의 경우 다른 각도에서 보면 사건 B는 최소한 한 명이라도 자신의 휴대전화를 돌려받는 사건의 여사건이므로

$$B = \left(\cup_{k=1}^{5} A_k\right)^c$$

로도 표현할 수 있다. 이와 같은 관계를 일반화시키면 다음과 같이 합사건과 곱사건의 여사건에 대하여 유용한 **드 모르강(De Morgan) 법칙**을 얻을 수 있다.

드 모르강 법칙

- $\left(\cup_{k=1}^{n} A_k\right)^c = \cap_{k=1}^{n} A_k^c$: $A_1, \dots, A_n$ 중 하나도 일어나지 않는다.
- $\left(\cap_{k=1}^{n} A_k\right)^c = \cup_{k=1}^{n} A_k^c$: $A_1, \dots, A_n$ 중 적어도 하나는 일어나지 않는다.

사건의 연산인 합사건과 곱사건은 수의 연산법칙과 유사한 다음과 같은 법칙을 따른다.

사건의 연산법칙

교환법칙:	$A \cup B = B \cup A$	$AB = BA$
결합법칙:	$A \cup (B \cup C) = (A \cup B) \cup C$	$A(BC) = (AB)C$
분배법칙:	$A(B \cup C) = AB \cup AC$	$A \cup (BC) = (A \cup B)(A \cup C)$

위의 세 법칙은 분배법칙의 두 번째 식을 제외하면 $\cup$ 을 더하기로, $\cap$ 을 곱하기로 생각할 때 기존의 수의 연산법칙으로 설명된다.

사건들 사이의 관계를 설명하는 중요한 개념의 하나로 **배반사건**(disjoint; mutually exclusive events)이 있다. 두 사건 A와 B가 배반사건이기 위해서는 서로 하나의 원소도 공유하지 않아야 한다. 즉, $A \cap B = \varnothing$ 이면 두 사건을 배반사건이라고 한다. 임의의 $k(\le \infty)$개의 사건 $A_1, \ldots, A_k$가 서로 배반사건이기 위해서는 어떤 두 개의 사건도 배반사건이어야 한다. 즉, 모든 $i \ne j$에 대하여 $A_i \cap A_j = \varnothing$ 이 성립하면 $A_1, \ldots, A_k$가 서로 배반인 사건이라고 할 수 있다.

배반사건의 예는 무수히 많지만 확률의 문제에서 자주 마주치는 특별한 예는 어떤 사건과 그 사건의 여사건의 관계이다. 즉, 어떤 임의의 사건 B도 여사건 B^c와 서로 배반사건이다. 이 특별한 두 사건 B와 B^c는 배반사건일 뿐 아니라 합사건이 표본공간 전체를 이룬다. 따라서 표본공간을 겹치지 않게 분할하고, 그림 1.1과 같이 임의의 사건 A도 분할한다. 이를 분배법칙의 첫 번째 식을 이용하여 설명하면 다음과 같다.

$$A = A \cap \Omega = A(B \cup B^c) = (AB) \cup (AB^c)$$

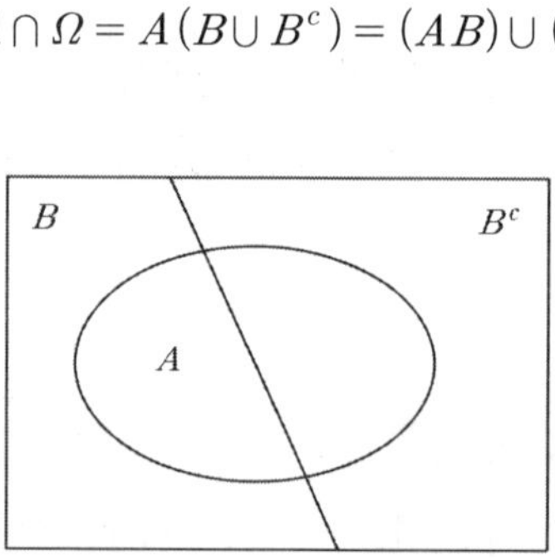

그림 1.1 $A = (AB) \cup (AB^c)$

사건 A는 위 식에서와 같이 배반사건 B와 B^c에 의해 분할되어 배반인 두 사건 AB와 AB^c의 합사건으로 표현된다. 이 관계식은 다양한 문제에서 확률을 계산하는 데 아주 유용하게 쓰인다.

2. 확률의 공리와 법칙

한 사건의 확률이란 그 사건이 일어날 가능성의 정도를 0과 1 사이의 수치로 나타내는 값이다. 일반적으로 사건 A의 확률은 동일한 조건하에서 실험을 반복할 때 A가 일어나는 횟수의 기대비율을 의미하고 $P(A)$로 표시한다. 이를 조금 이론적인 관점에서 접근하면 확률 $P(\cdot)$는 표본공간의 부분집합에 정의되는 함수로 생각할 수 있다. 확률함수 $P(\cdot)$는 다음과 같이 직관적인 확률의 개념과 일치하는 몇 개의 공리를 만족하는 함수라고 가정한다.

확률의 공리

(i) 임의의 사건 A에 대하여 $0 \le P(A) \le 1$

(ii) $P(\Omega) = 1$

(iii) 무한가법성: 서로 배반인 사건 $A_1, A_2, \ldots$에 대하여 다음을 만족한다.

$$P(\cup_{i=1}^{\infty} A_i) = \sum_{i=1}^{\infty} P(A_i)$$

이 확률의 공리로부터 다음과 같은 몇 가지의 간단한 정리를 얻을 수 있다.

확률의 공리로부터 얻어지는 몇 가지 정리

- $P(\varnothing) = 0$
- 유한가법성: 서로 배반인 사건 $A_1, A_2, \ldots, A_n$에 대하여 다음을 만족한다.

$$P(\cup_{i=1}^{n} A_i) = \sum_{i=1}^{n} P(A_i)$$

- $P(A^c) = 1 - P(A)$
- $A \subset B$이면 $P(A) \le P(B)$이다.
- 가법정리: $P(A \cup B) = P(A) + P(B) - P(A \cap B)$

두 개의 사건 A, B가 서로 배반이면 이는 유한가법성에서 $n=2$인 경우이고, 또한 가법정리의 특별한 경우라고 할 수 있다. 즉, 사건 A, B가 서로 배반이면

$$P(A \cup B) = P(A) + P(B)$$

를 만족한다. 이를 그림 1.1의 상황에 적용하면 다음의 정리를 얻을 수 있다.

정리 1.1

임의의 사건 A, B에 대하여 다음을 만족한다.

$$P(A) = P(AB) + P(AB^c)$$

다음의 예제는 정리 1.1의 간단한 예를 보여 준다.

예제 1.4

어느 도시에서 전체 가정의 6%는 개와 고양이를 기르고, 24%는 개는 기르되 고양이는 기르지 않는다고 한다. 그 도시에서 한 가정을 임의로 선택했을 때 그 가정에서 개를 기르고 있을 확률을 구하라.

풀이 사건을 다음과 같이 정의하면

A: 선택된 가정에서 개를 기르는 사건
B: 선택된 가정에서 고양이를 기르는 사건

구하고자 하는 확률은 $P(A)$이다. 주어진 정보로부터

$$P(AB) = 0.06, \quad P(AB^c) = 0.24$$

를 얻을 수 있다. 따라서 정리 1.1에 의해 구하고자 하는 확률은 다음과 같다.

$$P(A) = P(AB) + P(AB^c) = 0.06 + 0.24 = 0.30$$

앞의 가법정리는 다음과 같이 3개 이상의 사건에 대한 것으로 확장할 수 있다.

정리 1.2

임의의 n개의 사건 $A_1, \ldots, A_n$에 대하여 다음을 만족한다.

$$P(\cup_{i=1}^{n} A_i) = \sum_{i=1}^{n} P(A_i) - \sum_{i<j} P(A_i A_j) + \sum_{i<j<k} P(A_i A_j A_k) + \cdots + (-1)^{r+1} \sum_{i_1 < \cdots < i_r} P(A_{i_1} A_{i_2} \cdots A_{i_r}) + \cdots + (-1)^{n+1} P(A_1 A_2 \cdots A_n)$$

위의 정리 1.2는 수학적 귀납법을 이용하여 증명할 수 있는데, 여기서는 $n=3$의 경우에 대하여 설명하고자 한다. 임의의 세 사건 A, B, C에 대하여 정리 1.2를 적용하면 다음과 같다.

$$P(A \cup B \cup C) = P(A) + P(B) + P(C) - P(AB) - P(AC) - P(BC) + P(ABC)$$

이를 입증하기 위해서 그림 1.2와 같은 벤다이어그램을 그려 보자. 그림 1.2에서 [1], ...,[7]이 해당 부분의 확률을 나타낸다고 하면 다음이 성립한다.

$$P(A \cup B \cup C) = [1] + [2] + [3] + [4] + [5] + [6] + [7]$$

$$\begin{aligned} P(A) + P(B) + P(C) &= ([1] + [4] + [5] + [7]) + ([2] + [4] + [6] + [7]) \\ &\quad + ([3] + [5] + [6] + [7]) \\ &= [1] + [2] + [3] + 2 \times ([4] + [5] + [6]) + 3 \times [7] \end{aligned}$$

$$\begin{aligned} P(AB) + P(AC) + P(BC) &= ([4] + [7]) + ([5] + [7]) + ([6] + [7]) \\ &= [4] + [5] + [6] + 3 \times [7] \end{aligned}$$

$$P(ABC) = [7]$$

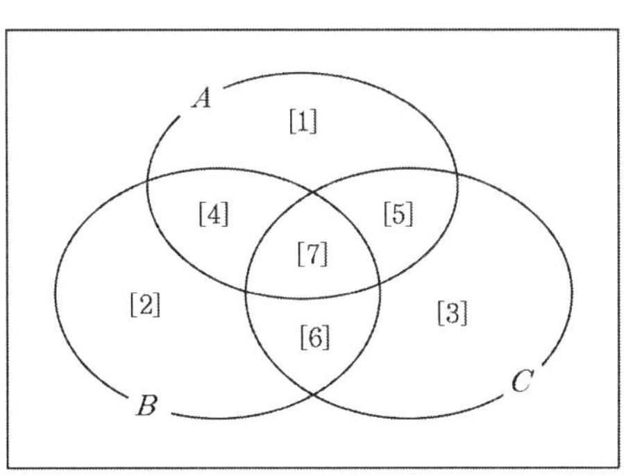

그림 1.2 세 사건의 벤다이어그램

이로부터 원하는 관계식이 성립함을 알 수 있다.

예제 1.5

어느 대학의 통계학과에서는 100명의 3,4학년 학생을 대상으로 새로운 전공선택과목 (A, B, C)을 개설하였다. 새 학기를 맞아 조사한 결과 100명의 학생 중 A를 신청한 학생은 63명, B를 신청한 학생은 57명, C를 신청한 학생은 52명이었고, A와 B를 동시에 신청한 학생은 30명이고, A와 C는 28명, B와 C는 26명이 신청하였다. 또한 9명은 세 과목을 모두 신청하였다. 이때 100명 중 한 명을 임의로 선택해서 어느 과목을 신청했는지 조사한다고 할 때 다음의 확률을 구하라.

(1) 한 과목도 신청하지 않았다.

(2) 정확히 한 과목만 신청했다.

풀이 선택된 학생이 과목 A를 신청한 사건을 사건 A라고 하고, 이와 마찬가지로 과목 B(C)를 선택하는 사건을 $B(C)$라고 하자. 그러면 주어진 정보를 다음과 같이 정리할 수 있다.

$$P(A)=0.63,\quad P(B)=0.57,\quad P(C)=0.52$$
$$P(AB)=0.30,\quad P(AC)=0.28,\quad P(BC)=0.26,\quad P(ABC)=0.09$$

(1) 선택된 학생이 한 과목도 신청하지 않았을 사건을 D라고 하면, 드 모르강 법칙에 의해

$$D=A^cB^cC^c=(A\cup B\cup C)^c$$

로 표현할 수 있다. 따라서 $P(D)=1-P(A\cup B\cup C)$이다. 정리 1.2에 의해

$$P(A\cup B\cup C)=0.63+0.57+0.52-0.30-0.28-0.26+0.09=0.97$$

이므로 구하고자 하는 확률은 다음과 같다.

$$P(D)=1-P(A\cup B\cup C)=1-0.97=0.03$$

(2) 이 문제는 벤다이어그램을 이용하는 것이 쉬우므로 문제의 상황을 설명하는 벤다이어그램을 작성해 보자. 이 문제에서 고려되는 사건이 3개이므로 벤다이어그램의 형태는 그림 1.2의 형태와 같다. 우선 그림 1.2에서 바탕의 확률

은 (1)의 결과로부터 0.3이다. 나머지 각 경우의 확률은 다음과 같이 순차적으로 구할 수 있다.

$$
\begin{aligned}
&[7] = P(ABC) = 0.09 \\
&P(AB) = [4] + [7] = 0.3 \quad \Rightarrow \quad [4] = 0.21 \\
&P(AC) = [5] + [7] = 0.28 \quad \Rightarrow \quad [5] = 0.19 \\
&P(BC) = [6] + [7] = 0.26 \quad \Rightarrow \quad [6] = 0.17 \\
&P(A) = [1] + [4] + [5] + [7] = 0.63 \quad \Rightarrow \quad [1] = 0.14 \\
&P(B) = [2] + [4] + [6] + [7] = 0.57 \quad \Rightarrow \quad [2] = 0.1 \\
&P(C) = [3] + [5] + [6] + [7] = 0.52 \quad \Rightarrow \quad [3] = 0.07
\end{aligned}
$$

이 값들을 이용하여 작성한 그림 1.3의 벤다이어그램은 각 구역에 확률대신 그에 해당하는 학생 수를 표시하였다. 예를 들어 A의 어두운 부분의 숫자 14는 과목 A만 선택한 학생의 수를 나타낸다.

선택된 학생이 정확히 한 과목만 신청한 사건을 E라고 하면, 사건 E는

$$E = (AB^cC^c) \cup (A^cBC^c) \cup (A^cB^cC)$$

로 표현되고 그림 1.3의 벤다이어그램에서 어두운 부분을 나타낸다. 따라서 구하고자 하는 확률은 어두운 부분의 확률의 합인

$$P(E) = 0.14 + 0.1 + 0.07 = 0.31$$

이 된다.

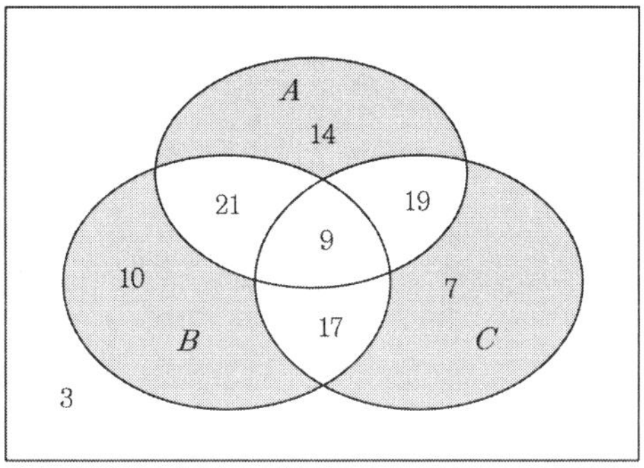

그림 1.3 예제 1.3의 벤다이어그램

예제 1.6

4개의 사건 A, B, C, D에 대하여 다음과 같이 확률이 배정되어 있을 때,

$$P(A)=P(B)=P(C)=P(D)=p_1$$
$$P(AB)=P(AC)=P(AD)=P(BC)=P(BD)=P(CD)=p_2$$
$$P(ABC)=P(ABD)=P(ACD)=P(BCD)=p_3$$
$$P(ABCD)=p_4$$

다음에 설명된 사건의 확률을 p_1, p_2, p_3, p_4로 표현하라.

(1) 4개의 사건 A, B, C, D 중 적어도 하나의 사건이 일어난다.
(2) 4개의 사건 A, B, C, D 중 정확히 3개의 사건이 일어난다.

풀이 (1) 4개의 사건 중 적어도 하나의 사건이 일어나는 사건을 E라고 하면

$$E=A\cup B\cup C\cup D$$

이므로 정리 1.2에 의해서 구하면 다음과 같다.

$$\begin{aligned} P(E) &= 4P(A)-6P(AB)+4P(ABC)-P(ABCD) \\ &= 4p_1-6p_2+4p_3-p_4 \end{aligned}$$

(2) 4개의 사건 중 정확히 3개의 사건이 일어나는 사건을 F라고 하면 다음과 같이 4개의 배반사건의 합사건으로 표현된다.

$$F=(ABCD^c)\cup(ABC^cD)\cup(AB^cCD)\cup(A^cBCD)$$

정리 1.1에 의하면 $P(ABC)=P(ABCD)+P(ABCD^c)$이므로

$$P(ABCD^c)=P(ABC)-P(ABCD)=p_3-p_4$$

이다. F를 이루는 나머지 3개의 사건에 대해서도 마찬가지로 확률을 구할 수 있다. 따라서

$$\begin{aligned} P(F) &= P(ABCD^c)+P(ABC^cD)+P(AB^cCD)+P(A^cBCD) \\ &= 4p_3-4p_4 \end{aligned}$$

이다.

3. 유한 표본공간에서의 균등 확률모형

실제로 확률을 계산할 때 가장 기본이 되는 경우는 표본공간이 유한개의 원소로 이루어져 있고, 각 원소로 표현되는 근원사건들이 모두 같은 정도로 일어나리라고 예상될 때이다. 이와 같은 상황을 모형화한 것이 유한 표본공간에서의 **균등 확률모형**이다. 예를 들어 주사위던지기 실험을 생각해 보면 표본공간을 이루는 6개의 근원사건은 모두 같은 정도로 일어날 것으로 예상할 수 있다. 따라서 각 근원사건의 확률은 1/6이 되고, 고려하는 어떤 사건의 확률도 그 사건을 이루는 원소의 개수로부터 구할 수 있다. 다음은 균등 확률모형을 정리한 것이다.

유한 표본공간에서의 균등 확률모형

표본공간(Ω)이 유한개(m)의 원소로 이루어져 있고, 그에 속하는 모든 결과들이 같은 가능성을 갖고 발생한다고 가정하자. 사건 A가 k개의 원소로 이루어졌다고 할 때 다음을 만족한다.

$$P(A) = \frac{\#(A)}{\#(\Omega)} = \frac{k}{m}$$

단, $\#(A)$는 A에 속한 원소의 개수를 뜻한다.

균등 확률모형을 이용해서 확률을 계산하는 경우에 가장 중요한 일은 각 사건의 원소의 수를 구하는 것이다. 다음의 예제는 균등 확률모형을 적용할 수 있는 표본공간을 만들고, 관심 있는 사건의 경우의 수를 구하여 확률을 계산하는 과정을 보여 준다.

예제 1.7

어느 친목모임에 10가족이 모였다. 각 가족의 구성원의 수를 조사한 결과, 3가족은 1명, 3가족은 2명, 3가족은 3명, 1가족은 4명이었다.

(1) 이 10가족 중 한 가족을 임의로 선택하다면 그 가족의 구성원의 수가 2명일 확률을 구하라.
(2) 이 친목모임의 모인 사람 중 한 명을 임의로 선택하여 그 사람이 속한 가족의 구성원의 수가 2명일 확률을 구하라.

풀이 (1) 여기서 실험은 임의로 가족을 하나 선택하여 구성원의 수를 조사하는 것이다. 이때 나올 수 있는 결과들은 1, 2, 3, 4이다. 그러나 그 결과들로 표본공간을 만들면 각 숫자가 나올 가능성이 다르므로 균등 확률모형을 적용시킬 수 없다. 따라서 균등 확률모형을 적용할 수 있도록 다음과 같이 10가족을 나타내는 10개의 원소로 표현해야 한다.

$$\Omega_1 = \{1,1,1,2,2,2,3,3,3,4\}$$

선택된 가족의 구성원의 수가 2명인 사건을 A라고 하면 A에 포함되는 원소의 수는 10개 중 3개이다. 따라서 구하고자 확률은 3/10=0.3이 된다.

(2) 이 경우 실험은 모임에 모인 사람 중 한 명을 임의로 선택하여 그 사람이 속한 가족의 구성원의 수를 조사하는 것이다. (1)에서와 마찬가지로 균등 확률모형을 적용하려면 표본공간의 각 원소가 모임에 모인 각 사람에 대응하도록 만들어야 한다. 모임에 모인 구성원의 수가

$$3\times1+3\times2+3\times3+1\times4=22$$

이므로 표본공간을 이루는 원소는 22개여야 한다. 즉, 1인 원소가 3개, 2인 원소가 6개, 3인 원소가 9개, 4인 원소가 4개 있는 다음과 같은 표본공간이 필요하다.

$$\Omega_2 = \{1,1,1,2,2,2,2,2,2,3,3,3,3,3,3,3,3,3,4,4,4,4\}$$

선택된 사람이 속한 가족의 구성원의 수가 2인 사건을 B라고 하면 B에 포함되는 원소의 수는 6개이다. 따라서 구하고자 하는 확률은 $6/22=0.2727$이다.

이 예제 1.7의 (2)에서 (1)에 비해 작은 값의 확률을 갖는 이유는 구성원이 2명인 가족은 구성원이 3명 혹은 4명인 가족에 비해서 대표하는 구성원의 수가 작기 때문이다. 만약 구성원의 수가 2가 아니라 1인 경우의 확률을 구한다면 이와 같은 경향은 더 극명하게 나타난다. 즉, 구성원의 수가 1인 확률은 (1)에서와 같이 구할 경우 3/10=0.3이고, (2)에서와 같이 구할 경우 3/22=0.1364로 더 많이 줄어든다. 반대로 구성원의 수가 4인 확률의 경우는 (1)에서와 같이 구할 경우 1/10=0.1인데 반해 (2)에서와 같이 구할 경우 4/22=0.1818로 더 커진다. 즉, 4인 가족을

대표하는 구성원의 수가 많아서 더 많이 대표된다고 할 수 있다.

이 절의 나머지에서는 다양한 상황에서 경우의 수를 계산하는데 필요한 기본적인 몇 가지 법칙을 설명하고자 한다.

덧셈법칙

서로 배반인 k개의 사건 $A_1, A_2, \ldots, A_k$에 대해서 A_i의 원소의 개수가 n_i일 때 $\cup_{i=1}^{k} A_i$의 원소의 개수는 $n_1+\cdots+n_k$이다.

곱셈법칙

단계적으로 실시한 r개의 시행으로 이루어진 실험에서 i번째 시행은 n_i개의 가능한 결과가 있다고 할 때 전체 실험의 총 가능한 결과는 $n_1 \times n_2 \times \cdots \times n_r$이다.

예제 1.8

어느 도시의 자동차 번호판은 여섯 자리로 만들어지는데 처음 세 자리는 영문자로, 나머지 세 자리는 숫자로 구성된다고 한다. 가능한 번호판의 가짓수를 구하라.

풀이 영문자의 가짓수는 26이고, 숫자는 10가지가 있으므로 번호판의 가짓수는 곱셈법칙에 의해서

$$26^3 \times 10^3 = 17576000$$

이다.

예제 1.9

n개의 원소로 이루어진 집합의 가능한 모든 부분집합의 가짓수는 얼마인가?

풀이 우신 원소가 1, 2인 집합 A의 경우를 살펴보지. 가능한 모든 부분집합은

$$\varnothing,\ \{1\},\ \{2\},\ \{1,2\}$$

이다. 한편 집합 A에 정의되는 함수로 함수값이 0 혹은 1의 값만을 갖는 함수를 고려하면, A의 원소의 수가 2이고, 각 원소에 대응하는 함수값이 2가지이므로 가능한 모든 함수는 다음과 같이 4개이다.

$$f_1: f_1(1)=0, \quad f_1(2)=0$$
$$f_2: f_2(1)=1, \quad f_2(2)=0$$
$$f_3: f_3(1)=0, \quad f_3(2)=1$$
$$f_4: f_4(1)=1, \quad f_4(2)=1$$

각 함수에서 함수값 1에 대응하는 원소로 이루어진 집합을 고려하면, 4개의 함수는 다음과 같이 위의 4개의 부분집합에 대응된다.

$$f_1 \leftrightarrow \varnothing, \quad f_2 \leftrightarrow \{1\}, \quad f_3 \leftrightarrow \{2\}, \quad f_4 \leftrightarrow \{1, 2\}$$

즉, 집합 A의 가능한 부분집합의 수는 집합 A에 대응하는 0, 1의 값을 갖는 함수의 가짓수와 같다. 이와 같은 대응 관계는 집합의 원소의 수가 유한개일 때 항상 성립한다. 따라서 n개의 원소로 이루어진 집합의 가능한 부분집합의 수는 그 집합에 정의된 함수값이 0 혹은 1인 함수의 가짓수와 같다. 각 원소에서 가질 수 있는 함수값이 2개이므로 곱셈의 법칙에 의해 가능한 함수의 가짓수는 2^n이다. 따라서 서로 다른 부분집합의 개수도 함수의 개수와 같이 2^n이다.

다음의 예제는 덧셈법칙과 곱셈법칙을 복합적으로 이용하여 경우의 수를 구하는 과정을 보여 준다.

예제 1.10

한 쌍의 연인이 토요일 오후에 만나서 3개의 영화와 2개의 연극 중 하나를 보고 나서 5곳의 식당 중 한 곳에서 저녁을 먹으려고 한다. 5곳의 식당 중 3곳은 커피를 제공하는데, 다른 2곳은 커피를 제공하지 않아서 식사 후 2곳의 커피전문점 중 한 곳에 가려고 한다. 이들이 데이트코스로 선택할 수 있는 경우의 수를 구하고 이 결과들에 균등확률모형을 적용할 수 있는지 판단하라.

풀이 이들 데이트를 우선 관람과 식사, 두 단계로 나눌 수 있다. 첫 번째 관람의 단계에는 덧셈법칙에 의해서 $2+3=5$가지의 경우가 있다. 두 번째 식사와 커피의 단계는 커피를 제공하는 곳과 그렇지 않은 곳을 나눠 생각할 수 있다. 커피를 제공하는 식당에 갈 경우 경우의 수는 3이고 커피를 제공하지 않는 곳에 갈 경우 경우의 수는 곱셈법칙에 의해서 $2 \times 2 = 4$이다. 따라서 두 번째 단계의 경우의 수는 덧셈법칙에 의해서 $3+4=7$이다. 이로부터 구하고자 하는 전체 경우의 수는 곱셈법칙에 의해서 $5\times7=35$이다.

이 35개의 결과는 일어나는 정도가 다 같으리라고 예상할 수 없다. 첫 단계인 관람의 종류를 $s_1, \ldots, s_5$라고 표현하고, 두 번째 단계에서 식당의 종류를 $r_1, \ldots, r_5$(r_4, r_5는 커피를 제공하지 않는다), 커피전문점의 종류를 c_1, c_2라고 표현하자. 이들이 선택하는 데이트 과정 중에서 s_1r_1인 경우와 $s_1r_4c_1$인 경우를 비교해 보면 s_1을 선택하는 것은 같고, r_1이나 r_4를 선택하는 정도도 같다. 그러나 r_4를 선택하는 경우 c_1이나 c_2 중 하나를 다시 선택하게 되므로 $s_1r_4c_1$을 선택하는 일은 s_1r_1을 선택하는 것보다 더 일어나기 어려운 일이다. 따라서 이 경우에는 균등 확률모형을 적용시킬 수 없다.

다음은 경우의 수를 계산하는 데 이용하는 대표적인 네 가지 법칙인 **순열**, **조합**, **중복순열**, **중복조합**을 정리한 것이다.

순열

n개의 박스에 서로 다른 $r(\le n)$개의 공을 중복을 허용하지 않고 분배하는 방법의 수;
원소의 수가 n인 집합에서 순서적으로 r개를 비복원 추출하는 방법의 수:

$$_n\mathrm{P}_r = n\times(n-1)\times\cdots\times(n-r+1)$$

조합

n개의 박스에 똑같은 $r(\le n)$개의 공을 중복을 허용하지 않고 분배하는 방법의 수;
원소의 수가 n인 집합에서 순서에 상관없이 r개를 비복원 추출하는 방법의 수:

$$\binom{n}{r} = {}_n\mathrm{C}_r = \frac{n\times(n-1)\times\cdots\times(n-r+1)}{r\times(r-1)\times\cdots\times1}$$

중복순열

n개의 박스에 서로 다른 r개의 공을 중복을 허용하여 분배하는 방법의 수;
원소의 수가 n인 집합에서 순서적으로 r개를 복원 추출하는 방법의 수:

$$n^r$$

중복조합

n개의 박스에 똑같은 r개의 공을 중복을 허용하여 분배하는 방법의 수;
원소의 수가 n인 집합에서 순서에 상관없이 r개를 복원 추출하는 방법의 수:

$$\binom{r+n-1}{r}=\binom{r+n-1}{n-1}$$

위의 네 가지 방법 중에서 순열, 중복순열은 곱셈의 법칙으로부터 쉽게 얻을 수 있다. 예를 들어 각각 1, 2, 3이 적혀 있는 3개의 공을 4개의 박스에 넣는 경우를 생각해 보자. 순열의 경우에는 하나의 박스에 공을 2개 이상 넣을 수 없으므로 첫 번째 공을 넣은 박스에 공을 더 넣을 수가 없다. 따라서 첫 번째 공은 4개 박스 중 하나를 선택해서 넣고, 두 번째 공은 나머지 3개의 박스 중 하나를 선택해서 넣어야 한다. 마찬가지로 마지막 세 번째 공은 2개의 박스 중 하나를 선택해서 넣는다. 따라서 순열의 경우 구하고자 하는 방법의 수는 곱셈법칙에 따라 $4\times3\times2=24$임을 알 수 있다. 중복순열의 경우에는 박스에 2개 이상의 공을 넣을 수 있으므로 박스를 선택할 때마다 선택할 수 있는 박스의 수가 변하지 않는다. 따라서 구하고자 하는 방법의 수는 $4\times4\times4=4^3=64$로 얻을 수 있다. 따라서 n개의 박스에 r개 번호가 적인 공을 분배하는 방법의 수는 순열의 경우에는 ${}_n\mathrm{P}_r$이고, 중복순열의 경우에는 n^r로 일반화된 식을 얻을 수 있다.

이제, 3개의 공에 번호가 없어서 구별이 안 되고 하나의 박스에는 2개 이상의 공이 들어갈 수 없는 조합의 문제를 생각해 보자. 이 경우에는 선택된 박스가 어느 것인가만 따질 뿐 몇 번째로 선택한 것인지는 상관하지 않는다. 따라서 순열의 방식으로 선택된 3개의 박스가 (1,2,3)이거나, (1,3,2), (2,1,3), (2,3,1), (3,1,2) 혹은 (3,2,1)을 다 같은 결과로 본다. 따라서 순열에서 얻어진 경우의 수를 순서대로 나열하는 방법의 수인 $3!=6$로 나눠서 얻을 수 있다. 즉, 조합의 경우 구하고자 하는 방법의 수는 24/6=4이다. 이를 n개의 박스에 r개의 구별이 되지 않는 공을 중복이 허용되지 않는 상태에서 분배하는 경우로 일반화하면 구하고자 하는 경우의 수는 ${}_n\mathrm{C}_r={}_n\mathrm{P}_r/\mathrm{r}!=\binom{n}{r}$이 된다.

중복조합은 공은 구별이 안 되고 하나의 박스에는 2개 이상의 공이 허용되는 경우에 공을 분배하는 문제를 다룬다. 중복조합은 조합, 순열, 중복순열의 경우와는 달리 좀 더 자세한 설명이 필요한데 이를 간단한 예를 통해서 설명하고자 한다. 예를 들어 3개의 박스에 똑같은 공 2개를 중복을 허용해서 나눠 넣는 실험을 고려해 보면 다음 그림과 같이 6가지의 결과가 나올 수 있다.

oo			,		oo		,			oo	,	o	o		,	o		o	,		o	o

이 6이라는 방법의 수가 어떻게 얻어질 수 있는지 설명하기 위해서 각 결과를 조금 다른 형태로 표현해 보자. 우선 공을 '0'이라고 하고 박스와 박스 사이의 경계를 '1'이라고 표현하면, '0011'은 공이 두 개 먼저 있고 그 후에 두 개의 박스의 경계가 나타나므로 첫 박스에만 2개의 공이 들어 있는 것을 나타낸다. 마찬가지로 첫 번째와 두 번째 박스에 공이 하나씩 들어 있는 것은 '0101'로, 첫 번째와 세 번째 박스에 공이 하나씩 들어 있는 것은 '0110'으로 표현할 수 있다. 이를 6가지의 결과에 대해 정리하면 다음과 같다.

oo | |	oo |	| | oo	o | o |	o | | o	| o | o
↓	↓	↓	↓	↓	↓
0011	1001	1100	0101	0110	1010

이와 같은 방법으로 표현할 수 있는 경우의 수는 두 개의 '0'과 두 개의 '1'를 나열하는 방법의 수와 같아서 $\binom{4}{2}=6$이 된다. 이를 일반화시키면 n개의 박스에 r개의 구별되지 않는 공을 분배하는 방법의 수는 r개의 '0'과 $(n-1)$개의 '1'을 나열하는 방법의 수와 같다. 따라서 $\binom{r+n-1}{r}$이 된다.

표본공간의 원소의 개수를 순열, 조합, 중복순열을 이용하여 계산하는 경우에 표본공간의 원소들은 다 같은 정도로 일어나고, 따라서 균등 확률모형을 적용할 수 있다. 그러나 중복조합을 이용할 때는 일반적으로 균등 확률모형을 적용할 수 없다. 예를 들어 구별이 되지 않는 2개의 공을 하나씩 3개의 박스에 분배할 때를 고려해 보자. 이때 0011의 결과와 0101의 결과는 같은 정도로 일어날까? 0011의 결과를 얻으려면 두 개의 공을 넣기 위해 박스를 선택할 때 첫 번째도 두 번째도 1번 박스를 선택해야 한다. 그러나 0101의 결과를 얻으려면 첫 번째에 1번 박스, 두 번째에 2번 박스를 선택하거나 혹은 첫 번째에 2번 박스 두 번째에 1번 박스를 선택해도 된다. 따라서 0011의 결과보다 0101의 결과가 두 배 더 자주 일어난다. 따라서 두 결과가 같은 정도로 일어날 경우에 적용할 수 있는 균등 확률모형을 적용할 수 없다.

만약 구별이 안 되는 2개의 공을 중복을 허용해서 3개의 박스에 넣을 때 서로 다른 박스에 공이 하나씩 들어갈 확률을 구해야 한다면 어떻게 구하는 것이 좋을까?

공이 구별이 되지 않는 상황은 중복조합으로 다뤄야 하지만 그렇게 해서는 균등 확률모형을 적용할 수 없다. 이럴 때는 보통 중복순열의 문제로 확률을 계산한다. 공이 서로 구별이 되건, 안 되건 2개의 공을 3개의 박스에 중복을 허용해서 넣는 과정은 똑같다. 따라서 공이 구별이 되건 안 되건 공이 하나씩 들어가는 확률도 같아야 한다. 그러므로 이 문제를 중복순열의 문제로 풀면 균등 확률모형을 적용해서 쉽게 풀 수 있다. 표본공간의 원소의 수는 $3^2 = 9$ 이고, 선택된 박스의 번호를 순서적으로 기록하면 표본공간은 다음과 같다.

$$\{(1,1),\ (2,2),\ (3,3),\ (1,2),\ (2,1),\ (1,3),\ (3,1),\ (2,3),\ (3,2)\}$$

여기서 하나씩 공이 들어가는 경우의 수는 6가지이므로 구하고자 하는 확률은 6/9=0.67이다.

물론 중복조합을 이용하여 경우의 수를 계산하고 균등 확률모형을 적용하는 문제도 있을 수 있다. 다음의 예제는 중복조합의 개념을 이용해서 표본공간의 원소의 개수를 셀 때 균등 확률모형을 적용할 수 있는 경우와 없는 경우의 예를 보여 준다.

예제 1.11

어떤 사람이 주식투자를 하는데 3종목의 주식을 대상으로 오백만 원을 투자하려고 한다. 투자단위는 백만 원이라고 할 때 다음 각 경우에 한 종목의 주식에 모두 투자할 확률을 구하라.

(1) 백만 원 단위로 투자하는 가능한 방법들을 다 고려한 후 한 가지 방법을 임의로 선택하여 투자한다. 즉, 3종목의 주식을 나타내는 3개의 박스에 똑같은 5개의 공(공 하나가 백만 원을 나타낸다.)을 임의로 배분하는 방법 중 하나를 선택해서 그 결과대로 투자한다.
(2) 백만 원씩을 나눠서 각 백만 원을 3종목의 주식 중 하나를 선택해서 투자한다. 즉, 3종목의 주식 중 하나를 선택해서 백만 원을 투자하고, 또 다시 3종목의 주식 중 하나를 선택해서 백만 원을 투자하는 과정을 5번 반복한다.

풀이 (1) 돈에는 꼬리표가 붙지 않으므로 3종목의 주식에 백만 원 단위로 5백만 원을 투자하는 방법의 수는 3개의 박스($n = 3$)에 똑같은 5개의 공($r = 5$)을 배분하는 방법의 수와 같다. 따라서 중복조합의 개념을 적용하면 가능한 모든 방

법의 수는

$$\binom{r+n-1}{r} = \binom{5+3-1}{5} = \binom{7}{2} = 21$$

이고, 21가지 방법 중 하나의 방법을 임의로 선택해서 투자한다고 하였으므로 이 결과들에는 균등확률모형을 적용시킬 수 있다. 또한 한 종목의 주식에 모두 투자하는 경우의 수는 3종목의 주식이 있으므로 3이다. 따라서 구하고자 하는 확률은 $3/21 = 0.1429$이다.

(2) 위의 (1)에서 언급한 바와 같이 돈에는 꼬리표가 붙지 않으므로 투자 결과의 형태를 놓고 보면 구별되는 방법의 수는 (1)에서와 같이 21가지의 방법이 있다. 그러나 이 경우에는 각 투자 결과가 일어나는 정도가 균등하지 않다. 예를 들어 첫 번째 주식에 모든 돈을 투자하려면 3종류의 주식 중 하나를 선택하는 5번의 선택에서 모두 1을 선택해야 한다. 그러나 첫 번째 주식에 백만 원, 두 번째 주식에 사백만 원을 투자하려면 5번의 선택에서 한번 1을 선택하고 나머지는 2를 선택하면 되므로 이 투자 결과는 첫 번째 주식에 모두 투자하는 것에 비해 5배나 자주 일어난다. 따라서 이 경우에는 중복조합의 개념으로 방법의 수를 세면 균등확률모형을 적용할 수 없고, 중복순열의 개념을 이용해야 비로소 균등확률모형을 적용할 수 있다. 즉, 각 백만 원마다 3종목의 주식에 투자할 수 있으므로 3개($n=3$)의 가능한 결과가 있는 시행을 5번($r=5$) 반복하는 것과 같아서 가능한 방법의 수는

$$n^r = 3^5 = 243$$

으로 계산해야 한다. 또한 이 경우에도 한 종목의 주식에 모두 투자하는 경우의 수는 3종목의 주식이 있으므로 3이다. 따라서 구하고자 하는 확률은 $3/243 = 0.01235$이다.

다음의 예제들은 앞에서 정리한 법칙을 적용하여 풀 수 있는 다양한 문제들을 다룬다.

예제 1.12

앞의 예제 1.8에서 하나의 번호판을 임의로 선택한다고 할 때, 여섯 자리에 사용된 숫자나 문자가 모두 다른 번호판을 선택할 확률을 구하라.

풀이 모든 가능한 번호판의 가짓수는 $26^3 \times 10^3$이고, 원하는 특징을 만족하는 번호판의 가짓수는 ${}_{26}\mathrm{P}_3 \times {}_{10}\mathrm{P}_3$이다. 따라서 균등 확률모형을 적용하면 구하고자 하는 확률은

$$\frac{{}_{26}\mathrm{P}_3 \times {}_{10}\mathrm{P}_3}{26^3 \times 10^3} = \frac{26 \times 25 \times 24 \times 10 \times 9 \times 8}{26^3 \times 10^3} = 0.6391$$

이다.

예제 1.13

1~5까지의 숫자가 적혀 있는 5개의 박스에 7개의 공을 하나씩 임의로 넣는다고 할 때 다음 물음에 답하라.

(1) 첫 번째 박스에 2개의 공이 들어갈 확률을 구하라.
(2) 5개의 박스 중 3개 이상 비어 있을 확률을 구하라.
(3) 비어 있는 박스가 없을 확률을 구하라.

풀이 이 경우 공이 똑같아서 서로 구별이 가능하지 않다고 하더라도 균등 확률모형을 적용하기 위해서 중복순열에 의해서 표본공간을 만들어야 한다. 따라서 표본공간의 원소의 수는 $\#(\Omega) = 5^7$이다.

(1) 첫 번째 박스에 2개의 공의 들어가는 사건을 A라고 하면 $\#(A)$는 7개의 공 중에서 첫 번째 박스에 들어갈 공 2개를 선택하는 방법의 수 $\binom{7}{2}$에 5개의 공을 나머지 4개의 박스에 넣는 방법의 수 4^5을 곱해서 얻을 수 있다. 따라서 구하고자 하는 확률은 다음과 같다.

$$P(A) = \frac{\binom{7}{2}4^5}{5^7} = 0.2753$$

(2) 5개의 박스 중 3개 이상 비어 있는 경우의 수는 4개의 박스가 비어 있는 경우의 수에 3개의 박스가 비어 있는 경우의 수를 더해서 얻을 수 있다. 4개의 박스가 비어 있는 경우의 수는 하나의 박스를 골라서 모든 공을 집어넣으면 되므로 $\binom{5}{1} = 5$이다. 정확하게 3개의 박스가 비어 있는 경우의 수는 2개의

박스를 선택하는 방법의 수에 선택한 2개의 박스에 하나의 박스도 비어 있지 않도록 넣는 방법의 수를 곱해서 얻는다. 2개의 박스를 선택하는 방법의 수는 $\binom{5}{2}$이고, 2개의 박스에 하나의 박스도 비어 있지 않도록 넣는 방법의 수는 2개의 박스에 7개의 공을 넣는 방법의 수 2^7에서 한쪽의 박스에만 넣는 방법의 수 (1+1)을 빼주면 된다. 이를 정리하면 5개의 박스 중 3개 이상 비어 있는 경우의 수는 다음과 같다.

$$\binom{5}{1}+\binom{5}{2}(2^7-1-1)=1265$$

따라서 구하고자 하는 확률은 $1265/5^7=0.01619$이다.

(3) 이 문제를 풀기 위해서는 앞의 정리 1.2를 이용해야 한다. 비어 있는 박스가 없는 사건을 B라고 하고 A_i를 i번째 박스가 비어 있는 사건이라고 하면 사건 B는 나음과 같은 관계가 있다.

$$B=\cap_{i=1}^{5}A_i^c=(\cup_{i=1}^{5}A_i)^c$$

따라서 $P(B)=1-P(\cup_{i=1}^{5}A_i)$이고, 정리 1.2에 의하면

$$\begin{aligned}P(\cup_{i=1}^{5}A_i)=&\sum_{i=1}^{5}P(A_i)-\sum_{i<j}^{5}P(A_iA_j)+\sum_{i<j<k}^{5}P(A_iA_jA_k)\\&-\sum_{i<j<k<l}^{5}P(A_iA_jA_kA_l)+P(A_1A_2A_3A_4A_5)\end{aligned}$$

이 성립한다. 모든 박스는 같은 조건에 있고, 5개의 박스가 다 비어 있을 수는 없으므로 위 식은 다음과 같이 조금 간단한 식이 된다.

$$P(\cup_{i=1}^{5}A_i)=5P(A_1)-10P(A_1A_2)+10P(A_1A_2A_3)-5P(A_1A_2A_3A_4)$$

이때, 사건 A_1은 첫 번째 박스가 비어 있고, 나머지 박스는 비어 있건 상관없는 사건을 나타내므로 $\#(A_1)$은 7개의 공을 나머지 4개의 박스에 넣는 방법의 수인 4^7이다. 마찬가지로 A_1A_2는 처음 두 박스가 비어 있어야 하므로 $\#(A_1A_2)$는 7개의 공을 3~5번째 박스에 넣는 방법의 수인 3^7이다. 이와 같은 방법으로 $\#(A_1A_2A_3)=2^7$, $\#(A_1A_2A_3A_4)=1$을 구할 수 있다. 따라서

$$P(\cup_{i=1}^{5} A_i) = 5\left(\frac{4}{5}\right)^7 - 10\left(\frac{3}{5}\right)^7 + 10\left(\frac{2}{5}\right)^7 - 5\left(\frac{1}{5}\right)^7 = 0.78496$$

이고, 구하고자 하는 확률은 $P(B) = 1 - 0.78496 = 0.21504$이다.

예제 1.14

3쌍의 부부와 4명의 비혼자가 있다. 비혼자 중 2명은 여자이고, 2명은 남자이다. 이 10명의 사람들을 한 줄로 줄을 세운다고 할 때 다음 물음에 답하라.

(1) 비혼자 중 어느 2명도 연속해서 나란히 서지 않을 확률을 구하라.

(2) 기혼자들에게는 검은 공을, 비혼자들에게는 흰 공을 나눠주고, 사람이 아니라 그 공만을 확인할 수 있다면 흰 공들이 모두 떨어져 있을 확률을 구하라.

풀이 (1) 10명을 한 줄로 세우는 경우의 수는 $10!$이다. 비혼자가 연속해서 나란히 서지 않는 경우의 수는 일단 기혼자들을 세우는 경우의 수 $6!$에 기혼자들 사이나 양 끝 7개의 자리 중에 4개의 자리를 선택하는 경우의 수 $\binom{7}{4}$와 선택한 4개의 자리에 비혼자들을 세우는 경우의 수 $4!$를 곱해서 구한다. 따라서 구하고자 하는 확률은 다음과 같다.

$$\frac{\binom{7}{4}6!\,4!}{10!} = 0.1\dot{6}$$

(2) (1)의 경우에서 공들은 사람들과 달리 구별할 수 없으므로 같은 색의 공들을 줄 세우는 가짓수는 고려하지 않아도 된다. 따라서 전체 경우의 수는 열 개의 공 중에 흰 공의 위치만 결정하면 되므로 $\binom{10}{4}$이다. 흰 공들이 모두 떨어져 있으려면 검은 공들을 먼저 세우고 검은 공들의 사이와 양 끝 자리인 7자리 중 4개를 선택해서 흰 공을 넣어야 한다. 따라서 이 경우의 가짓수는 $\binom{7}{4} = 35$이다. 따라서 구하고자 하는 확률은 (1)의 경우와 같이

$$\binom{7}{4}\Big/\binom{10}{4} = 0.1\dot{6}$$

이다.

예제 1.15

카드 한 팩에는 52장의 카드가 들어 있는데, 4가지 모양(하트, 스페이드, 다이아몬드, 클로버)이 각 13장씩 있고, 같은 모양의 카드는 13가지의 숫자(A, 2~10, J, Q, K)로 이루어져 있다. 한 사람에게 5장의 카드가 주어지는 포커게임에서, 모양과 상관없이 2장이 같은 숫자이고 나머지 3장은 모두 각기 다른 숫자이면 이를 원 페어라고 한다. 원 페어를 가질 확률을 구하라.

풀이 52장의 카드에서 5장을 임의로 선택하는 경우의 수는 $\binom{52}{5}$이고, 모두 같은 정도로 일어나므로 균등 확률모형을 적용시킬 수 있다. 원 페어의 경우의 수를 구하여 보자. 원 페어가 나오기 위해서는 13개의 숫자 중 하나의 숫자를 두 장 받아야 하므로 13종류의 원 페어가 있다. 만약 에이스 원 페어를 고려하면 원 페어의 경우의 수는 다음과 같이 에이스 원 페어의 경우의 수에 13을 곱해서 얻을 수 있다.

$$\#(\text{원 페어}) = 13 \times \#(\text{에이스 원 페어})$$

에이스 원 페어는 우선 4종류의 에이스 중에 두 개를 받아야 하고 나머지 3장은 모두 숫자가 달라야 한다. 4종류의 에이스 중 2개를 선택하는 방법의 수는 $\binom{4}{2}$이고, 나머지 3장이 에이스 이외의 서로 다른 숫자인 경우의 수는 우선 에이스를 제외한 12개의 숫자 중 3개를 선택하는 경우의 수 $\binom{12}{3}$에, 각 숫자의 종류가 4개이므로 4^3을 곱해서 얻을 수 있다. 따라서

$$\#(\text{에이스 원 페어}) = \binom{4}{2}\binom{12}{3} \times 4^3$$

이고, 원 페어의 경우의 수는 $13 \times \binom{4}{2}\binom{12}{3} \times 4^3$이다. 따라서 균등 확률모형을 적용하여 원 페어의 확률을 구하면

$$\frac{13 \times \binom{4}{2}\binom{12}{3} \times 4^3}{\binom{52}{5}} = 0.4226$$

이다.

다음 예제는 예제 1.3의 경우를 확장해서 일반적인 형태의 대응문제를 다룬다.

예제 1.16

[대응문제] N명의 사람이 중요한 회의를 하기에 앞서 회의 시작 전에 휴대전화를 맡겨놓았다가 회의가 끝난 후에 무작위로 휴대전화를 돌려받는다고 할 때 다음 물음에 답하라.

(1) 자신의 휴대전화를 받는 사람이 아무도 없을 확률을 구하라.
(2) $N=5$일 때 휴대전화를 받는 사람이 아무도 없는 경우의 수를 구하라.
(3) 정확히 k명이 자신의 휴대전화를 받을 확률을 구하라.

풀이 사람들에게 임의로 휴대전화를 나눠 주는 방법의 수는 $N!$이다. 사건 A_i를 i번째 사람이 자신의 휴대전화를 받는 사건이라고 하자.

(1) B_N을 자신의 휴대전화를 받는 사람이 한 명도 없는 사건이라고 하면

$$B_N = (A_1 \cup A_2 \cup \cdots \cup A_N)^c$$

이 성립한다. 따라서 사건 B_N의 확률은 $P(B_N) = 1 - P(\cup_{i=1}^N A_i)$로 구할 수 있다. 정리 1.2에 의하면

$$\begin{aligned} P(\cup_{i=1}^N A_i) = & \sum_{i=1}^N P(A_i) - \sum_{i<j} P(A_i A_j) + \sum_{i<j<k} P(A_i A_j A_k) \\ & + \cdots + (-1)^{r+1} \sum_{i_1 < \cdots < i_r} P(A_{i_1} \cdots A_{i_r}) \\ & + \cdots + (-1)^{N+1} P(A_1 \cdots A_N) \end{aligned}$$

이다. N명의 모든 사람들의 입장이 같으므로 각 항의 $\sum$는 모두 같은 값들의 합이 된다. 따라서 위 식은 다음과 같이 쓸 수 있다.

$$\begin{aligned} P(\cup_{i=1}^N A_i) = & NP(A_1) - \binom{N}{2} P(A_1 A_2) + \binom{N}{3} P(A_1 A_2 A_3) \\ & + \cdots + (-1)^{r+1} \binom{N}{r} P(A_1 \cdots A_r) \end{aligned}$$

$$+ \cdots + (-1)^{N+1} P(A_1 \cdots A_N)$$

첫 번째 사람이 자신의 휴대전화를 받는 사건 A_1이 일어나려면 첫 번째 사람에게는 그 사람의 휴대전화를 주고, 나머지 $(N-1)$명의 사람들에게 임의로 나눠 주면 된다. 따라서

$$P(A_1) = \frac{(N-1)!}{N!} = \frac{1}{N}$$

이다. 마찬가지로 임의의 $r(2 \le r \le N)$에 대하여 첫 r명의 사람이 자신의 휴대전화를 받는 사건 $A_1 \cdots A_r$이 일어나려면 첫 r명의 사람에게는 그들의 휴대전화를 주고 나머지 $(N-r)$명의 사람들에게는 임의로 나눠주면 된다. 따라서

$$P(A_1 \cdots A_r) = \frac{(N-r)!}{N!} = \frac{1}{N(N-1) \cdots (N-r+1)}$$

이 성립한다. 위의 식에 이를 대입하면 다음을 얻을 수 있다.

$$P(\cup_{i=1}^{N} A_i) = 1 - \frac{1}{2!} + \frac{1}{3!} + \cdots + (-1)^{r+1} \frac{1}{r!} + \cdots + (-1)^{N+1} \frac{1}{N!}$$

따라서 구하고자 하는 확률은

$$P(B_N) = 1 - P(\cup_{i=1}^{N} A_i) = \frac{1}{2!} - \frac{1}{3!} + \cdots + (-1)^r \frac{1}{r!} + \cdots + (-1)^N \frac{1}{N!}$$

이다. 이 확률은 N이 커지면서 $e^{-1} = 0.36788$에 수렴한다.

(2) 위 (1)의 결과로부터 N명이 모두 자신의 휴대전화를 받지 못하는 경우의 수는 다음과 같이 구할 수 있다.

$$\#(B_N) = N! \times P(B_N) = N! \left(\frac{1}{2!} - \frac{1}{3!} + \cdots + (-1)^N \frac{1}{N!} \right)$$

따라서 $N=5$일 때 아무도 자신의 휴대전화를 받지 못하는 경우의 수는 다음과 같이 구할 수 있다.

$$\#(B_5) = 5! \times P(B_5) = 5! \left(\frac{1}{2!} - \frac{1}{3!} + \frac{1}{4!} - \frac{1}{5!} \right) = 44$$

(3) 사건 D를 정확히 k명이 자신의 휴대전화를 받는 사건이라고 하자. 균등 확률모형을 이용하여 사건 D의 확률을 계산하기 위해서 D의 경우의 수를 계산하고자 한다. D가 일어나려면 일단 N명 중 k명을 선택해서 그들에게는 자신의 휴대전화를 주고, 나머지 $(N-k)$는 한 명도 자신의 휴대전화를 받지 못하도록 나눠줘야 한다. N명 중 k명을 선택하는 방법의 수는 $\binom{N}{k}$이고, 여기에 나머지 $(N-k)$명 중 한 명도 자신의 휴대전화를 받지 못하는 경우의 수 $\#(B_{N-k})$를 곱하면 D의 경우의 수가 된다. 따라서 D의 경우의 수는

$$\binom{N}{k}(N-k)!\left(\frac{1}{2!}-\frac{1}{3!}+\cdots+(-1)^{N-k}\frac{1}{(N-k)\,!}\right)$$

이고, D의 확률은

$$P(D)=\frac{\#(D)}{N!}=\frac{1}{k!}\left(\frac{1}{2!}-\frac{1}{3!}+\cdots+(-1)^{N-k}\frac{1}{(N-k)!}\right)$$

이다.

4. 연속 표본공간에서의 균일 확률모형

앞 절에서는 표본공간이 유한개의 원소로 이루어져 있을 때 그 부분집합의 확률이 표본공간의 원소의 개수에 대한 부분집합의 원소의 개수의 비율로 표현되는 균등 확률모형을 공부하였다. 이 절에서는 표본공간 Ω의 원소가 셀 수 없는 연속체, 즉 직선이나 평면, 혹은 다차원 공간에서의 유계인 연속집합으로 표현되는 경우에 적용시킬 수 있는 **균일 확률모형**을 다루고자 한다.

연속 표본공간에서의 균일 확률모형
표본공간(Ω)이 직선이나 평면 혹은 다차원 공간에서의 유계인 연속집합으로 표현되고 그 집합 내에서는 확률이 균일하게 분포한다고 가정하면 부분집합 A의 확률은 표본공간의 크기 $|\Omega|$에 대한 A의 크기 $|A|$의 비율로 구할 수 있다. 즉,

$$P(A)=\frac{|A|}{|\Omega|}$$

단, 여기서 크기 $|\cdot|$은 길이, 넓이 혹은 부피 등을 나타낸다.

다음의 두 예제에서는 균일 확률모형을 이용하여 확률을 계산하는 문제를 다룬다.

예제 1.17

반지름(단위: cm)이 20인 원판이 반지름이 5, 15인 두 개의 동심원에 의해 세 구역(중심부터 첫 번째, 두 번째, 세 번째 구역)으로 나뉘어 있다. 이 원판에서 임의로 한 점을 선택한다고 할 때, 두 번째 구역에 속할 확률을 구하라.

풀이 구하고자 하는 확률은 두 번째 구역의 넓이를 전체 원판의 넓이로 나눈 것이다. 전체 원판의 넓이가 $20^2\pi=400\pi$이고, 가운데 부분의 넓이가 $(15^2-5^2)\pi=200\pi$이므로 확률은 1/2이다.

예제 1.18

길이가 1인 막대기를 임의로 세 조각으로 나눌 때 이 세 조각으로 삼각형을 만들 수 있는 확률을 구하라.

풀이 막대기를 눈금자 위에 왼쪽 끝이 0에 오도록 놓는다고 하자. 막대기를 세 조각으로 나누는 두 지점 중 왼쪽의 위치를 a, 오른쪽의 위치를 b라고 하면 a와 b는 $0<a<b<1$을 만족시킨다. 따라서 (a, b)를 2차원 평면 위의 한 점이라고 생각하면 (a, b)가 놓일 수 있는 구역은 그림 1.6(1)의 삼각형이고 그 구역 내에서 균일하게 놓일 수 있다. 이 구역 중에서 막대기의 세 조각으로 삼각형을 만들 수 있으려면 a와 b는 다음을 만족시켜야 한다.

$$a<1/2,\quad b>1/2,\quad b-a<1/2$$

따라서 이를 만족시키는 구역을 그림 1.4(1) 위에 표현하면 그림 1.4(2)에서 어두운 부분이 된다. 따라서 구하고자 하는 확률은 어두운 부분의 넓이를 전체의 넓이로 나눈 값이므로 1/4이다.

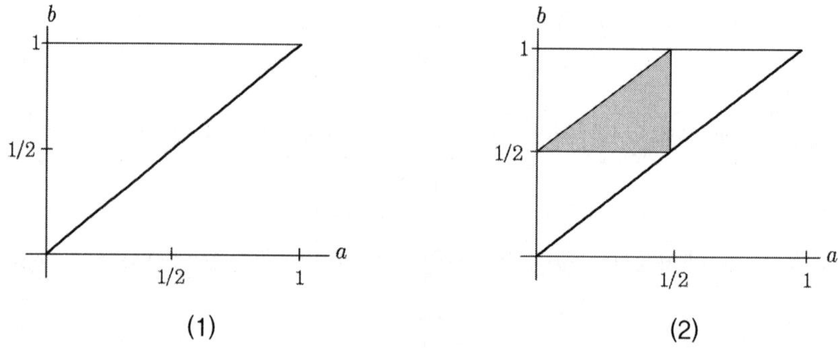

그림 1.4

다음의 예제에서는 **베르트랑의 역설**(Bertrand's Paradox)이라고 불리는 유명한 문제를 소개한다. 이 예제는 '임의로'라는 뜻을 명확하게 정의하지 않을 때 생기는 문제를 연속 표본공간에서의 균일 확률모형을 이용하여 보여 준다.

예제 1.19

[베르트랑의 역설] 한 원에서 임의로 현을 그릴 때, 현의 길이가 그 원에 내접하는 정삼각형의 한 변의 길이보다 클 확률을 구하라.

풀이 문제에서 '임의로 현을 그릴 때'가 명확하게 정의되지 않아서 문제의 답이 여러 가지로 나올 수 있다. 여기서는 반지름이 1인 원에서 현을 '임의로' 그리는 다음 세 가지의 경우를 살펴보기로 한다. (그림 1.5 참조)

(1) 그림 1.5(1)에서와 같이 '임의로' 원의 중심을 지나는 현을 하나 긋고, 현 위의 한 점을 '임의로' 선택한 후 기존에 그려진 중심을 지나는 현과 직각이 되도록 현을 그린다.

(2) 원둘레 위의 한 점을 '임의로' 선택하고, 그 점을 아래 그림 1.5(2)에서와 같이 위쪽 정중앙에 놓고 다른 한 점을 현 위에서 '임의로' 선택하여 두 점을 연결하는 현을 그린다.

(3) 원 안에서 한 점을 '임의로' 선택하고 그 점이 현의 중앙이 되도록 현을 그린다.

각 경우의 확률을 구해 보자.

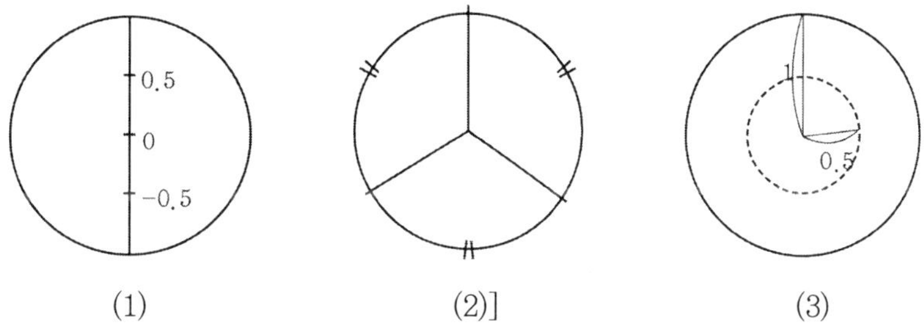

그림 1.5

(1)의 경우에 원의 중심을 지나는 현은 다 같은 형태를 따르므로 그림 1.5의 (1)에 주어진 현에서 확률을 구하면 된다. 그림 1.5의 (1)에서와 같이 현 위의 점을 구간 $(-1, 1)$ 위의 점으로 표현하면 −0.5와 0.5 지점에서 직각으로 그린 현의 길이가 내접하는 정삼각형의 한 변의 길이와 같다. 따라서 현의 길이가 정삼각형의 한 변의 길이보다 길려면 임의로 선택한 점이 구간 $(-0.5, 0.5)$에 존재해야 한다. 따라서 구하고자 하는 확률은 1/2이다.

(2)의 경우에 원둘레 위의 점들은 다 같으므로 하나의 기준이 되는 점을 정하고 다른 하나의 점을 선택하여 현을 그린다. 기준이 되는 점은 그림 1.5의 (2)에서 위쪽 정중앙에 있는 점이고, 표시된 다른 두 점은 기준이 되는 점과 함께 내접하는 정삼각형의 꼭지점을 나타낸다. 따라서 기준이 되는 점으로부터 그린 현의 길이가 정삼각형의 한 변의 길이보다 길려면 임의로 선택한 한 점이 아래 두 점 사이에 위치해야 한다. 따라서 구하고자 하는 확률은 전체 원주를 삼등분하는 구간 중 한 구간의 확률과 같은 1/3이다.

(3)의 경우에는 원 내부에서 임으로 한 점을 선택해서 그 점이 현의 중앙이 되도록 현을 그린다고 하였으므로 선택한 점이 원의 내부 쪽에 가까이 위치할수록 현의 길이는 길어진다. 그림 1.5의 (3)에서 점선으로 표시된 반지름이 0.5인 원 위의 한 점을 선택할 경우 그 점에서 그린 현의 길이가 내접하는 정삼각형의 한 변의 길이와 같다. 따라서 그보다 긴 현을 그리려면 선택한 점이 반지름이 0.5인 원의 내부에 포함되어야 한다. 전체 원의 면적은 π이고 반지름이 0.5인 원의 면적은 $\pi/4$이므로 구하고자 하는 확률은 1/4이다.

이와 같이 '임의로'를 다르게 해석하면 다른 답을 얻을 수 있다. 따라서 확률을 계산하는데 문제의 명확한 설명은 필수적인 것이라고 할 수 있다.

5. 연습문제

1.1 어느 박스에 검은 공 3개와 흰 공 2개가 들어 있다고 하자. 이때 3개의 공을 비복원추출한다고 할 때 다음 물음에 답하라.

(1) 적절한 표본공간을 기술하라.

(2) 추출한 3개의 공 중 하나가 흰 공인 사건을 표본공간의 원소로 표현하라.

(3) 첫 번째로 추출한 공이 흰 공인 사건을 표본공간의 원소로 표현하라.

1.2 예제 1.1에서 다음 두 경우의 사건을 A, B, C로 표현하라.

(1) 직업이 있는 부인을 선택

(2) 첫 번째 부부 중 한 명을 선택

1.3 예제 1.2에서 다음 각 사건을 사건 A_k의 연산으로 표현하라.

(1) 세 번째 시행에서 처음으로 H가 나온다.

(2) 다섯 번째 시행부터 열 번째 시행 사이에 적어도 한 번 H가 나온다.

1.4 예제 1.4에서 그 도시에서 고양이를 기르는 가정의 비율이 24%라고 할 때 선택된 가정에서 고양이는 기르되 개는 기르지 않는 사건의 확률을 구하라.

1.5 세 개의 사건 A, B, C 중 A와 C는 서로 배반이라고 한다. 각 사건의 확률이 아래와 같이 주어졌을 때 다음 확률을 구하라.

$$P(A) = 0.4, \quad P(B) = 0.4, \quad P(C) = 0.3$$
$$P(AB) = 0.16, \quad P(BC) = 0.2$$

(1) $P(AB^c)$

(2) $P(A^c \cap B^c \cap C^c)$

(3) P(정확히 한 사건이 일어난다.)

1.6 예제 1.5에서 정리 1.2를 이용하여 $A \cup B \cup C^c$의 확률을 구하라.

1.7 A와 B가 순서대로 주사위를 던지는 게임을 한다. 처음에 A가 던지기 시작하는데, A가 던졌을 때 1 또는 2가 나오면 A가 이기고, B가 던졌을 때 3~6 중에 하나가 나오면 B가 이긴다고 한다. 다음 물음에 답하라.

(1) 적절한 표본공간을 작성하라.

(2) A가 이길 확률을 구하라.

1.8 10명의 남자와 9명의 여자를 줄 세운다고 할 때 i 번째 위치에 여자가 올 확률을 구하라.

1.9 A, B, C, D, E의 다섯 명이 있다. 이들을 줄 세운다고 할 때, A와 B가 서로 이웃하지 않을 확률을 구하라.

1.10 다음 물음에 답하라.

(1) 흰색, 검은색, 회색, 감색, 밤색인 5켤레의 양말이 있다. 그 중 4개의 양말을 임의로 선택했을 때 2개는 색이 같고, 나머지는 각각 색이 다른 경우의 수는 얼마인가?

(2) 위의 (1)에서 5켤레의 양말이 아니라 신발이었다면 답이 어떻게 되겠는가?

1.11 공 n개를 N개의 박스에 넣을 때, 첫 번째 박스에 m개의 공을 넣을 확률을 구하라.

1.12 4종류의 주식을 대상으로 천만 원을 투자하려고 하는데 투자단위는 백만 원이라고 한다. 다음 물음에 답하라.

(1) 모든 돈을 다 투자한다고 할 때 투자하는 가능한 방법의 수를 구하라.

(2) 모든 돈을 투자하지 않아도 될 때 투자하는 가능한 방법의 수를 구하라.

(3) 모든 돈을 투자하지 않아도 될 때 적어도 3종류의 주식에 투자하는 가능한 방법의 수를 구하라.

1.13 어떤 프로젝트를 수행 중인 8명의 학생들이 3개 조로 나뉘어 3종류(A, B, C)의 미션을 수행하려고 한다. 모든 미션은 2명 이상이 수행해야 한다고 할 때 가능한 방법의 수를 구하라.

1.14 승객 6명이 타고 있는 버스가 4개의 정류장을 경유하여 종점에 간다. 새로 타는 승객은 없고 종점에 도착하기 전에 모든 승객이 내렸다고 할 때 4개의 정류장 중 적어도 3개의 정류장에서 손님이 내리는 확률을 구하라.

1.15 4명이 가위-바위-보를 한 번 할 때 승부가 날 확률을 구하라.

1.16 예제 1.13에서 다음의 확률을 구하라.

(1) 정확히 2개의 박스가 비어 있을 확률

(2) 정확히 1개의 박스가 비어 있을 확률

1.17 열 명의 사람이 어느 험한 산의 좁다란 등산로를 따라 일으로 한 명씩 줄지어 서서 올라간다고 하자. 열 명 중 4명은 그 산을 등산한 경험이 많고, 나머지는 모두 처음이라고 할 때 맨 앞과 맨 뒤에는 경험이 많은 사람이 서고, 경험이 많은 사람은 연이어 앞뒤로 서지 않을 확률을 구하라.

1.18 예제 1.15에서와 같이 52장의 카드에서 5장을 선택할 때 다음을 보여라.

(1) P(투 페어) $= 0.04754$

(단, 투 페어는 2개의 숫자는 2장씩 있고, 나머지는 다른 숫자이다.)

(2) P(트리플) $= 0.02113$

(단, 트리플은 3장이 같은 숫자이고 나머지 2장은 각기 다른 숫자이다.)

(3) P(스트레이트) $= 0.003925$

(단, 스트레이트는 5장의 카드가 연속되는 5개의 숫자로 이루어져 있고, 모양이 모두 같지는 않다.)

(4) P(플러쉬) $= 0.001965$

(단, 플러쉬는 5장의 카드 모양이 모두 같고, 스트레이트는 아니다.)

(5) P(풀 하우스) $= 0.001441$

(단, 풀 하우스는 2개의 숫자가 하나는 2장, 나머지는 3장이 있다.)

1.19 어느 시리얼 회사에서는 판매촉진을 위해서 시리얼박스 안에 4종류의 장난감 중 하나를 넣어서 판매한 후 4종류 모두의 장난감을 모아 오는 사람에게는 한 박스를 무료로 준다고 한다. 어느 사람이 10개의 박스를 구입하였을 때, 그 10 박스로부터 4종류의 장난감을 다 모을 확률을 구하라.

1.20 10개의 주사위를 던질 때 1~6까지의 숫자가 적어도 한 번씩은 나올 확률을 구하라.

1.21 3쌍의 부부와 2명의 어린이가 무작위로 원형의 테이블에 앉을 때 부부가 모두 떨어져 앉을 확률을 구하라.

1.22 집합 $\{1, 2, 3, 4, 5\}$ 에서 집합 $\{3, 4, 5, 6, 7\}$ 으로 가는 일대일 대응 함수 f 를 만들 때 그 함수가 모든 x 에 대해서 $f(x) \neq x$ 일 확률을 구하라.

1.23 예제 1.14에서와 같이 3쌍의 부부와 2명의 처녀와 2명의 총각이 있다. 무작위로 남자와 여자가 마주보도록 줄을 세운다고 할 때 다음 물음에 답하라.

(1) 3쌍의 부부 모두 마주보지 못할 확률을 구하라.

(2) 정확히 한 쌍의 처녀 총각이 마주보게 될 확률을 구하라.

1.24 이차원 평면에서 $0 \le x \le 10$과 $0 \le y \le e^{-x/3}$을 동시에 만족시키는 구역에서 임의의 한 점(a, b)를 선택한다고 할 때, $a > 2$일 확률을 구하라.

1.25 **[확률과 승산(probability and odds)]** 확률은 종종 승산(혹은 오즈)으로 표현된다. 예를 들어 A, B가 어느 게임을 할 때 A의 승산이 3(혹은 3 대 1)이라면 이것은 A가 이길 확률이 3/4임을 뜻한다. 일반적으로 사건 A의 승산이 k/m(혹은 k 대 m)이라면 이것은 $\dfrac{P(A)}{P(A^c)} = \dfrac{k}{m}$를 의미하는 것으로 A가 일어날 확률이 $k/(k+m)$임을 나타낸다. 이때 다음의 승산을 확률로 표현하라.

(1) 월드컵에서 우리나라가 8강에 진출할 승산이 5이다.

(2) 어느 강력사건의 용의자 A가 범인일 승산이 2이다.

02

조건부 확률

확률론에서 매우 중요한 개념의 하나로 조건부 확률이 있다. 조건부 확률이란 간단하게 설명하면 '새로운 정보가 알려졌을 때의 수정된 확률'이라고 할 수 있다. 새로운 정보란 대개 우리의 관심 영역을 표본공간 전체가 아니라 어떤 특정한 영역에 한정할 수 있도록 하므로 조건부 확률이란 한정된 영역에서의 확률이라고 할 수 있다.

이 조건부 확률은 그 자체도 관심의 대상이지만, 복잡한 확률계산의 필수적인 중간과정으로 많이 이용되는 개념이기도 하다. 이 장에서는 조건부 확률과 관련한 여러 개념들과 정리들을 공부하고 그를 적용하는 다양한 예제들을 살펴보고자 한다.

1. 조건부 확률

하나의 동전을 두 번 던지는 실험에서 첫 번째 동전이 H인 사건 A에 대해 생각해 보자. 표본공간이 $\Omega = \{HH, HT, TH, TT\}$이고 균등 확률모형을 적용할 수 있으므로 A의 확률은 1/2이다. 그런데 만약 두 번째 던지기에서 H가 나왔다는 사실을 알고 있다면 A의 확률은 어떻게 될까? 두 번째 던지기에서 H가 나온다는 사건을 B라고 할 때 B가 일어났다면 $\{HH, TH\}$ 중 하나가 일어났다고 할 수 있다. 따라서 B가 일어났다는 사실을 알고 있을 때 A가 일어날 확률은 1/2로 $P(A)$와 같은 값을 갖는다. 한편 동전 두 번 던지기에서 적어도 한 번은 H가 나왔다는 사실을 알고 있다면 A의 확률은 어떻게 될까? 적어도 한 번 H가 나오는 사건을 D라고 하면 $D = \{HH, HT, TH\}$이므로 D가 일어났다는 사실을 알고 있을 때 A가 일어날 확률은 2/3로 $P(A)$와 달라진다. 이와 같이 사건 A의 확률은 새로운 정보가 주어졌을 때 그 정보(B 혹은 D)에 따라서 원래의 확률 $P(A)$와 같기도 하고 달라지기도 하는데 이렇게 수정된 확률을 조건부 확률이라고 한다. 다음은 조건부 확률의 정의이다.

조건부 확률
두 사건 A, B에 대하여 사건 B가 일어났다는 조건하에서 사건 A가 발생할 조건부 확률은 $P(A|B)$로 표현하고 다음과 같이 정의한다.

$$P(A|B) = \frac{P(A \cap B)}{P(B)}$$

예제 2.1

1장의 예제 1.4에서 어느 가정에서 개를 기른다는 사실을 알았을 때 그 집에서 고양이도 기르고 있을 확률을 구하라.

풀이 예제 1.4의 풀이를 이용하면 개를 기르는 사건은 A이고, $P(A) = 0.3$이다. 또한 고양이를 기르는 사건은 B이고, $P(AB) = 0.06$이다. 따라서 구하고자 하는 확률은

$$P(B|A) = \frac{P(AB)}{P(A)} = \frac{0.06}{0.3} = 0.2$$

이다.

만약 고려하는 표본공간이 균등 확률모형에 적합하다면 조건부 확률은 다음과 같이 해당 사건의 원소의 개수를 세는 것으로 구할 수 있다.

$$P(A|B) = \frac{P(A \cap B)}{P(B)} = \frac{\#(AB)/\#\Omega)}{\#(B)/\#(\Omega)} = \frac{\#(AB)}{\#(B)}$$

예제 2.2

주사위 하나를 두 번 던지는 실험에서 눈금의 합이 5일 때, 첫 번째 주사위가 3일 확률을 구하라.

풀이 첫 번째 주사위가 3인 사건을 A, 눈금의 합이 5인 사건을 B라고 하면

$$B = \{(1,4),(2,3),(3,2),(4,1)\}, \quad AB = \{(3,2)\}$$

이므로 구하고자 하는 확률은

$$P(A|B) = \frac{\#(AB)}{\#(B)} = \frac{1}{4} = 0.25$$

이다.

다음 예제는 주어진 조건이 언뜻 비슷해 보이지만 확률적으로 차이가 나는 경우를 보여 준다. 따라서 주어진 조건을 정확하게 기술하는 과정이 굉장히 중요함을 알 수 있다.

예제 2.3

두 개의 도장 중 하나에는 합격, 다른 하나에는 탈락이라고 새겨져 있다. 임의로 하나의 도장을 골라 카드에 찍고, 또 임의로 하나의 도장을 골라 다른 카드에 찍었다고 하

자. 다음 물음에 답하라.

(1) 두 개의 카드 중 합격이 찍힌 카드가 있다고 할 때 두 카드 모두에 합격이 찍혀있을 확률을 구하라.
(2) 어떤 사람이 두 개의 카드 중 하나를 보여 주었는데, 합격이 찍혀 있었다. 이 조건 하에서 두 카드 모두에 합격이 찍혀 있을 확률을 구하라.

풀이 두 장의 카드를 하나씩 조사한다고 할 때 합격이 찍힌 카드를 s, 탈락이라고 찍힌 카드를 f라고 하고, 균등 확률모형을 적용할 수 있도록 첫 번째 카드와 두 번째 카드를 구별하여 표본공간을 작성하면

$$\Omega = \{ss,\ sf,\ fs,\ ff\}$$

이다. 두 카드에 모두 합격이 찍혀 있는 사건을 A라고 하면, $A = \{ss\}$이다.

(1) 합격이 찍힌 카드가 있다는 사건을 B라고 하면 $B = \{ss,\ sf,\ fs\}$이므로, 구하고자 하는 확률은 $P(A|B) = 1/3$이다.
(2) 합격이 찍힌 카드를 보았다면 그 카드를 첫 번째 카드라고 하자. (두 번째 카드라고 가정하여도 마찬가지이다.) 첫 번째 카드가 합격인 사건을 D라고 하면 $D = \{ss,\ sf\}$이다. 따라서 구하고자 하는 확률은 $P(A|D) = 1/2$이다.

다음 예제는 균등 확률모형을 적용할 수 있는 표본공간의 유용함을 잘 보여 주는 예제이다.

예제 2.4

두 개의 작은 서랍이 위아래로 달려 있는 두 개의 보석함이 있다. 한 보석함에는 두 서랍 모두에 은 목걸이가 들어 있고, 다른 보석함에는 한 서랍에는 금 목걸이가 다른 서랍에는 은 목걸이가 들어 있다. 두 보석함 중 하나를 임의로 선택하고, 두 서랍 중 임의로 하나의 서랍을 열었을 때 은 목걸이가 들어 있었다. 같은 보석함의 다른 서랍에도 은 목걸이가 들어 있을 확률을 구하라.

풀이 두 보석함 중 하나를 선택하고 그 보석함의 두 서랍을 임의의 순서대로 열어서

무엇이 들어 있는지 조사하는 실험에서, 처음 열어본 서랍에 은 목걸이가 들어 있는 사건을 B 라고 하고 두 번째 서랍에도 은 목걸이가 들어 있는 사건을 A 라고 하자.

우선 이런 문제에서 흔히 저지르는 오류의 과정을 한번 짚어 보자. 이 실험의 표본공간을 작성하기 위해서 은 목걸이를 s, 금 목걸이를 g라고 하면 순서대로 관측할 결과는 $\{ss, sg, gs\}$ 중 하나가 될 것이다. 만약 이를 표본공간이라고 하고 균등 확률모형을 적용해서 조건부 확률을 계산하면 B는 $\{ss, sg\}$ 이고, AB는 $\{ss\}$ 이므로 조건부 확률은 1/2이 된다. 그러나 이 경우 ss 는 두 서랍 모두에 은 목걸이가 들어 있는 보석함을 선택할 때는 어느 서랍을 먼저 여는 것과 상관없이 일어나는데 반해, sg 나 gs 는 은 목걸이와 금 목걸이가 하나씩 들어 있는 보석함을 선택할 때 서랍을 여는 순서에 따라서 각각 결과가 다르게 나타난다. 그러므로 ss 는 sg 나 gs 보다 더 자주 일어나리라고 예상되고 이런 이유로 앞에서 고려한 표본공간에는 균등 확률모형을 적용시킬 수 없다. 따라서 균등 확률모형을 잘못 적용해서 얻은 조건부 확률 1/2도 틀린 값이 된다.

균등 확률모형을 적용할 수 있는 표본공간을 작성하기 위해서는 세 개의 은 목걸이를 구별할 필요가 있다. 즉, 은 목걸이만 들어 있는 보석함의 은 목걸이를 위 서랍의 것부터 차례로 s_1, s_2라고 하고, 다른 보석함에 있는 은 목걸이와 금 목걸이를 각각 s_3, g라고 하면 표본공간은

$$\Omega = \{s_1s_2,\ s_2s_1,\ s_3g,\ gs_3\}$$

이고 모두 같은 정도로 일어난다. 여기서 $B = \{s_1s_2, s_2s_1, s_3g\}$ 이고, $AB = \{s_1s_2, s_2s_1\}$ 이므로 구하고자 하는 확률은 $P(A|B) = 2/3$이다.

조건부확률을 수월하게 계산하기 위한 또 하나의 방법은 주어진 조건을 만족시키는 축소된 표본공간으로부터 확률을 계산하는 것이다. 이와 같은 상황은 일반적으로 어떤 실험이 순차적으로 일어날 때 자주 발생한다. 예를 들어 빨간 공 3개와 파란 공 2개가 들어 있는 주머니에서 차례로 공 2개를 꺼내는 실험을 고려해 보자. 첫 번째 공이 빨간 공(R_1)이라는 조건하에서 두 번째 공도 빨간 공(R_2)일 조건부확률 $P(R_2|R_1)$을 구하고자 한다면 조건부확률의 식을 이용하기 위해서 $P(R_1)$과 $P(R_1R_2)$을 구해야 한다. 즉, $P(R_1) = 3/5$과 $P(R_1R_2) = \binom{3}{2}/\binom{5}{2} = 3/10$을 구하고, 이로부터 구하고자 하는 확률

$$P(R_2|R_1) = \frac{P(R_1R_2)}{P(R_1)} = \frac{3/10}{3/5} = \frac{1}{2}$$

을 얻을 수 있다.

그러나 이를 좀 더 쉽게 구하자면 첫 번째 공이 빨간 공이므로 주머니에 남은 공은 빨간 공 2개, 파란 공 2개이다. 따라서 R_1이 일어난 상황에서는 공을 두 번 꺼내는 결과를 모두 고려할 것이 아니라 두 번째 공에 대한 결과만을 고려하는 것이 쉽다. 즉, 4개의 공 중 2개가 빨간 공이므로 축소된 표본공간은 4개의 가능한 결과를 포함하고 그 중 해당하는 결과는 2개이다. 따라서 구하고자 하는 조건부확률은 1/2로 쉽게 구할 수 있다. 다음의 예제는 이와 같은 방법의 유용함을 보여 주는 또 하나의 예를 제시한다.

예제 2.5

어느 가족이 가을날 사과 따기 체험행사에 참여하여 100개의 사과(40개의 홍옥과 60개의 홍로)를 딴 후 이를 집에 가져가기 위해 4개의 박스에 임의로 25개씩 담았다. 집에 오는 길에 두 박스를 친할머니 댁과 외할머니 댁에 각각 하나씩 갖다드렸다. 만약 집에 가져온 두 박스에서 18개의 홍옥이 나왔다면 친할머니 댁에 갖다드린 박스에 홍옥이 12개 있을 확률을 구하라.

풀이 집에 가져온 두 박스에서 18개의 홍옥이 나온 사건을 E라고 하고, 친할머니 댁에 갖다드린 박스에 홍옥이 12개 있는 사건을 F라고 하면 구하고자 하는 확률은 $P(F|E)$이고 이를 계산하기 위해서는 $P(EF)$를 구해야 한다. 그러나 이 경우는 $P(F|E) = P(EF)/P(E)$식을 이용하기보다는 주어진 조건을 만족하는 축소된 상황에서부터 시작하는 것이 바람직하다. 즉, 집에 가져온 박스들에서 18개의 홍옥이 나왔으므로 남은 홍옥 22개를 포함하는 사과 50개만을 고려하는 것이다. 즉, 구하고자 하는 조건부 확률은 22개의 홍옥과 28개의 홍로를 포함한 50개의 사과 중에서 25개를 임의로 선택할 때 홍옥을 12개 홍로를 13개 포함할 확률과 같다. 따라서 구하고자 하는 확률은 다음과 같다.

$$P(F|E) = \frac{\binom{22}{12}\binom{28}{13}}{\binom{50}{25}} = 0.1915$$

예제 2.5에서 보면 곱사건의 확률로부터 조건부확률을 계산하기보다 오히려 조건부 확률로부터 곱사건의 확률을 계산하는 것이 간단해 보인다. 실제로 조건부 확률의 정의를 이용하여 두 사건 A, B의 곱사건에 대한 확률을 다음과 같이 구할 수 있다.

$$P(AB) = P(A)P(B|A) = P(B)P(A|B)$$

이를 두 사건의 곱셈법칙이라고 하는데, 실제로 예제 2.5에서 곱사건 EF의 확률은 위의 식을 이용해서 구하는 것이 수월한 방법이다. 즉, 예제에서 구한 조건부 확률과 사건 E의 확률

$$P(E) = \frac{\binom{40}{18}\binom{60}{32}}{\binom{100}{50}} = 0.1166$$

을 이용하여

$$P(EF) = P(E)P(F|E) = 0.02232$$

을 구할 수 있다. (오차를 줄이기 위해서 분수로 표현된 식을 이용하여 값을 얻었다.)

이와 같이 상황에 따라서 구하기 쉬운 확률이 곱사건의 확률일 수도 있고 조건부 확률일 수도 있다. 구하기 쉬운 확률을 먼저 구하고 이를 이용해서 다른 확률을 구하는 것이 확률계산을 수월하게 수행하는 방법이다. 다음의 예제는 이러한 하나의 예를 제시한다.

예제 2.6

주머니에 w개의 흰 공과 b개의 검은 공이 들어 있다. 여기서 공을 하나씩 추출하는데 두 번째로 뽑은 공이 흰색이라고 할 때 첫 번째 공이 흰색이었을 확률을 구하라.

풀이 첫 번째 공이 흰색인 사건을 A_1, 두 번째 공이 흰색인 사건을 A_2라고 하면 구하고자 하는 확률은 $P(A_1|A_2)$이다. 이를 위해서는 $P(A_2)$와 $P(A_1A_2)$를 구해야 한다. 우선 $P(A_1A_2)$를 구하기 위해서 곱셈법칙을 적용하면 $P(A_1)P(A_2|A_1)$ 혹은 $P(A_2)P(A_1|A_2)$을 이용할 수 있는데, 당연하게도 두 번째 식은 우리가 궁극적으로 구하고자 하는 확률을 포함하고 있으므로 이용하기에 적합

한 식이 아니다. 또한 이 실험은 순차적으로 일어나므로 $P(A_1)$과 $P(A_2|A_1)$는 다음과 같이 구하기가 쉽다.

$$P(A_1)=\frac{w}{(w+b)},\qquad P(A_2|A_1)=\frac{(w-1)}{(w+b-1)}$$

따라서 이 두 값을 이용하여

$$P(A_1A_2)=P(A_1)P(A_2|A_1)=\frac{w}{(w+b)}\frac{(w-1)}{(w+b-1)}$$

을 구할 수 있다.

$P(A_2)$를 구하기 위해서는 1장의 정리 1.1을 이용하는 것이 바람직하다. 이를 위해서는 $P(A_1^cA_2)$가 필요한데, 이는 위에서 $P(A_1A_2)$를 구한 것과 같은 방법으로 다음과 같이 구할 수 있다.

$$P(A_1^cA_2)=P(A_1^c)P(A_2|A_1^c)=\frac{b}{(w+b)}\frac{w}{(w+b-1)}$$

따라서 정리 1.1을 이용하면

$$\begin{aligned}P(A_2)&=P(A_1A_2)+P(A_1^cA_2)\\&=\frac{w}{(w+b)}\frac{(w-1)}{(w+b-1)}+\frac{b}{(w+b)}\frac{w}{(w+b-1)}=\frac{w}{(w+b)}\end{aligned}$$

이고 구하고자 하는 확률은

$$P(A_1|A_2)=\frac{P(A_1A_2)}{P(A_2)}=\frac{(w-1)}{(w+b-1)}$$

이다.

여기서 한 가지 기억해둘 만한 사실은 A_1과 A_2가 역할이 바뀌어도 확률이 같다는 것이다. 즉, $P(A_1)=P(A_2)$, $P(A_1|A_2)=P(A_2|A_1)$이 성립한다. 이는 순서적으로 일어나는 많은 상황에서 반복적으로 이용되는 유용한 특성이다.

예제 2.7

1장의 예제 1.13의 상황에서와 같이 7개의 공을 5개의 박스에 임의로 넣을 때 첫 번째 박스에 2개의 공이 있고, 나머지 박스에도 1개 이상의 공이 있을 확률을 구하라.

풀이 예제 1.13에서 주어진 바와 같이 사건 A를 첫 번째 박스에 2개의 공이 들어가는 사건이라고 하고, 사건 B를 5개의 박스 중 비어 있는 박스가 없는 사건이라고 하면, 구하고자 하는 확률은 $P(AB)$의 확률이다. 예제 1.13에서 $P(A)$를 이미 구했으므로 곱셈법칙을 적용하면 $P(AB)=P(A)P(B|A)$의 식을 얻을 수 있고, 따라서 조건부 확률인 $P(B|A)$를 구하면 원하는 확률을 얻을 수 있다. 사건 $B_{n,r}$를 r개의 공을 n개의 박스에 넣을 때 비어 있는 박스가 없는 사건이라고 하면, 사건 A가 주어져 있을 때 B가 일어나려면 남은 5개의 공을 4개의 박스에 넣을 때 비어 있는 박스가 없어야 하므로 구하고자 하는 확률은 다음과 같이 표현할 수 있다.

$$P(AB_{5,7})=P(A)P(B_{5,7}|A)=P(A)P(B_{4,5})$$

예제 1.13의 (3)에서 구한 $P(B)$는 $P(B_{5,7})$와 같다. 같은 방식으로 $P(B_{4,5})$을 구하면

$$P(B_{4,\,5})=1-4\left(\frac{3}{4}\right)^5+6\left(\frac{2}{4}\right)^5-4\left(\frac{1}{4}\right)^5=\frac{240}{4^5}$$

이고, 따라서 구하고자 하는 확률은 다음과 같다.

$$P(AB_{5,\,7})=P(A)P(B_{4,5})=\frac{\binom{7}{2}4^5}{5^7}\frac{240}{4^5}=0.06451$$

두 사건의 곱셈법칙을 세 개의 사건 A, B, C의 경우로 확장해 보자. 우선 사건을 A와 BC로 나누어 곱셈법칙을 적용하면

$$P(ABC)=P(A(BC))=P(A)P(BC|A)$$

이다. 여기서 $P(BC|A)$를 구하기 위해서 조건부 확률에서의 곱셈법칙을 적용하면

$$P(BC|A) = P(B|A)P(C|AB)$$

이 성립한다. 따라서 세 개의 사건 A, B, C에 대한 곱셈법칙은 다음과 같이 표현할 수 있다.

$$P(ABC) = P(A)P(B|A)P(C|AB)$$

이와 같은 방법으로 임의의 n개 사건에 대한 곱셈법칙을 다음과 같이 얻을 수 있다.

확률의 곱셈법칙

n 개 사건 A_1, ..., A_n에 대하여 다음을 만족한다.

$$P(A_1 A_2 \cdots A_n) = P(A_1)P(A_2|A_1) \cdots P(A_n|A_1A_2 \cdots A_{n-1})$$

예제 2.8

주머니에 10원, 100원, 500원짜리 동전 3개가 들어 있다. 주머니에서 동전을 하나 꺼내고 그 동전과 같은 액수의 동전 두 개를 더해 다시 집어넣는 시행을 3번 반복한 후 주머니에 1500원 이상 들어 있을 확률을 구하라.

풀이 1500원 이상이려면 500원짜리를 최소한 1개 선택해야 한다. 사건 A_i를 i 번째 500원짜리 동전을 선택하는 사건이라고 하면, 구하고자 하는 확률은 다음과 같이 구할 수 있다.

$$\begin{aligned} P(A_1 \cup A_2 \cup A_3) &= 1 - P(A_1^c A_2^c A_3^c) \\ &= 1 - P(A_1^c)P(A_2^c|A_1^c)P(A_3^c|A_1^c A_2^c) \\ &= 1 - \frac{2}{3}\frac{4}{5}\frac{6}{7} \\ &= 0.5429 \end{aligned}$$

앞에서 언급한 바와 같이 확률의 곱셈법칙은 조건부 확률에서도 적용된다. 다음의 두 예제는 조건부 확률을 계산할 때 곱셈의 법칙이 유용하게 사용되는 예를 보여 준다.

예제 2.9

어느 사건의 어떤 특정 용의자(남자)가 범인일 확률은 0.5라고 한다. 범인은 신체적인 특징으로 A와 B를 갖는다는 사실이 새롭게 알려졌다. 일반 남자들 중에 특징 A를 갖는 비율은 30%이고, 특징 A를 갖는 사람들 중에 60%가 특징 B를 갖는다고 할 때 다음의 확률을 구하라.

(1) 만약 용의자가 특징 A를 가지고 있다면 그가 범인일 확률

(2) 만약 용의자가 특징 A와 B를 모두 가지고 있다면 그가 범인일 확률

풀이 해당 용의자가 범인인 사건을 G라고 하고, 그 용의자가 특징 A를 가지고 있는 사건을 A, 용의자가 특징 B를 가지고 있는 사건을 B라고 하자. 주어져 있는 정보는 해당 용의자가 범인일 확률이 0.5라고 했으므로 $P(G)=0.5$이고, 범인이 A와 B를 갖는다고 알려졌으므로 $P(A|G)=1$, $P(AB|G)=1$이다. 한편, 용의자가 범인이 아니라면 용의자를 일반 남자들로 가정해야 하므로 $P(A|G^c)=0.3$, $P(B|G^cA)=0.6$이다. 이를 정리하면 다음과 같다.

$$P(G)=0.5,\quad P(A|G)=1,\quad P(AB|G)=1$$
$$P(A|G^c)=0.3,\quad P(B|G^cA)=0.6$$

(1) A가 주어진 조건 하에서 G의 확률을 구해야 하므로 구하고자 하는 확률은 $P(G|A)$이다. 정리 1.1과 곱셈법칙에 주어진 정보를 이용하면

$$\begin{aligned} P(A) &= P(AG)+P(AG^c) \\ &= P(G)P(A|G)+P(G^c)P(A|G^c) \\ &= 0.5+(0.5)(0.3) \\ &= 0.65 \end{aligned}$$

이다. $P(A)$를 구하는 과정에서 $P(AG)=0.5$를 얻었으므로 구하고자 하는 조건부 확률은 다음과 같다.

$$P(G|A)=\frac{P(AG)}{P(A)}=\frac{0.5}{0.65}=0.7692$$

(2) AB가 주어진 조건 하에서 G의 확률을 구해야 하므로 구하고자 하는 확률은 $P(G|AB)$이다. 확률의 곱셈법칙을 조건부 확률에 적용하고 주어진 정

보를 이용하면

$$P(AB|G^c) = P(A|G^c)P(B|G^cA) = (0.3)(0.6) = 0.18$$

을 얻을 수 있다. (1)에서와 같이 정리 1.1과 곱셈법칙에 이 정보를 이용하면

$$\begin{aligned} P(AB) &= P(ABG) + P(ABG^c) \\ &= P(G)P(AB|G) + P(G^c)P(AB|G^c) \\ &= (0.5) + (0.5)(0.18) \\ &= 0.59 \end{aligned}$$

이다. 따라서 $P(ABG) = 0.5$를 이용하면 구하고자 하는 확률은

$$P(G|AB) = \frac{P(ABG)}{P(AB)} = \frac{0.5}{0.59} = 0.8475$$

이다.

이 예제로부터 우리가 알 수 있는 것은 용의자에 대하여 범인과 일치하는 정보가 많을수록 용의자가 범인일 확률이 증가한다는 당연한 사실이다.

예제 2.10

어느 병원에서는 특정한 어떤 병을 진단하기 위해 두 종류(A, B)의 검사를 순차적으로 실시한다고 한다. A 검사에서 양성반응을 보이는 환자들을 대상으로 B 검사를 실시하여 모두 양성인 경우에는 병이 있다고 진단하고, A 검사에서만 양성반응을 보인 경우에는 6개월 후에 다시 검사하도록 하고, A 검사에서 음성인 경우에는 병이 없다고 진단한다. 오랜 임상기록을 통하여 알려진 바에 의하면 병이 있는 경우에 A 검사에서 양성반응을 보이는 비율은 0.95이고, 병이 있고 A 검사에서 양성반응을 보인 환자 중 B 검사에서 양성반응을 보이는 비율은 0.99이다. 병이 없는 경우에도 A 검사에서 양성반응을 보일 확률은 0.1이고, 병이 없고 A 검사에서 양성반응을 보인 환자 중 B 검사에서 양성반응을 보이는 비율은 0.2이다. 또한 이 병이 의심되어 이 병원을 찾아오는 환자 중에 실제로 이 병에 걸려 있는 비율은 20%라고 알려져 있다. 어떤 내원 환자에게 검사를 실시한 결과 A 검사에서만 양성반응을 보였다면 실제 병에 걸려 있을 확률을 구하라.

풀이 이와 같은 문제에서는 주어진 정보를 잘 파악해서 정확하게 정리하는 것이 문제를 푸는 가장 중요한 과정이다. 우선, 내원 환자가 병에 걸려 있는 사건을 D라고 하고, 내원 환자가 A 검사에서 양성반응이 나오는 사건을 A, B 검사에서 양성이 나오는 사건을 B라고 하면 주어진 정보를 다음과 같이 정리할 수 있다.

$$P(D)=0.2\,,\ \ P(A|D)=0.95\,,\ \ P(B|DA)=0.99$$
$$P(A|D^c)=0.1,\ \ P(B|AD^c)=0.2$$

여기서 구하고자 하는 확률은 $P(D|AB^c)$이다. 정리 1.1과 조건부 확률에 대한 곱셈법칙을 이용하면

$$\begin{aligned}P(AB^c) &= P(DAB^c)+P(D^cAB^c)\\ &= P(D)P(AB^c|D)+P(D^c)P(AB^c|D^c)\\ &= P(D)P(A|D)P(B^c|AD)+P(D^c)P(A|D^c)P(B^c|AD^c)\\ &= (0.2)(0.95)(0.01)+(0.8)(0.1)(0.8)\\ &= 0.0659\end{aligned}$$

을 얻을 수 있다. 이 계산 과정에서 $P(DAB^c)=(0.2)(0.95)(0.01)=0.0019$를 얻었으므로 구하고자 하는 확률은

$$P(D|AB^c)=\frac{P(DAB^c)}{P(AB^c)}=\frac{0.0019}{0.0659}=0.02883$$

이다.

2. 사건의 독립성

앞의 1절에서는 두 사건 A, B가 있을 때 사건 A가 일어났다는 정보가 주어지면 사건 B의 확률이 변화할 수 있다고 하였는데, 어떤 사건들 사이에는 다른 사건이 일어났는지의 여부가 확률에 전혀 영향을 주지 않는 경우가 있다. 예를 들어 주사위 두 번 던지기 실험을 생각해 보면 첫 번째 주사위가 짝수가 나온 사건과 두 번째 주사위가 홀수가 나온 사건은 서로의 확률에 전혀 영향을 주지 않는다. 이렇게

서로에게 확률적으로 전혀 영향을 주지 않는 사건들을 **독립사건**이라고 한다. 다음은 두 사건의 독립에 대한 정의이다.

> **두 사건의 독립**
> 두 사건 A, B가 독립이 되기 위한 조건은 다음과 같다.
> $$P(A)=P(A|B) \text{ 혹은 } P(B)=P(B|A) \text{ 혹은 } P(AB)=P(A)P(B)$$

독립사건이 되기 위한 세 개의 조건은 어느 하나가 만족되면 나머지는 자연적으로 만족된다. 따라서 독립을 증명하거나 반증하고자 할 때는 검증하기 쉬운 조건 하나만 조사해 보면 된다.

예제 2.11

52장의 카드에서 한 장을 선택할 때 에이스가 나오는 사건과 스페이드가 나오는 사건이 서로 독립인지 판단하라.

풀이 52장의 카드에서 한 장을 선택할 때 에이스가 나오는 사건을 A, 스페이드가 나오는 사건을 B라고 하자. 52장의 카드 중 에이스가 4장 있으므로 $P(A)=4/52=1/13$이고, 13장의 스페이드 중에서 에이스는 한 장이므로 $P(A|B)=1/13$이다. 따라서 에이스가 나오는 사건과 스페이드가 나오는 사건은 서로 독립이다.

예제 2.12

사건 A와 B가 독립이면 A^c와 B도 독립임을 보여라.

풀이 1장의 정리 1.1과 사건 A와 B가 독립이라는 사실로부터

$$\begin{aligned} P(A^cB) &= P(B)-P(AB) \\ &= P(B)-P(A)P(B) \\ &= P(B)(1-P(A)) \end{aligned}$$

$$= P(B)P(A^c)$$

을 얻을 수 있다.

다음의 예제는 사건의 수가 3개 이상일 때 그 사건들로 만들어지는 사건들 사이의 독립에 관한 문제이다.

예제 2.13

주사위 두 번 던지기 실험에서 첫 번째 결과가 4인 사건을 A, 두 결과의 합이 7인 사건을 B, 두 번째 결과가 3인 사건을 C라고 하자. 다음의 사건들이 독립인지 판단하라.

(1) A, B, C 중 임의로 선택한 두 개의 사건
(2) A, B, C 중 임의로 선택한 하나의 사건과 나머지 두 사건의 곱사건

풀이 전체 표본공간의 원소의 개수는 36이고, 사건 A, B, C는 다음과 같이 모두 6개의 원소를 가지고 있으므로 세 사건의 확률은 모두 1/6이다.

$$A = \{(4,1), (4,2), (4,3), (4,4), (4,5), (4,6)\}$$
$$B = \{(1,6), (2,5), (3,4), (4,3), (5,2), (6,1)\}$$
$$C = \{(1,3), (2,3), (3,3), (4,3), (5,3), (6,3)\}$$

(1) 임의로 선택한 두 개의 사건은 (A, B)이거나, (B, C), 혹은 (A, C)이다. 우선 두 개의 사건이 (A, B)인 경우를 보자. AB를 만족시키는 결과는 (4,3)이므로 $P(AB) = 1/36 = P(A)P(B)$을 만족하고, 따라서 A와 B는 서로 독립이다. 마찬가지로 BC와 AC를 만족시키는 결과도 (4,3)이 유일하므로 $P(AC) = P(BC) = 1/36$로부터 A와 C도 독립이고, B와 C도 독립이다. 따라서 모든 가능한 두 개 사건은 서로 독립이다.

(2) 독립을 판단해야 하는 사건의 쌍은 (A, BC), (B, AC), (C, AB)이다. 우선 3개 사건의 곱사건의 확률을 구하면

$$P(ABC) = P(\{(4,3)\}) = \frac{1}{36}$$

이다. 앞의 (1)의 $P(AB) = P(AC) = P(BC) = 1/36$이라는 사실을 이용

하면

$$P(ABC) = \frac{1}{36} \neq \frac{1}{6}\frac{1}{36} = P(A)P(BC)$$

을 만족하고 마찬가지 방법으로 $P(ABC) \neq P(B)P(AC)$와 $P(ABC) \neq P(C)P(AB)$라는 사실을 알 수 있다. 따라서 고려한 어떤 사건도 나머지 두 사건의 곱사건과 독립이 아니다.

예제 2.13에서 보면 세 개의 사건이 있을 때 어떤 사건들을 고려하느냐에 따라 독립의 여부가 달라지는 것을 알 수 있다. 따라서 예제 2.13의 세 개 사건 A, B, C가 독립이라고 판단하기는 어려워 보인다. 일반적으로 n개의 사건이 독립이기 위해서는 어떻게 묶느냐와 상관없이 모든 것들이 서로 독립이어야 한다. 다음은 일반적인 독립의 정의이다.

사건의 독립

일반적으로 $n(\leq \infty)$개의 사건 $A_1,\dots,A_n$이 독립이 되기 위해서는 모든 $r(2 \leq r \leq n)$에 대하여 다음을 만족해야 한다.

$$P(A_{i_1} \cdots A_{i_r}) = P(A_{i_1}) \cdots P(A_{i_r}), \quad 1 \leq i_1 < i_2 < \cdots < i_r \leq n$$

예제 2.14

세 개의 사건 A, B, C에 대하여 다음 물음에 답하라.

(1) 세 개의 사건 A, B, C의 독립을 판단하기 위해서 필요한 조건을 쓰라.

(2) 만약 A, B, C가 독립이라면 A와 BC도 독립이고, A와 $B \cup C$도 독립임을 보여라.

풀이 (1) 세 사건이 독립이기 위한 조건은 $r = 2$에 대하여 3개의 조건

$$P(AB) = P(A)P(B)$$
$$P(AC) = P(A)P(C)$$
$$P(BC) = P(B)P(C)$$

와 $r=3$에 대하여 하나의 조건

$$P(ABC) = P(A)P(B)P(C)$$

이 있다. 즉, 이 4개의 조건을 모두 만족해야 A, B, C가 서로 독립이라고 할 수 있다.

(2) 만약 A, B, C가 독립이라면

$$P(BC) = P(B)P(C), \quad P(ABC) = P(A)P(B)P(C)$$

을 만족한다. 따라서

$$P(ABC) = P(A)P(B)P(C) = P(A)P(BC)$$

이므로 A와 BC가 서로 독립이다. 또한

$$\begin{aligned} P(A(B\cup C)) = P(AB\cup AC) &= P(AB)+P(AC)-P(ABC) \\ &= P(A)[P(B)+P(C)-P(BC)] \\ &= P(A)P(B\cup C) \end{aligned}$$

으로부터 A와 $B\cup C$도 독립임을 알 수 있다.

예제 2.14에서 고려한 경우뿐 아니라 겹치지 않는 사건들에 의해 생성된 사건들은 서로 독립이다. 예를 들어 $A_1,\ldots,A_5$가 서로 독립일 때 A_1, A_3, A_4로 만들어지는 사건과 A_2, A_5로 만들어지는 사건은 그것들이 어떤 연산에 의해 만들어졌건 상관없이 서로 독립이다. (연습문제 2.11 참조)

여러 개의 사건이 서로 독립인 경우는 보통 실험이 여러 번의 독립된 작은 실험들의 총체로 이뤄질 때 발생하는 경우가 많다. 예를 들어 여러 번 주사위 던지기나 동전던지기 같은 실험은 매번 던지는 부분 실험들이 모여서 하나의 큰 실험을 이룬다. 이때 매번 던지는 부분 실험은 표본공간도 일정하고 확률모형도 일정하다. 이와 같이 매번의 부분 실험이 똑같은 조건에서 실행될 때 이 부분 실험을 **시행**(trial)이라고 부른다. 각 시행이 독립적으로 실행되면 각 시행에 의해서 만들어지는 사건들은 서로 독립인 사건을 이룬다. 예를 들어 주사위 5번 던지기 실험은 5번의 독립인 시행으로 이루어지고, i번째 시행에서 정의되는 어떤 사건을 A_i라고 하면

$A_1, \ldots, A_5$ 는 서로 독립이다.

다음의 두 예제는 몇 개의 독립적인 시행으로 이루어진 실험의 문제를 다룬다.

예제 2.15

매 시행마다 성공 혹은 실패의 두 가지 결과만 있는 시행을 독립적으로 N 번 반복한다고 하자. 매 시행에서 성공할 확률이 p 일 때 정확히 k 번 성공할 확률을 구하라.

풀이 N번의 시행에서 k 번 성공하는 사건을 B 라고 하고, i 번째 시행에서 성공하는 사건을 A_i 라고 하면 $A_1A_2 \cdots A_kA_{k+1}^c \cdots A_N^c$ 는 N번의 시행에서 k 번 성공하는 하나의 가능한 예이다. A_i 들이 서로 독립이므로

$$\begin{aligned} &P(A_1A_2 \cdots A_kA_{k+1}^c \cdots A_N^c) \\ &\quad = P(A_1)P(A_2) \cdots P(A_k)P(A_{k+1}^c) \cdots P(A_N^c) \\ &\quad = p^k(1-p)^{N-k} \end{aligned}$$

이다. 이와 같은 N번의 시행에서 k 번 성공하는 경우의 수는 $\binom{N}{k}$이고, 각 경우의 사건은 서로 배반이므로 구하고자 하는 확률은 다음과 같다.

$$P(B) = \binom{N}{k} p^k (1-p)^{N-k}$$

예제 2.16

세 명의 사람이 가위–바위–보를 하는데, 이를 반복한다고 할 때 다음 물음에 답하라.

(1) 사건 A_k를 k 번째 시행에서 처음으로 세 사람이 모두 다른 것을 내고, 그 전까지는 매번 이기거나 지는 사람이 있는, 즉 승부가 나는 사건이라고 하자. A_k 의 확률을 구하라.

(2) 세 사람이 모두 같은 것을 내는 경우보다 세 사람이 모두 다른 것을 내는 경우가 먼저 나올 확률을 구하라.

풀이 (1) 가위–바위–보는 매회 독립적으로 이루어지므로 독립적인 시행이라고 할 수

있다. 사건 B_i를 i번째 시행에서 세 사람이 모두 다른 것을 내는 사건이라고 하고, 사건 C_i를 i번째 시행에서 승부가 나는 사건이라고 하자. 매 시행에서 가능한 결과의 경우의 수는 27이고, 세 사람이 모두 다른 것을 내는 경우의 수는 6, 세 사람이 모두 같은 것을 내는 경우의 수는 3이므로

$$P(B_i) = \frac{6}{27} = \frac{2}{9}, \quad P(C_i) = 1 - \left(\frac{6}{27} + \frac{3}{27}\right) = \frac{2}{3}$$

이다. 사건 A_k가 일어나려면 $(k-1)$번째 시행까지는 승부가 나야 하고 k번째 시행에서 처음으로 세 사람이 모두 다른 것을 내야 하므로, A_k는 다음과 같이 표현할 수 있다.

$$A_k = C_1 C_2 \cdots C_{k-1} B_k$$

여기서 $C_1, C_2, \ldots, C_{k-1}, B_k$는 서로 다른 시행에 관련된 사건이므로 서로 독립이다. 따라서 구하고자 하는 확률은

$$P(A_k) = \left(\frac{2}{3}\right)^{k-1}\left(\frac{2}{9}\right)$$

이다.

(2) 세 사람이 모두 같은 것을 내는 경우보다 세 사람이 모두 다른 것을 내는 경우가 먼저 나오는 사건을 G라고 하면, G가 일어나기 위해서는 최소한 하나의 k에 대하여 A_k가 일어나야 한다. 즉, 사건 G는 $\cup_{k=1}^{\infty} A_k$로 표현할 수 있다. 또한 A_k들은 동시에 일어날 수 없으므로 서로 배반인 사건이다. 따라서

$$P(G) = P(\cup_{k=1}^{\infty} A_k) = \sum_{k=1}^{\infty} P(A_k)$$

이고, (1)의 결과를 이용하면 구하고자 하는 확률은 다음과 같다.

$$P(G) = \sum_{k=1}^{\infty}\left(\frac{2}{3}\right)^{k-1}\left(\frac{2}{9}\right) = \left(\frac{2}{9}\right)\left(\frac{1}{1-2/3}\right) = \frac{2}{3}$$

다음의 예제는 독립적으로 작동하는 여러 개의 성분으로 이루어진 시스템과 관

련한 문제이다. 이런 시스템과 관련한 확률은 그 성분들이 어떻게 연결되어 있느냐에 따라 달라지는데 다음 예제에서는 병렬연결의 문제를 다룬다.

예제 2.17

[병렬연결의 문제] n개의 성분이 병렬로 연결된 시스템에서 각 성분은 독립적으로 작동한다고 하자. i번째 성분이 작동할 확률은 p_i이고 시스템이 작동하기 위해서는 최소한 하나의 성분은 작동해야 한다고 할 때, 시스템이 작동할 확률을 구하라.

풀이 i번째 성분이 작동하는 사건을 A_i라고 하면 $A_1, \dots, A_n$은 서로 독립이고, $P(A_i) = p_i$이다. 시스템이 작동하려면 최소한 하나의 성분은 작동해야 하므로 A_i들 중 하나는 일어나야 한다. 따라서 $\cup_{i=1}^{n} A_i$의 확률을 구해야 한다. 드 모르강 법칙과 독립의 특성을 이용하면 다음과 같이 구할 수 있다.

$$\begin{aligned} P(\cup_i^n A_i) &= 1 - P(\cap_i^n A_i^c) \\ &= 1 - \prod_{i=1}^{n} P(A_i^c) \\ &= 1 - \prod_{i=1}^{n} (1 - p_i) \end{aligned}$$

어떤 사건들은 때로 특정 조건하에서 독립인 특성을 갖는 경우가 있다. 예를 들어 주사위를 던진다고 했을 때 보통 주어진 주사위를 던지는 것은 독립시행이다. 그런데 만약 두 개의 주사위 중 하나를 선택한 후에 계속 던지는 데 하나는 보통의 주사위이고, 다른 하나는 6개 각 면에 $1, 1, 2, 2, 3, 3$이 적혀 있는 주사위라고 하자. 이때 주사위 던지기의 시행은 어느 주사위가 선택되었는지 아는 상황에서야 비로소 독립시행이 된다. 어떤 사람이 임의로 하나의 주사위를 선택한 후 계속 던진다고 할 때 첫 번째 6이 나오는 사건(A)과 두 번째 6이 나오는 사건(B)을 생각해 보자. 주사위가 보통의 주사위라면 사건 A와 B는 확률이 모두 1/6이고, A가 일어났는지의 여부가 B의 확률에 영향을 주지 않는다. 다른 주사위라고 할 때도 마찬가지로 확률이 모두 0이고 서로 영향을 주지 않는다. 따라서 어떤 주사위가 선택되었는지 아는 상황에서 두 사건 A와 B는 서로 독립이다. 한편, 주사위가 어느 주사위

인지 모르는 상황에서는 두 사건 A와 B의 확률은

$$P(A)=P(B)=\frac{1}{2}\times\frac{1}{6}=\frac{1}{12}$$

이다. 그러나 사건 A가 일어났다면 선택된 주사위는 보통의 주사위여야 하므로 사건 A가 일어난 상황에서 사건 B의 조건부 확률은 1/6로 변하게 된다. 즉, 선택된 주사위가 무엇인지 모르는 상황에서는 두 사건 A와 B는 서로 독립이 아니다. 이와 같이 독립이 아닌 두 사건이 어떤 주어진 상황에서는 조건부로 독립이 될 수 있다.

일반적으로 세 개의 사건 A, B, C가 있을 때 다음 조건

$$P(AB|C)=P(A|C)P(B|C)$$

을 만족하면 사건 A와 B는 C라는 조건하에서 독립이라고 할 수 있다. 다음의 예제는 이러한 조건부 독립의 상황을 보여 준다.

예제 2.18

사람 눈의 색은 한 쌍의 유전자에 의해 결정된다. 만일 그 유전자 쌍의 두 유전자가 모두 푸른색 눈의 유전자(b)이면, 그 사람의 눈은 푸른색이고, 두 유전자 중 하나라도 갈색 눈의 유전자(B)이면, 즉 그 사람의 유전자쌍이 BB 혹은 Bb이면 갈색 눈을 가진다. 갈색 눈의 사람들이 가지는 유전자 쌍의 비율은 BB:Bb=1:2라고 가정한다. 또한 신생아는 그 부모로부터 한 개씩의 유전자를 독립적으로 받으며 부모 각자가 가지고 있는 두 유전자 중 어느 유전자나 받을 가능성은 동일하다고 가정한다.

어떤 부부가 남편은 갈색의 눈을 가지고 있고 부인은 푸른색 눈을 가지고 있다고 할 때 그 부부의 자녀에 대한 다음 물음에 답하라.

(1) i번째 아이가 갈색 눈으로 태어날 확률을 구하라.

(2) 처음 두 아이가 갈색 눈으로 태어날 확률을 구하고, 첫째 아이가 갈색 눈으로 태어나는 사건과 둘째 아이가 갈색 눈으로 태어나는 사건이 독립인지 설명하라.

(3) 처음 두 아이 모두 갈색 눈으로 태어났다고 할 때 셋째 자녀가 갈색 눈으로 태어날 확률은 처음 두 아이에 대한 아무 정보가 없을 때의 확률보다 증가하는가? 감소하는가?

풀이 부인은 푸른색 눈을 가지고 있으므로 엄마의 유전자쌍은 bb로 정해져 있고, 남편

은 갈색 눈을 가지고 있으므로 아빠의 유전자쌍은 BB 혹은 Bb이다. 아빠의 유전자 쌍이 BB인 사건을 A라고 하면, BB:Bb의 비율이 1:2이므로 $P(A)=1/3$이다. 이 부부가 낳은 i 번째 자녀가 갈색 눈을 가지는 사건을 E_i라고 하면, 아빠의 유전자쌍이 BB라고 할 때, 즉 사건 A가 일어났다고 할 때 아이는 항상 갈색 눈을 가지게 되므로 $P(E_i|A)=1$이다. 한편, 아빠의 유전자쌍이 Bb이면, 즉 A^c가 일어났다고 하면 아이는 1/2의 확률로 갈색 눈을 가지게 되므로 $P(E_i|A^c)=1/2$이다. 또한 남편의 유전자 쌍이 무엇인지 알려져 있으면 자식들의 눈의 색은 서로 독립이다. 즉, 두 사건 E_i, E_j는 A(혹은 A^c)가 주어져 있을 때 조건부 독립이고, 다음을 만족한다.

$$P(E_iE_j|A)=P(E_i|A)P(E_j|A),\quad P(E_iE_j|A^c)=P(E_i|A^c)P(E_j|A^c)$$

(1) 구하고자 하는 확률은 $P(E_i)$이다. 따라서 주어진 정보를 이용하여 확률을 구하면 다음과 같다.

$$\begin{aligned} P(E_i) &= P(A)P(E_i|A)+P(A^c)P(E_i|A^c) \\ &= \frac{1}{3}+\frac{2}{3}\left(\frac{1}{2}\right) \\ &= \frac{2}{3} \end{aligned}$$

(2) 우선 처음 두 아이가 갈색 눈으로 태어날 확률 $P(E_1E_2)$을 구해 보자. 아빠의 유전자쌍이 주어지면 아이의 눈 색은 조건부 독립이라는 사실과 정리 1.1을 이용하여 확률을 구하면 다음과 같다.

$$\begin{aligned} P(E_1E_2) &= P(A)P(E_1E_2|A)+P(A^c)P(E_1E_2|A^c) \\ &= P(A)P(E_1|A)P(E_2|A)+P(A^c)P(E_1|A^c)P(E_2|A^c) \\ &= \frac{1}{3}+\frac{2}{3}\left(\frac{1}{2}\right)^2 \\ &= \frac{1}{2} \end{aligned}$$

따라서

$$P(E_1E_2)=\frac{1}{2}\neq\frac{2}{3}\times\frac{2}{3}=P(E_1)P(E_2)$$

이므로 두 사건은 독립이 아니다. 여기서 우리가 다시 한 번 주목해야 할 것은 두 사건(E_1, E_2)이 어떤 조건(A)하에서 조건부 독립이라고 하더라도 그 사실로부터 그 사건들(E_1, E_2)이 독립이라고 유추하는 것은 옳지 않다는 것이다.

(3) (1)의 결과에 의하면 처음 두 아이에 대한 아무런 정보가 없을 때 셋째 아이가 갈색 눈으로 태어날 확률은 2/3이다. 이와 비교하기 위해서 처음 두 아이가 갈색 눈으로 태어난 상황에서 셋째 아이가 갈색 눈으로 태어날 조건부 확률 $P(E_3|E_1E_2)$을 구해 보자. (2)에서 구한 것과 같이 정리 1.1과 조건부 독립성을 이용하여 $P(E_1E_2E_3)$를 구하면

$$\begin{aligned} P(E_1E_2E_3) &= P(A)P(E_1E_2E_3|A) + P(A^c)P(E_1E_2E_3|A^c) \\ &= \frac{1}{3} + \frac{2}{3}\left(\frac{1}{2}\right)^3 \\ &= \frac{5}{12} \end{aligned}$$

이다. 따라서 구하고자 하는 확률은

$$P(E_3|E_1E_2) = \frac{P(E_1E_2E_3)}{P(E_1E_2)} = \frac{5}{6}$$

이다. 따라서 처음 두 아이가 갈색 눈으로 태어났다는 정보는 셋째 아이가 갈색 눈으로 태어날 확률을 증가시킨다.

다음 예제는 확률론의 효시라고 불리는 유명한 **득점의 문제**를 다룬다. 문제를 간단히 설명하자면 다음과 같다.

> 우승하는 사람에게 모든 상금이 주어지는 게임이 있다고 할 때, 두 사람이 이 게임을 하는 중간에 불가피한 상황으로 게임을 마무리 짓지 못한 채 끝내야 한다면 상금을 어떻게 분배하는 것이 적절한가?

이 문제에 대하여 처음 파스칼에 의해 제안된 해법은 이 게임이 계속된다고 할 때 이길 확률의 비로 상금을 나눠야 한다는 것이다. 다음 예제에서는 주어진 조건에서 한 사람이 이길 확률을 계산하는 방법을 제시한다.

예제 2.19

두 사람 A, B가 게임을 하는데 매 시행에서 A가 이기면 A가 1점을 얻고, B가 이기면 B가 1점을 얻는다. A가 우승하기 위해서는 n 점이 필요하고, B가 우승하기 위해서는 m 점이 필요하다. 시행들은 서로 독립이고 매 시행에서 A가 이길 확률은 p 이고, 비기는 경우는 없다고 가정할 때 A가 우승할 확률을 구하라.

풀이 사건 A 를 A가 우승하는 사건이라고 하고, $P_{n,m}$ 를 성공확률이 p 인 시행을 반복할 때 m 번 실패하기 전에 n 번 성공할 확률이라고 하면 $P(A) = P_{n,m}$ 이다. 첫 번째 시행에서 A가 이기는 사건을 B 라고 하면 정리 1.1에 의해서

$$P(A) = P(BA) + P(B^cA) = P(B)P(A|B) + P(B^c)P(A|B^c)$$

이다. 첫 시행에서 A가 이겼다면 A가 우승하기 위해서 필요한 점수는 $(n-1)$로 줄어들고, A가 졌다면 B가 우승하기 위해서 필요한 점수가 $(m-1)$로 줄어든다. 따라서

$$P_{n,m} = p \times P_{n-1,m} + (1-p) \times P_{n,m-1}$$

이 성립한다. 게임의 특성상 $P_{n,0} = 0$과 $P_{0,m} = 1$이 성립하므로 이 값으로부터 순차적으로 확률을 계산할 수 있다. 즉, 다음과 같은 과정을 거쳐 원하는 확률을 얻을 수 있다.

$$\begin{aligned}
P_{1,1} &= p \times P_{0,1} + (1-p) \times P_{1,0} = p \\
P_{2,1} &= p \times P_{1,1} + (1-p) \times P_{2,0} = p^2 \\
P_{1,2} &= p \times P_{0,2} + (1-p) \times P_{1,1} = p + p(1-p) \\
P_{2,2} &= p \times P_{1,2} + (1-p) \times P_{2,1} = p^2 + 2p^2(1-p) \\
&\vdots
\end{aligned}$$

이와 같이 반복적으로 식에 대입해서 계산하는 과정을 하나의 식으로 계산할 수 있게 하는 해법은 페르마(Fermat)라는 수학자에 의해서 제시되었다. 그의 논리를 아주 간단한 상황인 $n = 2, m = 3$ 인 경우에 대하여 설명해 보자. 우선 경기가 지속될 때 각 시행에서 A가 이기면 O, 지면 X로 표현하면, 결국 A가 우승하는 경우는 다음과 같이 6가지 경우이다.

$$A = \{oo,\ oxo,\ xoo,\ oxxo,\ xoxo,\ xxoo\}$$

따라서 A가 우승할 확률은 이 6가지 경우의 확률을 더해서 다음과 같이 구하면 된다.

$$P(A) = p^2 + 2p^2(1-p) + 3p^2(1-p)^2 = 3p^4 - 8p^3 + 6p^2$$

한편, 상황을 좀 다른 각도에서 보자. A 혹은 B가 우승하기 위해서 필요한 시행 횟수는 많아야 4번인데 만약 두 번 혹은 세 번 만에 승부가 난다고 해도 게임을 4번까지 계속 이어간다고 하자. A가 네 번 만에 우승하는 3가지 경우는 변화가 없지만 두 번 만에 우승하는 경우는 그 이후 두 번의 시행에 누가 이겨도 상관이 없으므로 새롭게 4가지의 결과로 표현할 수 있다. 마찬가지로 세 번 만에 우승하는 경우 나머지 한 번의 시행에서 누가 이겨도 상관없으므로 새롭게 2가지의 결과로 표현할 수 있다. 즉, 다음과 같이 결과들이 새롭게 표현될 수 있다.

$$\begin{aligned} \{\text{oo}\} &\rightarrow \{\text{oooo, ooox, ooxo, ooxx}\} \\ \{\text{oxo}\} &\rightarrow \{\text{oxoo, oxox}\} \\ \{\text{xoo}\} &\rightarrow \{\text{xooo, xoox}\} \end{aligned}$$

따라서 승부가 미리 나는 것과 상관없이 4번의 시행을 이어간다고 할 때 A가 우승하는 경우는 두 번 만에 우승하는 경우 4가지, 세 번 만에 우승하는 경우 4가지, 네 번 만에 우승하는 경우 3가지로 모두 11가지이다. 이 11가지의 결과를 4번의 시행 중 A가 이기는 횟수로 다음과 같이 나열하여 정리할 수 있다.

4번 중 A가 2번 이기는 경우: {ooxx, oxox, oxxo, xoox, xoxo, xxoo}
4번 중 A가 3번 이기는 경우: {ooox, ooxo, oxoo, xooo}
4번 중 A가 4번 이기는 경우: {oooo}

이 11가지의 결과는 4번의 시행 중 A가 두 번 이상 이기는 경우를 모두 포함한다. 따라서 A가 우승하는 사건은 성공 확률이 p인 4번의 독립 시행에서 2번 이상 성공하는 사건과 같다. 예제 2.15의 결과를 이용하여 A가 우승하는 사건의 확률을 구하면

$$P(A) = \binom{4}{2}p^2(1-p)^2 + \binom{4}{3}p^3(1-p) + p^4 = 3p^4 - 8p^3 + 6p^2$$

이고 이는 위에서 구한 것과 같은 값을 갖는다.

이 과정을 일반적인 n, m의 상황으로 확대하는 것이 페르마의 해법이라고 할 수 있다. 두 사람의 승부를 가르기 위해서 필요한 시행의 수는 $n=2$, $m=3$일 때 많아야 4번이었는데 이를 일반적인 n, m에 대한 것으로 바꾸어 생각하면 두 사람의 승부를 가르기 위해서 필요한 시행의 수는 많아야 $(n+m-1)$이다. 또한 A가 우승하려면 B가 m번 이기기 전에 A가 n번 이겨야 하므로 $(n+m-1)$번의 시행에서 A가 n번 이상 이겨야 한다. 예제 2.15의 결과를 이용하면 일반적인 n, m의 경우에도 다음과 같이 구하고자 하는 확률을 한 번에 구할 수 있다.

$$P(A)=\sum_{k=n}^{n+m-1}\binom{n+m-1}{k}p^k(1-p)^{n+m-1-k}$$

3. 분할과 베이즈정리

1장에서 설명한 바와 같이 임의의 사건 A에 대해서 A와 A^c는 서로 겹치지 않으면서 합사건은 표본공간을 이룬다. 이런 경우를 표본공간이 두 개의 사건 A와 A^c에 의해서 분할된다고 표현하고, $\{A, A^c\}$를 표본공간의 분할이라고 부른다. 두 개의 사건에 의해서뿐 아니라 세 개 이상의 사건에 의해서도 표본공간이 분할될 수 있는데, 일반적으로 어떤 사건들의 모임 $\{A_1, \ldots, A_n\}$이 표본공간의 분할이 되기 위해서는 n개의 사건 중 어떤 두 사건 A_i와 A_j도 서로 배반이어야 하고, n개의 모든 사건들의 합사건은 표본공간을 이루어야 한다. 다음은 표본공간의 분할에 대하여 정리한 것이다.

표본공간의 분할
사건들의 모임 $\{A_1, \ldots, A_n\}$이 표본공간의 분할이 되기 위해서는 다음을 만족한다.

- 모든 $i \neq j$에 대하여 $A_i \cap A_j = \varnothing$
- $\cup_{i=1}^{n} A_i = \Omega$

임의의 사건 B에 대해서도 분할의 개념을 쓸 수 있다. 예를 들어 그림 2.1과 같이 $\{A_6, \ldots, A_n\}$이 표본공간의 분할이라고 하면, 사건 B도 $\{A_1B, A_2B, \ldots, A_6B\}$에 의해서 분할된다. 어떤 사건의 분할은 그 사건의 확률을 계산하는 데 아주 유용하게 이용된다. 즉, 하나의 사건을 다루기 쉬운 작은 사건들로 분할해서 확률을 계산하는 것이다.

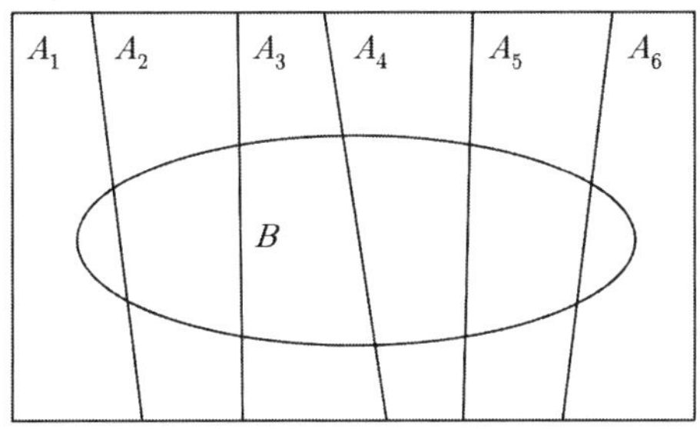

그림 2.1 사건 B의 분할

일반적으로 $\{A_1, \ldots, A_n\}$이 표본공간의 분할일 때 임의의 사건 B에 대하여

$$P(B) = P(A_1B) + P(A_2B) + \cdots + P(A_nB)$$

가 성립하고, 여기에 곱셈법칙을 적용하여 다음의 총확률의 법칙을 얻을 수 있다.

총확률의 법칙

사건들의 모임 $\{A_1, \ldots, A_n\}$이 표본공간의 분할이면 임의의 사건 B에 대하여 다음을 만족한다.

$$\begin{aligned} P(B) &= P(A_1)P(B|A_1) + P(A_2)P(B|A_2) + \cdots + P(A_n)P(B|A_n) \\ &= \sum_{i=1}^{n} P(A_i)P(B|A_i) \end{aligned}$$

다음의 예제는 총확률의 법칙이 유용하게 쓰이는 하나의 예를 보여 준다.

예제 2.20

예제 2.16에서 세 사람이 모두 같은 것을 내는 경우보다 세 사람이 모두 다른 것을 내는 경우가 먼저 나오는 사건을 G라고 할 때 이를 첫 번째 시행의 결과에 따라 분할하고, 총확률의 법칙을 이용하여 G의 확률을 계산하라.

풀이 B_1과 C_1은 예제 2.16의 풀이에 주어진 것과 같고, D_1을 첫 번째 시행에서 세 명이 모두 같은 것을 내는 사건이라고 하자. 그러면 B_1, C_1, D_1은 표본공간을 분할하므로 총확률의 법칙에 의해서

$$P(G) = P(B_1)P(G|B_1) + P(C_1)P(G|C_1) + P(D_1)P(G|D_1)$$

로 표현할 수 있다. 여기서 예제 2.16의 풀이에 의하면

$$P(B_1) = \frac{2}{9}, \quad P(C_1) = \frac{2}{3}, \quad P(D_1) = \frac{1}{9}$$

이고, 사건 B_1이 일어났다고 알려져 있으면 이미 G가 일어난 것과 같으므로 $P(G|B_1) = 1$이다. 한편 사건 D_1이 일어났다면 G는 일어날 수 없으므로 $P(G|D_1) = 0$, 사건 C_1이 일어났다면 첫 번째 시행의 결과는 무시하고 두 번째 시행부터 새로 시작하는 것과 마찬가지 상황이므로 $P(G|C_1) = P(G)$이 성립한다. 따라서

$$P(G) = \frac{2}{9} \times 1 + \frac{2}{3}P(G) + \frac{1}{9} \times 0$$

을 만족하고 이로부터 다음과 같이 예제 2.16에서 구한 것과 같은 확률값을 얻을 수 있다.

$$P(G) = \frac{2/9}{1/3} = \frac{2}{3}$$

총확률의 법칙은 다음과 같이 조건부확률을 계산하는 데 이용되는 경우가 많은데 이를 **베이즈 정리**(Bayes' Rule)라고 한다.

베이즈 정리

$\{A_1, \ldots, A_n\}$이 표본공간의 분할이면 임의의 사건 B가 주어졌을 때 A_k의 조건부확률은 다음과 같다.

$$P(A_k|B) = \frac{P(A_kB)}{P(B)} = \frac{P(A_k)P(B|A_k)}{\sum_{i=1}^{n} P(A_i)P(B|A_i)}$$

예제 2.21

어느 도시의 유권자 분포는 30대 이하가 40%, 40~50대가 35%, 60대 이상이 25%라고 하고, 선거에서 각 세대별 투표율은 30대 이하가 30%, 40~50대가 60%, 60대 이상이 80%라고 한다.

(1) 어느 유권자가 선거에서 투표를 했다고 할 때 그 유권자의 나이대가 30대 이하일 확률을 구하라.

(2) 어느 선거에 출마한 후보 A에 대한 지지율은 세대별로 30대 이하에서 30%, 40~50대에서 50%, 60대 이상에서 70%라고 한다. 각 세대 안에서 투표하는 사건과 후보 A를 지지하는 사건이 독립이라고 할 때, 즉 유권자의 세대가 알려져 있는 경우 그 유권자가 투표를 하는 사건과 후보 A를 지지하는 사건은 조건부 독립이라고 할 때 A 후보의 득표율은 지지율보다 얼마나 크게(혹은 작게) 나타나는가? (후보 A를 지지하는 유권자가 투표를 한다면 후보 A에 투표하리라고 가정한다.)

풀이 유권자가 선거에서 투표하는 사건을 V라고 하고, 유권자가 30대 이하인 사건을 A_1, 40~50대인 사건을 A_2, 60대 이상인 사건을 A_3라고 하자. 문제에서 주어져 있는 정보를 정리하면 다음과 같다.

$$P(A_1) = 0.4, \quad P(A_2) = 0.35, \quad P(A_3) = 0.25$$
$$P(V|A_1) = 0.3, \quad P(V|A_2) = 0.6, \quad P(V|A_3) = 0.8$$

(1) 어느 유권자가 투표를 했다고 할 때 그가 30대 이하일 확률을 구해야 하므로 구하고자 하는 확률은

$$P(A_1|V) = \frac{P(A_1V)}{P(V)} = \frac{P(A_1)P(V|A_1)}{P(V)}$$

이다. $\{A_1, A_2, A_3\}$는 유권자를 나타내는 표본공간의 분할이므로 총확률의 법칙을 이용하면

$$\begin{aligned} P(V) &= P(A_1 V) + P(A_2 V) + P(A_3 V) \\ &= P(A_1)P(V|A_1) + P(A_2)P(V|A_2) + P(A_3)P(V|A_3) \\ &= (0.4)(0.3) + (0.35)(0.6) + (0.25)(0.8) \\ &= 0.53 \end{aligned}$$

이고, 이 과정에서 $P(A_1 V) = (0.4)(0.3) = 0.12$로 얻어졌으므로 구하고자 하는 확률은 다음과 같다.

$$P(A_1|V) = \frac{0.12}{0.53} = 0.2264$$

(2) 유권자가 후보 A를 지지하는 사건을 D라고 하면 후보 A의 지지율을 $P(D)$이고, 후보 A의 득표율은 투표한 유권자들 중에 후보 A를 지지하는 비율이므로 $P(D|V)$이다. 따라서 이 문제의 답을 구하기 위해서는 이 두 확률을 구해서 비교해 보면 된다.

우선 $P(D)$를 (1)에서 $P(V)$를 계산할 때와 같이 총확률의 법칙을 이용하여 구해 보자. 주어진 정보는

$$P(D|A_1) = 0.3, \quad P(D|A_2) = 0.5, \quad P(D|A_3) = 0.7$$

이므로

$$\begin{aligned} P(D) &= P(A_1 D) + P(A_2 D) + P(A_3 D) \\ &= P(A_1)P(D|A_1) + P(A_2)P(D|A_2) + P(A_3)P(D|A_3) \\ &= (0.4)(0.3) + (0.35)(0.5) + (0.25)(0.7) \\ &= 0.47 \end{aligned}$$

이다. 즉, 후보 A의 지지율은 0.47이다. 후보 A의 득표율을 구하기 위해서는 $P(V)$와 $P(DV)$가 필요한데, (1)에서 $P(V)$를 이미 구했으므로 $P(DV)$만 구하면 된다. 이를 위해서는 총확률의 법칙뿐 아니라 조건부 독립의 특징도 이용해야 한다. 각 세대 안에서는 투표하는 사건과 후보 A를 지지하는 사건이 독립이므로

$$P(DV|A_i) = P(D|A_i)P(V|A_i)$$

이 성립한다. 이를 이용하여 $P(DV)$를 구하면 다음과 같다.

$$\begin{aligned} P(DV) &= P(A_1DV) + P(A_2DV) + P(A_3DV) \\ &= P(A_1)P(DV|A_1) + P(A_2)P(DV|A_2) + P(A_3)P(DV|A_3) \\ &= \sum_{i=1}^{3} P(A_i)P(D|A_i)P(V|A_i) \\ &= (0.4)(0.3)(0.3) + (0.35)(0.5)(06) + (0.25)(0.7)(0.8) \\ &= 0.281 \end{aligned}$$

따라서 후보 A의 득표율은

$$P(D|V) = \frac{P(DV)}{P(V)} = \frac{0.281}{0.53} = 0.5302$$

이다. 이를 위에서 구한 지지율 0.47과 비교하면 득표율은 지지율에 비해서 더 크게 나타난다고 할 수 있다.

다음의 예제에서는 표본공간이 조금 복잡한 형태로 분할되는 문제를 다룬다.

예제 2.22

테이삭스라는 병은 유전병인데, 유전자형이 aa이면 사망, Aa이면 보균자, AA이면 정상이다. 아이가 부모로부터 독립적으로 하나씩의 유전자를 받는다고 할 때 다음 물음에 답하라.

(1) 부모가 모두 보균자인 남자 아이 K가 사망하지 않았다면 그 아이가 보균자일 확률을 구하라.

(2) 위 (1)의 K가 커서 부모 중 한 명은 보균자이고, 한 명은 정상인 부모를 둔 여자 J와 결혼을 한다고 할 때 그 둘의 첫째 아이 Q의 유전자형이 aa일 확률, Aa일 확률, AA일 확률을 각각 구하라.

(3) 위 (2)에서 첫째 아이 Q가 정상이었다고 할 때 부모가 모두 정상일 확률을 구하라.

(4)* 위 (2)에서 첫째 아이 Q가 사망하지 않았다고 할 때 아버지 K가 보균자일 확률을 구하라.

풀이 (1) K의 유전자형이 aa 인 사건을 B_1, Aa 인 사건을 B_2, AA 인 사건을 B_3 라고 하면, 부모가 모두 보균자이고 독립적으로 하나씩의 유전자를 물려받으므로 각 사건의 확률은 다음과 같이 쉽게 얻을 수 있다.

$$P(B_1) = \frac{1}{4}, \quad P(B_2) = \frac{1}{2}, \quad P(B_3) = \frac{1}{4}$$

K가 사망하지 않았으므로 K는 보균자이거나 정상이다. 따라서 구하고자 하는 확률은 다음과 같이 구할 수 있다.

$$P(B_2 | B_2 \cup B_3) = \frac{P(B_2)}{P(B_2 \cup B_3)} = \frac{1/2}{3/4} = \frac{2}{3}$$

(2) K가 사망하지 않고 부모가 되었다면 (1)에서 구한 바와 같이 K의 유전자형은 Aa 일 확률은 2/3이고, AA 일 확률은 1/3이다. 또한 Q의 어머니인 J도 보균자이거나 정상인데, J의 부모의 유전자가 한 분은 Aa, 다른 분은 AA 이므로 J의 유전자형이 Aa 일 확률과 AA 일 확률은 모두 1/2이다. 따라서 Q의 부모가 가질 수 있는 유전자형을 아버지, 어머니의 순으로, 즉 (K의 유전자, J의 유전자)로 나열하면 다음과 같이 4가지로 표현할 수 있다.

$$(Aa,\ Aa),\quad (Aa,\ AA),\quad (AA,\ Aa),\quad (AA,\ AA)$$

이 네 개의 사건을 순서적으로 C_1, C_2, C_3, C_4 라고 하면 C_1 의 확률은

$$P(C_1) = P(\text{K가 보균자}) \times P(\text{J가 보균자}) = \left(\frac{2}{3}\right)\left(\frac{1}{2}\right) = \frac{1}{3}$$

이고, 마찬가지 방법으로 C_2, C_3, C_4 의 확률도 다음과 같이 구할 수 있다.

$$P(C_2) = \frac{1}{3}, \quad P(C_3) = \frac{1}{6}, \quad P(C_4) = \frac{1}{6}$$

여기서 한 가지 언급할 것은 C_2 와 C_3 의 경우는 어머니와 아버지의 유전자쌍이 뒤바뀐 상황으로 두 경우에 아들의 유전자형의 확률은 정확히 일치한다. 즉, 이 두 경우는 아들의 유전자형을 정하는 데는 구별을 둘 필요가 없고 같이 묶어서 하나의 사건으로 봐도 된다. 그러나 문제 (4)에서 이를 구별할 필요가 있으므로 여기서도 구별한 상태로 두기로 한다.

한편 Q의 유전자형이 aa 인 사건을 D_1, Aa 인 사건을 D_2, AA 인 사건을 D_3 라고 하면 각 확률은 다음과 같이 총확률 법칙을 이용하여 구할 수 있다.

$$P(D_k) = \sum_{i=1}^{4} P(C_i)P(D_k|C_i), \quad k = 1, 2, 3$$

이 식을 이용하기 위해서 필요한 정보를 정리하면 다음과 같다.

$$(Aa,\ Aa):\ P(D_1|C_1) = \frac{1}{4}, \quad P(D_2|C_1) = \frac{1}{2}, \quad P(D_3|C_1) = \frac{1}{4}$$

$$(Aa,\ AA):\ P(D_1|C_2) = 0, \quad P(D_2|C_2) = P(D_3|C_2) = \frac{1}{2}$$

$$(AA,\ Aa):\ P(D_1|C_3) = 0, \quad P(D_2|C_3) = P(D_3|C_3) = \frac{1}{2}$$

$$(AA,\ AA):\ P(D_1|C_4) = P(D_2|C_4) = 0, \quad P(D_3|C_4) = 1$$

위의 정보를 이용하여 다음과 같이 원하는 확률을 구할 수 있다.

$$P(D_1) = \sum_{i=1}^{4} P(C_i)P(D_1|C_i) = \left(\frac{1}{3}\right)\left(\frac{1}{4}\right) = \frac{1}{12}$$

$$P(D_2) = \left(\frac{1}{3}\right)\left(\frac{1}{2}\right) + \left(\frac{1}{3}\right)\left(\frac{1}{2}\right) + \left(\frac{1}{6}\right)\left(\frac{1}{2}\right) = \frac{5}{12}$$

$$P(D_3) = \left(\frac{1}{3}\right)\left(\frac{1}{4}\right) + \left(\frac{1}{3}\right)\left(\frac{1}{2}\right) + \left(\frac{1}{6}\right)\left(\frac{1}{2}\right) + \frac{1}{6} = \frac{1}{2}$$

(3) 첫째 아이 Q가 정상이었다고 할 때 부모가 모두 정상일 확률을 구해야 하므로 구하고자 하는 확률은 $P(C_4|D_3)$이고 베이즈 정리에 의해 다음과 같이 구할 수 있다.

$$P(C_4|D_3) = \frac{P(C_4)P(D_3|C_4)}{P(D_3)} = \frac{1/6}{1/2} = \frac{1}{3}$$

(4) 첫째 아이 Q가 사망하지 않았다고 할 때, 즉 D_2 혹은 D_3 가 일어났다고 할 때 아버지 K가 보균자($C_1 \cup C_2$)일 확률을 구해야 하므로 구하고자 하는 확률은

$$P(C_1 \cup C_2|D_2 \cup D_3) = \frac{P((C_1 \cup C_2)(D_2 \cup D_3))}{P(D_2 \cup D_3)}$$

이다. 분모의 확률은 $P(D_2 \cup D_3) = P(D_2) + P(D_3) = 11/12$이고, 분자의 확률은 다음과 같이 구한다.

$$
\begin{aligned}
&P((C_1 \cup C_2)(D_2 \cup D_3)) \\
&\quad = P(C_1D_2 \cup C_1D_3 \cup C_2D_2 \cup C_2D_3) \\
&\quad = P(C_1D_2) + P(C_1D_3) + P(C_2D_2) + P(C_2D_3) \\
&\quad = P(C_1)P(D_2|C_1) + P(C_1)P(D_3|C_1) \\
&\qquad + P(C_2)P(D_2|C_2) + P(C_2)P(D_3|C_2) \\
&\quad = \left(\frac{1}{3}\right)\left(\frac{1}{2}\right) + \left(\frac{1}{3}\right)\left(\frac{1}{4}\right) + \left(\frac{1}{3}\right)\left(\frac{1}{2}\right) + \left(\frac{1}{3}\right)\left(\frac{1}{2}\right) \\
&\quad = \frac{7}{12}
\end{aligned}
$$

따라서 구하고자 하는 확률은 다음과 같다.

$$P(C_1 \cup C_2 | D_2 \cup D_3) = \frac{7/12}{11/12} = \frac{7}{11}$$

다음 예제에서는 조건부 확률의 개념이 문제 해결에 유용하게 사용되는 한 예로 몬티홀(Monty Hall) 게임을 소개한다.

예제 2.23

[몬티홀 게임] 무대에는 3개의 문이 있고, 하나의 문 뒤에는 자동차, 나머지 문 뒤에는 염소가 있다. 게임 참가자는 문을 하나 선택해서 그 뒤에 자동차가 있으면 자동차를 상품으로 받는다. 그런데 참가자가 문을 하나 선택하면 선택하지 않은 두 문 중에는 뒤에 염소가 있는 문이 적어도 하나는 있고, 게임 진행자는 염소가 있는 문 하나를 열어 보여 주며 게임 참가자가 자신의 선택을 바꿀 기회를 한 번 더 준다. 이 게임에서 참가자가 자신이 선택한 문을 고수하는 것이 좋을지 아니면 아직 열리지 않은 다른 문으로 선택을 바꾸는 것이 좋을지 판단하라.

풀이 예를 들어 참가자가 첫 번째 문을 선택하고, 진행자가 두 번째 문을 열어보여 줬다고 가정하자. (어느 쪽 문을 선택하고, 어느 쪽 문을 열어 보여 주었어도 마찬가지이다.) 참가자는 첫 번째 문을 고수할 것인가 혹은 세 번째 문으로 선택을 바

꿀 것인가를 결정해야 하는데, 그 기준은 어느 쪽이 자동차를 상품으로 받을 확률이 높은가가 될 것이다. 사건 A_i를 i번째 문 뒤에 자동차가 있는 사건이라고 하고, 사건 B를 진행자가 두 번째 문을 열어보여 준 사건이라고 하면 구해서 비교해야할 확률은 $P(A_1|B)$와 $P(A_3|B)$이다. 우선 $i=1, 2, 3$에 대하여 $P(A_i)=1/3$이다. 또한 A_1이 일어났다면 나머지 두 문 중에서 임의로 선택해서 보여 줄 수 있으므로 B가 일어날 확률은 $P(B|A_1)=1/2$이다. 만약 A_2가 일어났다면 두 번째 문을 열어 보여 줄 수 없으므로 $P(B|A_2)=0$이고, A_3가 일어났다면 두 번째 문만 열어 보여 줄 수 있으므로 $P(B|A_3)=1$이다. 이 정보와 총확률의 법칙을 이용하여 $P(B)$를 구하면

$$
\begin{aligned}
P(B) &= P(A_1B)+P(A_2B)+P(A_3B) \\
&= P(A_1)P(B|A_1)+P(A_2)P(B|A_2)+P(A_3)P(B|A_3) \\
&= \left(\frac{1}{3}\right)\left(\frac{1}{2}\right)+\left(\frac{1}{3}\right)\times 0+\left(\frac{1}{3}\right)\times 1 \\
&= \frac{1}{2}
\end{aligned}
$$

이다. 위의 구하는 과정에서 $P(A_1B)=1/6$, $P(A_3B)=1/3$을 알 수 있으므로

$$
P(A_1|B)=\frac{1/6}{1/2}=\frac{1}{3}, \qquad P(A_3|B)=\frac{1/3}{1/2}=\frac{2}{3}
$$

을 구할 수 있다. 따라서 처음 선택했던 첫 번째 문을 고수하는 것보다 세 번째 문으로 선택을 바꾸는 것이 자동차를 받을 확률이 높아진다.

4. 연습문제

2.1 주사위를 두 번 던지기 실험에서 첫 번째 숫자가 두 번째 숫자보다 크다는 조건 하에서 적어도 하나는 3일 확률을 구하라.

2.2 어느 부부에게 2명의 자녀가 있다. 부부가 딸이나 아들을 낳을 확률이 같다고

가정할 때, 다음의 조건하에서 두 명 모두 딸일 확률을 구하라.

(1) 적어도 한 명은 딸이라는 사실을 알고 있다.

(2) 첫째 아이가 딸이라는 사실을 알고 있다.

2.3 세 장의 카드가 있는데, 한 장은 양면 모두에 검은색이 칠해져 있고, 다른 한 장은 양면 모두에 흰색이 칠해져 있고, 또 다른 한 장에는 흰색과 검은색이 한 면씩 칠해져 있다. 카드 한 장을 임의로 선택해서 책상 위에 올려놓으니 윗면이 검은색이었다. 아랫면도 검은색일 확률을 구하라.

2.4 주머니에 검은 공 10개, 흰 공 20개가 들어 있다. 이 30개의 공을 세 사람(A, B, C)에게 무작위로 10개씩 나눠 준다고 하자. A가 받은 공 중 5개가 검은 공이었다고 할 때 B가 받은 공 중 3개가 검은 공일 확률을 구하라.

2.5 어느 주머니에 10개의 붉은 공과 20개의 흰 공이 들어 있다. 붉은 공은 2:3:5의 비율로, 흰 공은 3:5:2의 비율로 ①, ②, ③이 적혀 있다. 여기서 비복원추출로 2개의 공을 선택한다고 할 때, 사건 A는 하나는 붉은 공, 하나는 흰 공일 사건, 사건 B는 둘 다 ②가 적혀 있는 사건이라고 하자.

(1) 30개의 공을 색과 숫자에 의해 정리하는 분할표를 작성하라.

(2) $P(A)$, $P(AB)$, $P(B^c|A)$를 구하라.

2.6 주머니 A에는 검은 공 1개와 흰 공 2개가 들어 있고, 주머니 B에는 검은 공 2개와 흰 공 1개가 들어 있다. 주머니 A에서 공 하나를 선택하여 주머니 B에 넣고, 주머니 B에서 공을 하나를 꺼낸다고 하자.

(1) B에서 꺼낸 공이 흰 공일 확률을 구하라.

(2) B에서 꺼낸 공이 흰 공일 때 A에서 B로 옮긴 공이 흰 공일 확률을 구하라.

2.7 주머니에 검은 공 2개와 흰 공 2개가 들어 있다. 주머니에서 공을 하나 꺼내고 그 공과 같은 색의 공을 하나 더해 다시 집어넣고 다시 공을 꺼내는 시행을 3번 반복했을 때 꺼낸 공이 모두 흰색일 확률을 구하라.

2.8 어떤 용의자가 범인일 확률은 0.5이고, 범인이 갖고 있다고 알려진 특징 A와 B는 일반 사람들의 경우 특징 A를 갖는 비율을 30%, 특징 B를 갖는 비율은 10%라고 한다. 용의자가 특징 A를 갖는 경우와 특징 B를 갖는 경우 중 어느

경우에 그 용의자가 범인일 가능성이 높은가?

2.9 예제 2.10에서 다음의 경우에 병원에 내원한 환자가 실제로 병이 있을 확률을 구하라.

(1) 내원한 환자가 병이 있다고 진단받았다.

(2) 내원한 환자가 병이 없다고 진단받았다.

2.10 확률에 대한 다음의 기술에 대하여 옳고, 그름을 밝히고 그 이유를 간략히 설명하라.

(1) A와 B가 서로 독립이면 $P(A \cup B) = P(A) + P(B)$이다.

(2) $P(A|B) < P(A)$이면, $P(B|A) < P(B)$이다.

(3) $A \subset B$이면 $P(A|B) \geq P(A)$이다.

2.11 다섯 개의 사건 $A_1, \ldots, A_5$가 서로 독립이라고 할 때 $A_1 A_3^c$와 $A_2 \cup A_4 A_5$가 서로 독립임을 보여라.

2.12 세 개의 사건 A, B, C 중 A와 B는 서로 독립이고, A와 C는 서로 배반이나. $P(A) = 0.4$, $P(B) = 0.4$, $P(C) = 0.3$, $P(BC) = 0.2$로 주어졌다고 할 때, 확률 $P(A \cup B \cup C^c)$, $P(B|A \cup C)$를 계산하라.

2.13 어느 가게에 하루 동안 들어온 사람 중에 10명이 구매를 하였고, 들어온 여자 손님 15명 중 3명이 구매하였다. 그날 하루 동안 들어온 사람들 중에 한 명을 임의로 선택한다고 할 때 그 사람의 구매여부와 성별이 독립이기 위해서는 그날 들어온 남자 손님의 수는 얼마인가?

2.14 주사위 두 개를 던지는 시행을 반복할 때, 두 눈금의 합이 짝수인 경우가 나오기 전에 합이 5인 경우가 먼저 나올 확률을 구하라.

2.15 다음 회로에는 그림과 같이 4개의 계전기가 있다. 각 계전기는 독립적으로 작동하고 계전기가 닫혀서 전류가 흐를 확률이 모두 0.7이라고 할 때 A에서 B로 전류가 흐를 확률을 구하라.

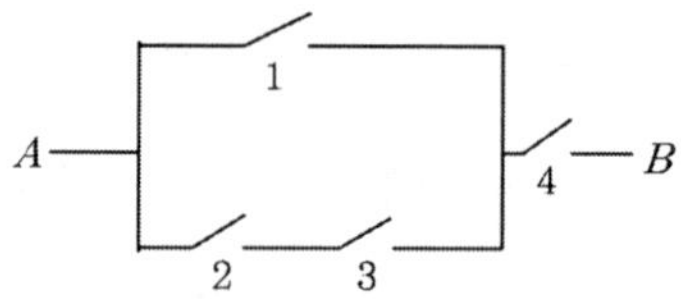

2.16 두 개의 주사위 A, B가 있다. A는 6개의 면 중에 4면에는 빨간색이, 나머지에는 흰색, B는 빨간색과 흰색이 각각 3면씩 칠해져 있다. 동전을 던져 H가 나오면 주사위 A를, T가 나오면 주사위 B를 계속 던진다고 할 때 주사위 던지기의 처음 3번의 결과가 모두 빨간색이 나온 상태에서 4번째에도 빨간색이 나올 확률을 구하라.

2.17 두 사람 A와 B가 게임을 하는데, 주사위를 던져서 1 또는 2가 나오면 A가 1점을 받고, 3~6 중 하나가 나오면 B가 1점을 받는다. A가 3점을 받기 전에 B가 6점을 받으면 B가 이기고, 그 반대이면 A가 이긴다고 할 때 A가 이길 확률을 구하라.

2.18 어느 회사는 사원의 나이별 구성 비율이 20대 20%, 30대 40%, 40대 30%, 50대 10%이다. 이 회사에서는 구조조정을 위해서 전체 사원의 11.5%를 명예퇴직을 시키는데, 나이 대에 따라 퇴직 비율이 1:2:3:4가 되도록 결정하였다. 즉, 20대 중에서 a%를 명예퇴직을 시켰다면 30대 중에서는 $2a$%를 명예퇴직 시켰다.

(1) 20대에서 몇 %가 명예퇴직을 당하는가?
(2) 명예퇴직을 당한 사원 중 20대 사원의 비율은 얼마인가?

2.19 동전이 5개 있는데, i 번째 동전이 앞면이 나올 확률은 $i/5$ 이다. 이 동전 중 하나를 임의로 선택해서 던졌더니 앞면이 나왔다. 이 동전이 세 번째 동전일 확률을 구하라.

2.20 주머니에 4개의 흰 공과 5개의 검은 공이 있다. 주사위를 던져서 나타난 수만큼 공을 꺼낸다고 할 때 다음 물음에 답하라.

(1) 꺼낸 공이 모두 흰 공일 확률을 구하라.
(2) 꺼낸 공이 모두 흰 공일 때 주사위의 숫자가 2일 확률을 구하라.

2.21 주머니가 세 개 있는데 A 주머니에는 흰 공 2개, 검은 공 4개, B 주머니에는 흰 공 3개, 검은 공 3개, C 주머니에는 흰 공 4개, 검은 공 2개가 들어 있다.

각 주머니로부터 공 하나씩을 임의로 꺼냈더니 흰 공이 1개이고 검은 공이 2개였다. A 주머니에서 꺼낸 공이 흰 공일 확률을 구하라.

2.22 예제 2.22에서 다음 물음에 답하라

(1) K와 J의 첫째 아이 Q가 정상이었다고 할 때 K와 J 중 한 명은 보균자, 다른 한 명은 정상일 확률과 K와 J가 모두 보균자일 확률을 구하라.

(2) K와 J의 첫째 아이 Q가 정상이었다고 할 때 K와 J의 둘째 아이도 정상일 확률을 구하라.

2.23 한 명씩 순차적으로 탈락시키는 대회가 있다. 3명의 참가자(A, B, C) 중 한 명을 탈락시키는 준결승에서 결과는 다 나왔으나 발표는 아직 되기 전에 참가자 A는 결과를 알고 있는 내부자에게 자기 이외의 두 명 중에 탈락하지 않는 사람이 적어도 한 명은 있으니 탈락하지 않는 한 사람이 누구인지 알려달라고 부탁했다. 이 결과를 알기 전과 후에 참가자 A의 탈락 확률은 어떤 변화가 있는지 혹은 변화가 없는지 설명하라.

2.24 **[조건부 승산]** 앞면이 나올 확률이 각각 $1/4$, $3/4$인 동전 A와 B가 있다. 임의로 동전을 선택해서 던진다고 할 때 처음 A를 선택할 승산은 1이다. 만약 동전을 두 번 던져서 모두 앞면이 나왔다면 A의 승산은 어떻게 변화했을까 설명하라.

03

이산 확률분포

많은 경우에 우리는 실험의 결과 자체보다는 어떤 수치적 특성에 더 관심을 갖는다. 예를 들어 어떤 정치문제에 대한 찬반 조사를 한다고 할 때 개별 피조사자의 찬반여부가 관심의 대상이기보다는 몇 명이 찬성하였고 몇 명이 반대하였는가가 더 관심의 대상이 될 것이다. 이와 같이 실험의 각 결과에서 수치적 특성에 관심이 있을 때 표본공간의 근원사건들에 숫자를 대응시키는 함수를 고려할 수 있고, 이를 확률변수라고 한다.

확률변수는 가질 수 있는 값의 종류에 따라 이산 확률변수와 연속 확률변수로 구분한다. 확률변수가 취할 수 있는 값의 개수가 유한이거나 무한이더라도 셀 수 있는 경우에 이를 이산 확률변수라고 하고, 확률변수가 연속적인 구간에 속하는 모든 값을 가질 수 있을 때 이를 연속 확률변수라고 한다. 이산 확률변수가 어느 정도의 확률로 어떤 값들을 갖는가를 결정하는 확률분포를 이산 확률분포라고 하는데, 이 장에서는 이산 확률분포의 일반적인 성질과 응용 범위가 넓은 몇 개의 이산 확률분포에 대하여 공부하고자 한다.

1. 이산 확률변수의 확률분포

확률변수(random variable)란 실험의 결과들에 수치를 대응시키는 것으로, 이를 수학적인 용어로 표현하면 다음과 같다.

> **확률변수**
> 표본공간에 정의된 실수 값을 갖는 함수

위의 확률변수에서 '확률'의 의미는 관측을 하기에 앞서 어떤 값을 갖게 될지 알 수 없는 불확실성을 표현하는 것이다. 확률변수가 취할 수 있는 값의 개수가 셀 수 있을 만큼 많을 때 그런 확률변수를 이산 확률변수라고 하는데, 다음 예제는 이산 확률변수의 매우 단순한 형태의 한 예를 보여 준다.

예제 3.1

하나의 동전을 던지는데 총 던진 횟수가 네 번을 넘지 않는 한도 내에서 앞면이 나올 때까지 던진다고 하자. 확률변수 X를 던진 횟수라고 할 때 이를 표본공간의 함수로 표현하라.

풀이 이 실험의 표본공간은

$$\Omega = \{H, TH, TTH, TTTH, TTTT\}$$

이고, 확률변수 X는 던진 총 횟수이므로 다음과 같이 정의된다.

$$X(H)=1, \quad X(TH)=2, \quad X(TTH)=3$$
$$X(TTTH)=4, \quad X(TTTT)=4$$

이산 확률변수의 확률분포를 파악하기 위해서는 확률변수가 취하는 모든 값에 대하여 확률변수가 그 값을 취할 확률을 구해야 한다. 이를 위해서 표본공간을 이루는 근원사건들의 확률을 이용한다. 예를 들어 예제 3.1에서 X가 4인 근원사건은 $TTTH$과 $TTTT$이므로 동전의 앞면이 나올 확률이 1/2이라고 하면 $X=4$일 확률은 다음과 같다.

$$P(X=4)=P(TTTH)+P(TTTT)=\left(\frac{1}{2}\right)^4+\left(\frac{1}{2}\right)^4=\frac{1}{8}$$

이와 같이 확률변수가 갖는 각 값에 대응하는 확률은 그 값을 갖는 근원사건의 확률을 합하여 구할 수 있다. 즉, 확률변수 X가 가지는 값이 $x_1, x_2, \ldots$일 때 X가 x_i일 확률은 다음과 같이 $X(\omega)=x_i$를 만족하는 모든 근원사건 ω들의 확률의 합으로 구할 수 있다.

$$P(X=x_i)=\sum_{\{\omega : X(\omega)=x_i\}} P(\omega)$$

각 값 x_i에 대하여 $p(x_i)=P(X=x_i)$를 확률변수 X의 **확률질량함수**(probability mass function)라고 한다. 확률질량함수의 값은 확률로 정의되므로 확률의 일반적인 특성을 만족한다. 다음은 이를 정리한 것이다.

확률질량함수

확률변수 X가 가지는 값이 $x_1, x_2, \ldots$일 때 X의 확률질량함수

$$p(x_i)=P(X=x_i)$$

는 다음을 만족한다.

(i) 모든 $i=1, 2, \ldots$에 대하여 $0 \le p(x_i) \le 1$

(ii) $\sum_{i=1}^{\infty} p(x_i)=1$

확률변수 X가 가지는 값이 유한개일 때 X가 가지는 값에 따라 확률질량함수를 다음과 같이 표로 정리할 수 있는데, 이를 확률변수 X의 **확률분포표**라고 한다. (가로로 작성해도 무방하다.)

x	$P(X=x)=p(x)$
x_1	$p(x_1)$
$\vdots$	$\vdots$
x_n	$p(x_n)$
합계	1

확률질량함수로부터 확률변수 X가 어떤 값들을 어느 정도의 확률로 갖는지, 즉 X가 가지는 값들에 확률이 어떻게 분포하는지 알 수 있다. 이런 전체적인 확률의 분포를 확률변수 X의 **확률분포**라고 한다.

다음의 예제는 이산 확률변수의 확률분포를 확률분포표로 작성하는 문제를 다룬다.

예제 3.2

예제 3.1에서 확률변수 X의 확률질량함수를 구하고 확률분포표를 작성하라.

풀이 확률변수 X의 확률질량함수를 구하려면 X가 가지는 값인 1,2,3,4에 대한 확률을 구하면 된다. 각 동전던지기 시행에서 앞면이 나올 확률이 1/2이므로

$$p(1) = P(X=1) = P(H) = \frac{1}{2}$$

$$p(2) = P(X=2) = P(TH) = \frac{1}{4}$$

$$p(3) = P(X=3) = P(TTH) = \frac{1}{8}$$

이고, 앞에서 $p(4) = 1/8$을 구했으므로 이를 표로 정리하면 다음과 같은 확률분포표를 얻을 수 있다.

x	$p(x)$
1	1/2
2	1/4
3	1/8
4	1/8
합계	1

다음의 예제는 확률변수 X의 확률질량함수가 X가 가지는 값들에 대하여 일반식으로 표현되는 경우를 제시한다.

예제 3.3

네 명의 남자와 네 명의 여자를 대상으로 최종 면접시험을 실시하기 위해서 임의로 순

서를 정한다고 하자. 여자 중 가장 먼저 시험을 보는 사람의 순서를 X라고 할 때 확률변수 X의 확률질량함수를 구하라.

풀이 여자들이 면접을 보는 순서를 가장 먼저 면접을 보는 사람부터 차례로 4명의 순서를 기록한다고 할 때 표본공간은 다음과 같이 표현할 수 있다.

$$\Omega = \{(i_1, i_2, i_3, i_4): 1 \le i_1 < i_2 < i_3 < i_4 \le 8\}$$

표본공간의 원소의 개수는 여자들이 면접을 보는 순서가 8개 중 4개를 가지므로 조합의 개념을 적용하여 $\#(\Omega) = \binom{8}{4}$이다. 따라서 균일 확률모형을 적용하여 확률변수 X의 확률분포를 구할 수 있다. 우선 X가 가질 수 있는 값은 위의 Ω에서 i_1이 가질 수 있는 값이므로 1, 2, 3, 4, 5이다. $X=k$이려면 나머지 3명의 순서를 $(k+1)$부터 8까지 중에서 고르면 되므로 $k=1,2,3,4,5$에 대하여 $X=k$인 경우의 수는 $\binom{8-k}{3}$이다. 따라서 X의 확률질량함수는

$$p(k) = \frac{\binom{8-k}{3}}{\binom{8}{4}}, \quad k = 1, 2, 3, 4, 5$$

이고 이를 확률분포표로 정리하면 다음과 같다.

i	1	2	3	4	5	합계
$p(i)$	35/70	20/70	10/70	4/70	1/70	1

이산 확률변수 중에 가장 간단한 형태로 0과 1의 값만 가지는 **지시변수**(indicator variable)가 있다. 사건 A에 대하여 다음과 같이 정의된 이산 확률변수 I_A를 사건 A의 지시변수라고 한다.

$$I_A(\omega) = \begin{cases} 1, & \omega \in A \\ 0, & \omega \in A^c \end{cases}$$

지시변수는 다른 확률변수를 표현하는데 합이나 곱의 형태로 이용되기도 한다. 따라서 지시변수에 대한 이해는 이를 포함하는 확률변수의 특성을 이해하는 데도

도움이 된다.

예제 3.4

확률변수 I_A의 확률질량함수를 구하라.

풀이 확률변수 I_A가 가지는 값은 0과 1이고 이에 대응하는 확률질량함수는

$$p(0) = P(I_A = 0) = P(A^c)$$
$$p(1) = P(I_A = 1) = P(A)$$

이고, 그 합이 1이 됨을 알 수 있다.

확률변수의 확률분포를 설명하는 함수로 확률질량함수 외에 **누적분포함수**(cumulative distribution function; cdf; 분포함수)가 있다. 누적분포함수는 주로 $F(\cdot)$로 표현하며 다음과 같이 정의한다.

누적분포함수

확률변수 X에 대하여 누적분포함수는 다음과 같이 정의한다.

$$F(x) = P(X \le x), \quad -\infty < x < \infty$$

누적분포함수는 확률변수가 이산인지 연속인지와 상관없이, 주어진 x에 대하여 x 이하의 값을 가질 확률로 정의되며 다음과 같은 특성을 갖는다.

누적분포함수의 특성

- 비감소함수: $a < b$에 대하여 $F(a) \le F(b)$
- $F(-\infty) = P(X \le -\infty) = 0, \quad F(\infty) = P(X \le \infty) = 1$
- $F(x+) = \lim_{n\to\infty} F(x + \frac{1}{n}) = \lim_{h \downarrow 0} F(x+h) = F(x)$
- $F(x-) = P(X < x) = \lim_{n\to\infty} F(x - \frac{1}{n}) = \lim_{h \downarrow 0} F(x-h)$

누적분포함수 $F(x)$의 특성을 간단히 기술하면 오른편에서 연속이고 왼편에서 수렴치가 존재하는 0과 1 사이의 값을 가지는 비감소함수이다. 이를 조금 더 자세히 살펴보면, $F(x)$는 그 정의에 의해서 다음을 만족한다.

$$F(x)=P(X \le x)=P(X<x)+P(X=x)$$

따라서 $F(x)$는 어떤 점 x에서 $P(X=x)=0$이면 $F(x)=F(x-)$이므로 연속이고, $P(X=x)>0$인 점 x에서는 $F(x)>F(x-)$이므로 불연속이다. 불연속 지점인 x에서 오른편 수렴치는 함수값과 같은데 반해 왼편의 수렴치는 함수값보다 작은 값을 가지는 비연속 함수가 된다. 뒤의 4장에서 설명하겠지만 연속 확률변수의 경우에는 모든 점에서 확률이 0이므로 누적 분포함수는 연속함수이다. 한편, 이산 확률변수의 경우에는 셀 수 있는 개수의 점에서 확률이 0보다 크므로 누적 분포함수는 확률이 주어지는 지점에서 계단식으로 증가하고, 그 사이의 구간에서는 확률이 존재하지 않으므로 평평한 모습을 하는 함수의 형태를 가진다.

확률변수 X의 누적분포함수가 주어지면 이로부터 X에 의해 생성되는 사건들의 확률을 구할 수 있다. 다음의 예제는 누적분포함수로부터 어떻게 확률을 구할 수 있는지 보여 준다.

예제 3.5

확률변수 X의 누적분포함수가 다음과 같이 주어져 있다.

$$F(x)=\begin{cases} 0, & x<0 \\ \dfrac{x}{4}, & 0 \le x < 1 \\ \dfrac{2}{5}, & 1 \le x < 2 \\ \dfrac{4}{5}, & 2 \le x < 3 \\ 1, & 3 \le x \end{cases}$$

다음의 확률을 계산하라.

(1) $P(X<1.5)$　　(2) $P(X \ge 2)$

(3) $P\left(\frac{1}{2}<X \le 2\right)$　　(4) $P(X=k),\quad k=1,2,3$

풀이 (1) $P(X<1.5)=F(1.5-)=F(1.5)=\frac{2}{5}=0.4$

(2) $P(X\geq 2)=1-P(X<2)=1-F(2-)=1-\frac{2}{5}=\frac{3}{5}=0.6$

(3) $P\left(\frac{1}{2}<X\leq 2\right)=F(2)-F(0.5)=\frac{4}{5}-\frac{1}{8}=\frac{27}{40}=0.675$

(4) $P(X=1)=F(1)-F(1-)=\frac{2}{5}-\frac{1}{4}=\frac{3}{20}=0.15$

$P(X=2)=F(2)-F(2-)=\frac{4}{5}-\frac{2}{5}=\frac{2}{5}=0.4$

$P(X=3)=F(3)-F(3-)=1-\frac{4}{5}=\frac{1}{5}=0.2$

이 예제 3.5의 누적분포함수를 보면 확률이 주어지는 세 점 1, 2, 3에서 불연속 함수이고, 0과 1 사이에는 누적분포함수가 x 값을 따라 증가하는 연속 함수이다. 예제 3.5(4)에서 구한 바와 같이 확률변수 X가 1, 2, 3을 가질 확률은 각각 0.15, 0.4, 0.2이고 나머지 확률 0.25는 0과 1 사이의 구간에 고르게 퍼져 있다. 이와 같은 확률변수는 이산 확률변수와 연속 확률변수의 결합된 형태라고 할 수 있다.

이산 확률변수 X가 $x_1, x_2, \ldots$ 값을 가질 때 확률질량함수와 누적분포함수는 다음과 같은 관계가 있다.

$$F(x)=P(X\leq x)=\sum_{x_i\leq x} p(x_i)$$

특히, 이산 확률변수 X가 정수의 값을 가질 때 임의의 정수 x에 대하여

$$p(x)=F(x)-F(x-1)$$

의 관계를 만족한다.

다음의 두 예제는 이산 확률변수의 누적분포함수와 확률질량함수의 관계를 이용하는 전형적인 예를 제시한다.

예제 3.6

이산 확률변수 X의 확률질량함수가 다음과 같다.

$$p(-1) = 0.3, \qquad p(0) = 0.1, \qquad p(1) = 0.4, \qquad p(2) = 0.2$$

누적분포함수를 구하고 다음의 확률을 계산하라.

(1) $P(X < 1)$ (2) $P(X > 1)$

(3) $P(X \geq 1)$ (4) $P(0 \leq X \leq 2)$

풀이 이산 확률변수의 누적분포함수는 확률질량함수 값이 0보다 큰 경우에는 그 함수 값만큼 위로 올라 불연속이 일어나고 나머지 부분에서는 편편한 함수의 형태를 가지므로 이를 이용하면 다음과 같이 누적분포함수를 구할 수 있다.

$$F(x) = \begin{cases} 0, & x < -1 \\ 0.3, & -1 \leq x < 0 \\ 0.4, & 0 \leq x < 1 \\ 0.8, & 1 \leq x < 2 \\ 1, & 2 \leq x \end{cases}$$

따라서 구하고자 하는 확률은 다음과 같이 구할 수 있다.

(1) $P(X < 1) = F(1-) = 0.4$

(2) $P(X > 1) = 1 - F(1) = 1 - 0.8 = 0.2$

(3) $P(X \geq 1) = 1 - F(1-) = 1 - 0.4 = 0.6$

(4) $P(0 \leq X \leq 2) = F(2) - F(0-) = 1 - 0.3 = 0.7$

예제 3.7

0부터 4까지의 정수 값을 갖는 이산 확률변수 X의 누적분포함수가 다음과 같다.

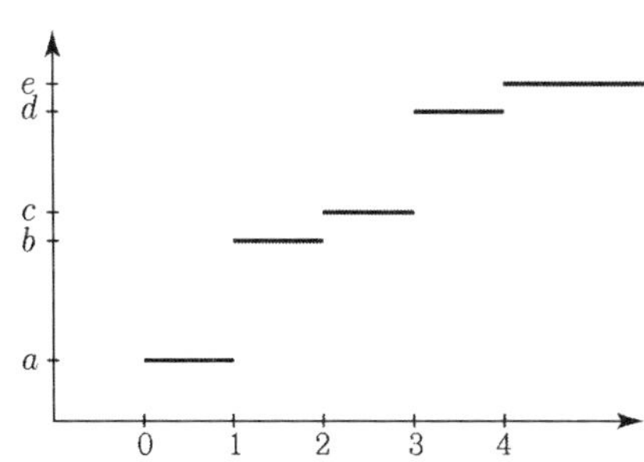

다음과 같은 정보가 주어져 있다고 할 때 각 물음에 답하라.

$$P(X \le 0.7) = 0.2, \quad F(2) - F(0.9-) = 0.4$$
$$F(4-) = 0.9, \quad P(1 < X \le 3) = 0.4$$

(1) 그림에서 $a \sim e$를 구하라.

(2) 확률질량함수 $p(x)$를 구하라.

(3) 확률변수 X가 x^* 이하일 확률이 0.25 이상인 최소의 값을 구하라.

풀이 (1) 우선 확률변수 X가 0부터 4까지의 값을 가지므로 $e = 1$이다. 주어진 정보를 이용하면 $P(X \le 0.7) = a$이므로 $a = 0.2$이고, $F(4-) = d$이므로 $d = 0.9$이다. 또한 $F(2) - F(0.9-) = c - a$이므로 $c = 0.6$이고, $P(1 < X \le 3) = F(3) - F(1) = d - b$이므로 $b = 0.5$이다. 이를 정리하면 다음과 같다.

$$a = 0.2, \quad b = 0.5, \quad c = 0.6, \quad d = 0.9, \quad e = 1$$

(2) 누적분포함수와 확률질량함수의 관계에 의해서 다음과 같이 구할 수 있다.

$$p(0) = a = 0.2$$
$$p(1) = b - a = 0.3$$
$$p(2) = c - b = 0.1$$
$$p(3) = d - c = 0.3$$
$$p(4) = e - d = 0.1$$

(3) x^*는 $P(X \le x^*) \ge 0.25$인 최소의 값이므로

$$P(X < 1) = 0.2, \quad P(X \le 1) = 0.5$$

로부터 $x^* = 1$이다.

일반적으로 $0 < q < 1$에 대하여 확률변수 X의 q-분위수 x^*는 다음을 만족한다.

$$P(X \le x^*) \ge q, \quad P(X \ge x^*) \ge 1 - q$$

예제 3.7(3)에서 구한 $x^* = 1$은

$$P(X \le 1) = 0.5 \ge 0.25, \quad P(X \ge 1) = 0.8 \ge 0.75$$

을 만족하므로 0.25-분위수 혹은 제1사분위수 혹은 제25백분위수라고 할 수 있다. 조금 더 일반적으로는 구간 [0.2, 0.5]에 포함되는 임의의 q값에 대하여

$$P(X \le 1) = 0.5 \ge q, \qquad P(X \ge 1) = 0.8 \ge 1 - q$$

를 만족하므로 $x^* = 1$은 q-분위수라고 할 수 있다.

다음의 예제는 확률변수 X가 어떤 구역에 한정지어져 있을 때의 조건부 확률에 관한 것이다.

예제 3.8

앞의 예제 3.7에서 조건부 확률 $P(X \ge 3 | X > 1)$을 계산하라.

풀이 조건부 확률의 정의에 의해서 구하면

$$P(X \ge 3 | X > 1) = \frac{P(X \ge 3)}{P(X > 1)} = \frac{1 - F(3-)}{1 - F(1)} = \frac{1 - 0.6}{1 - 0.5} = 0.8$$

이다.

예제 3.8을 조금 더 자세히 살펴보자. 예제 3.7의 결과들을 이용하여 임의의 $i > 1$에 대하여 조건부 확률 $P(X = i | X > 1)$을 구해 보면

$$P(X = 2 | X > 1) = \frac{p(2)}{P(X > 1)} = \frac{0.1}{0.5} = 0.2$$

$$P(X = 3 | X > 1) = \frac{p(3)}{P(X > 1)} = \frac{0.3}{0.5} = 0.6$$

$$P(X = 4 | X > 1) = \frac{p(4)}{P(X > 1)} = \frac{0.1}{0.5} = 0.2$$

이고, 다른 i값에 대해서는 모두 0이다. 또한 조건부 확률들의 합은 1이다. 이 확률들을 아래첨자를 이용하여 다음과 같이 표현하면

$$p_{X|X>1}(i) = P(X = i | X > 1)$$

$p_{X|X>1}(i)$는 i가 2, 3, 4인 경우에

$$p_{X|X>1}(2) = 0.2, \qquad p_{X|X>1}(3) = 0.6, \qquad p_{X|X>1}(4) = 0.2$$

으로 확률질량함수의 특성을 만족하는 것을 알 수 있다. 즉, $p_{X|X>1}(\cdot)$는 $X>1$ 이라는 조건이 있을 때의 X의 **조건부 확률질량함수**가 된다.

일반적으로 X가 주어진 구역 $B \subset R$에 포함된다는 조건하에서 확률변수 X의 조건부 확률질량함수는 다음과 같다.

$$\begin{aligned} p_{X|X\in B}(i) &= \frac{p(i)}{P(X\in B)} I_B(i) \\ &= \begin{cases} \dfrac{p(i)}{P(X\in B)}, & i\in B \\ 0, & i\notin B \end{cases} \end{aligned}$$

여기서 보는 바와 같이 조건부 확률질량함수는 주어진 구역 바깥에서는 0이고, 주어진 구역 내에서는 기존의 확률질량함수에 상수$(1/P(X\in B))$를 곱해준 형태로 기존의 확률질량함수와 같은 경향을 보인다. 즉, 확률이 높았던 곳에서 높고, 낮았던 곳에서 낮다. 앞의 예에서도 $i>1$인 $i=2, 3, 4$일 때 애초의 확률질량함수의 값이 1:3:1인데, 마찬가지로 조건부 확률질량함수의 값도 1:3:1의 관계를 유지하는 것을 확인할 수 있다.

확률질량함수를 이용하여 확률을 구할 수 있는 것과 같이 조건부 확률질량함수를 이용하여 조건부 확률을 구할 수 있다. 예를 들어 예제 3.9의 확률도 조건부 확률질량함수를 이용하여 다음과 같이 구할 수 있다.

$$P(X \geq 3|X>1) = \sum_{k \geq 3} p_{X|X>1}(k) = p_{X|X>1}(3) + p_{X|X>1}(4) = 0.8$$

이와 같은 조건부 확률질량함수는 다음 절에서 조건부 기댓값을 계산하는 데 이용된다. 뒤의 5장에서는 두 개 이상의 확률변수들이 관련이 있는 조건부 확률분포와 조건부 기댓값의 문제를 다룬다. (여기서 한 가지 언급할 것은 위에서 조건부 확률질량함수를 표현하기 위해서 아래첨자를 이용하였듯이 둘 이상의 확률변수가 있고 이들의 확률밀도함수나 누적분포함수를 구별할 필요가 있을 때 이들 함수들에 아래 첨자로 확률변수를 표기한다. 즉, p_X, F_X는 X의 확률질량함수와 누적분포함수를, p_Y, F_Y는 Y의 확률질량함수와 누적분포함수를 나타낸다.)

다음의 예제는 확률변수의 함수로 정의되는 새로운 확률변수의 확률분포에 대한 문제를 다룬다.

예제 3.9

위의 예제 3.7의 확률변수 X에 대하여 $Y = |X-1|$의 누적분포함수를 구하라.

풀이 새로운 확률변수 $Y = |X-1|$가 취하는 값은 0, 1, 2, 3이고, 확률질량함수는 다음과 같이 구할 수 있다.

$$p_Y(0) = P(Y=0) = P(X=1) = p(1) = 0.3$$
$$p_Y(1) = P(Y=1) = P(X=0) + P(X=2) = p(0) + p(2) = 0.3$$
$$p_Y(2) = P(X=3) = p(3) = 0.3$$
$$p_Y(3) = P(X=4) = 0.1$$

따라서 확률변수 Y의 누적분포함수는 다음과 같다.

$$F_Y(y) = \begin{cases} 0, & y < 0 \\ 0.3, & 0 \le y < 1 \\ 0.6, & 1 \le y < 2 \\ 0.9, & 2 \le y < 3 \\ 1, & 3 \le y \end{cases}$$

2. 이산 확률분포에서의 기댓값 계산

확률분포의 특징을 표현하는 것으로 평균(혹은 기댓값)과 표준편차가 있다. 이를 구하기 위해서 확률변수의 기댓값의 개념이 필요하다. 이 절에서는 이산 확률분포에서의 기댓값에 대하여 공부한다.

이산 확률변수 X가 확률질량함수 $p(x)$를 가질 때, X의 함수 $g(X)$의 **기댓값**(expected value)은 $E(g(X))$로 표현하고 다음과 같이 정의한다.

이산 확률변수 X의 함수 $g(X)$의 기댓값

이산 확률변수 X가 확률질량함수 $p(x)$를 가질 때, $g(X)$의 기댓값은 다음과 같이 구한다.

$$E(g(X)) = \sum_x g(x)p(x)$$

특히 $g(x) = x$일 때 $E(g(X)) = E(X)$는 확률변수 X가 가지는 확률분포의 중심을 나타내는 수치로 확률변수 X의 확률분포의 평균 혹은 그냥 확률변수 X의 **평균**(mean)이라고 한다. 또한 평균을 기댓값이라고 부르기도 하며, 보통 μ(혹은 여러 변수가 고려되고 있는 경우는 다른 변수의 평균과 구별하여 μ_X)로 표현한다.

예제 3.10

어느 학교에서는 수학여행을 가기 위해 학생 160명을 4대의 버스에 나눠 태워 가기로 하였다. 첫 번째 버스에는 36명, 두 번째 버스에는 43명, 세 번째 버스에는 44명, 네 번째 버스에는 37명의 학생이 타고 갔다고 한다. 버스에서 내린 160명의 학생 중 한 명을 임의로 선택할 때 그 학생이 타고 온 버스에 탔던 학생의 수를 X라고 하자. 확률변수 X의 평균을 구하라.

풀이 확률변수 X가 가지는 값은 36, 37, 43, 44이고 이에 대응하는 확률질량함수는

$$p(36) = \frac{36}{160}, \quad p(37) = \frac{37}{160}, \quad p(43) = \frac{43}{160}, \quad p(44) = \frac{44}{160}$$

이다. 따라서 X의 기댓값은 다음과 같다.

$$E(X) = 36 \times \frac{36}{160} + 37 \times \frac{37}{160} + 43 \times \frac{43}{160} + 44 \times \frac{44}{160} = 40.3125$$

여기서 흥미로운 사실은 160명의 학생을 4대의 버스에 나눠 태웠으므로 각 버스에는 평균적으로 40명의 학생이 타고 있다고 예상할 수 있는데, X의 평균은 40보다 약간 큰 40.3125가 나왔다는 것이다. 이런 차이가 생기는 것은 임의로 선택한 대상이 버스가 아니라 학생이라는 사실에 기인한다. 많이 타고 온 버스에서 내린 학생이 선택될 확률이 상대적으로 더 크기 때문에 기댓값이 조금 크게 나온 것이다.

예제 3.11

지시변수 I_A의 평균을 구하라.

풀이 확률변수 I_A가 가지는 값은 0과 1이고 이에 대응하는 확률질량함수는 $p(0)=P(A^c)$, $p(1)=P(A)$이므로 I_A의 기댓값은 다음과 같다.

$$E(I_A)=1\times p(1)+0\times p(0)=p(1)=P(A)$$

이 예제로부터 0과 1의 값을 가지는 확률변수가 있을 때 그 확률변수의 기댓값은 확률변수의 값이 1이 되는 사건의 확률과 같음을 알 수 있다. 이 사실은 확률론의 여러 문제에서 많이 이용된다.

앞 절에서 설명한 조건부 확률질량함수를 이용하면 조건부 기댓값을 계산할 수 있다. 다음의 예제는 자주 혼동되는 두 개의 기댓값; 지시변수가 곱해진 확률변수의 기댓값과 조건부 기댓값의 차이를 보여 준다.

예제 3.12

예제 3.7 확률변수 X에 대하여 다음 물음에 답하라.

(1) $E(X|X>1)$를 구하라.

(2) $E(XI_{\{X>1\}})$를 구하라.

풀이 (1) 예제 3.8 직후에 계산한 조건부 확률질량함수 $p_{X|X>1}(\cdot)$는 다음과 같다.

$$p_{X|X>1}(2)=0.2,\quad p_{X|X>1}(3)=0.6,\quad p_{X|X>1}(4)=0.2$$

이를 이용하여 조건부 기댓값을 계산하면 다음과 같이 구한다.

$$E(X|X>1)=\sum_i i\,p_{X|X>1}(i)=2\times0.2+3\times0.6+4\times0.2=3$$

(2) $g(x)=xI_{\{x>1\}}$이라고 하면 $XI_{\{X>1\}}$는 $g(X)$로 표현되는 확률변수 X의 함수이므로 기댓값은 정의에 의해 $E(XI_{\{X>1\}})=\sum g(x)p(x)$로 구할 수 있다. 그 과정을 잘 보여 주기 위해서 표로 정리하면 다음과 같다.

x	$p(x)$	$g(x)$	$g(x)p(x)$
0	0.2	0	0
1	0.3	0	0
2	0.1	2	0.2
3	0.3	3	0.9
4	0.1	4	0.4
합계	1		$E(XI_{\{X>1\}})=1.5$

이 예제에서 (1)과 (2)의 결과를 비교해 보자. 조건부 확률질량함수는 다음과 같이 표현할 수 있으므로

$$p_{X|X>1}(i)=P(X=i|X>1)=\frac{P(X=i)}{P(X>1)}I_{\{i>1\}}=\frac{p(i)I_{\{i>1\}}}{P(X>1)}$$

이를 조건부 기댓값을 구하는 식에 대입하면 다음과 같은 관계식을 얻을 수 있다.

$$\begin{aligned}E(X|X>1)&=\sum_i i\,p_{X|X>1}(i)\\&=\sum_i iI_{\{i>1\}}\frac{p(i)}{P(X>1)}\\&=\frac{\sum_i g(i)p(i)}{P(X>1)}\\&=\frac{E(XI_{\{X>1\}})}{P(X>1)}\end{aligned}$$

일반적으로 사건 A가 확률변수 X에 의해 정의되는 사건일 때

$$E(X|A)=\frac{E(XI_A)}{P(A)}$$

의 관계가 성립한다. 이 관계식은 조건부 기댓값을 계산하는 데 유용하게 사용된다.

이제 선형함수의 기댓값에 대하여 알아보자. 상수 a, b에 대해 $g(x)=ax+b$라고 정의하면

$$E(g(X))=E(aX+b)=\sum_x (ax+b)p(x)$$
$$=a\sum_x xp(x)+b\sum_x p(x)$$
$$=aE(X)+b$$
$$=g(E(X))$$

가 성립한다. 이 관계는 연속 확률변수의 경우에도 성립한다. 그러나 임의의 함수 $g(\cdot)$에 대해서

$$E(g(X))\neq g(E(X))$$

이다. 일반적으로 X가 상수인 경우를 제외하면 이 등식이 성립하는 경우는 함수 $g(\cdot)$가 선형함수인 경우뿐이다.

다음의 예제는 기댓값을 이용하여 최적의 선략을 선택하는 흥미로운 하나의 예를 제시한다.

예제 3.13

현재 하나에 1000원 하는 물건이 일주일 후에는 1/2의 확률로 500원이 되거나 2000원이 된다고 한다. 어떤 사람이 1만 원으로 오늘 물건을 사려고 하는데, 오늘 몇 개의 물건을 사는 것이 다음 각 상황에서 가장 적합한지 판단하라. 물건은 언제든지 그때의 가격으로 사고팔 수 있다고 가정한다.

(1) 일주일 후에 가진 돈의 기댓값을 최대화하고자 한다.
(2) 일주일 후에 가진 물건 개수의 기댓값을 최대화하고자 한다.

풀이 우선 일주일 후의 물건의 가격을 X라고 하면 X의 확률질량함수는

$$p(500)=0.5,\quad p(2000)=0.5$$

이고, X의 평균은

$$E(X)=(2000+500)\times 0.5=1250$$

이다. 오늘 구입하는 물건의 개수를 c라고 하면, 각 상황에 적절한 c를 찾는 것이 문제이다.

(1) 일주일 후에 자산(돈)을 U라고 하면 U는 오늘 물건을 사고 남은 돈과 일주일 후에 물건을 팔고 받는 돈을 합한 것이다. 따라서 다음과 같이 X의 선형식으로 표현할 수 있다.

$$U = 10000 - 1000c + cX$$

이 식으로부터 U의 기댓값을 구하면 다음과 같다.

$$E(U) = 10000 - 1000c + cE(X) = 10000 + 250c$$

따라서 이 값을 최대화하려면 c는 취할 수 있는 최댓값인 10이어야 한다.

(2) 일주일 후에 가지고 있는 물건의 개수를 V라고 하면 V는 오늘 산 물건의 개수와 일주일 후에 새로 사는 물건의 개수를 합한 것이다. 따라서 다음과 같이 표현할 수 있다.

$$V = c + \frac{(10000 - 1000c)}{X}$$

이 식은 X의 선형식이 아니라 $1/X$의 선형식이므로 V의 기댓값은 $E(1/X)$의 선형식으로 표현된다. 즉,

$$E(V) = c + (10000 - 1000c)E\left(\frac{1}{X}\right)$$

이다. 여기에

$$E\left(\frac{1}{X}\right) = \left(\frac{1}{500} + \frac{1}{2000}\right) \times 0.5 = 0.00125$$

를 대입하면

$$E(V) = c + 12.5 - 1.25c = 12.5 - 0.25c$$

이다. 따라서 이 값을 최대화하려면 c는 취할 수 있는 최솟값인 0이어야 한다.

이 예제의 결과는 언뜻 예상한 것과 다르다고 느껴질 수 있는데, 그 까닭은 $E(1/X) \neq 1/E(X)$이라는 사실에서 기인한다. 즉, 10000원으로 일주일 후에 내가 살 수 있는 물건의 개수의 기댓값은 일주일 후의 평균가격인 1250원으로

10000원을 나눈 8개가 아니라 500원일 때의 20개와 2000원일 때의 5개의 평균인 12.5개인 것이다. 따라서 자산(돈)의 관점으로 보면 물건의 평균가격이 올라가므로 많이 사두는 것이 좋고, 물건의 개수의 관점에서 보면 평균적으로 살 수 있는 개수가 커지니 기다렸다가 사는 것이 바람직하다는 결과가 나오는 것이다.

다음 예제는 확률변수의 함수 $g(X)$가 지시변수를 포함한 선형함수로 표현되는 경우의 예를 다루는데, $g(X)$의 기댓값을 구하는 과정과 기댓값을 이용하여 최적의 전략을 선택하는 과정을 보여 준다.

예제 3.14

어떤 특정 상품을 구입해서 판매하는 가게가 있다. 이 가게에서는 한 달 동안 필요한 상품의 개수를 월초에 구입하는데, 상품 하나를 판매해서 얻는 이익(단위:백만 원)은 6이고, 판매하지 못하고 재고처리에서 생기는 손실은 3이다. 상품이 충분히 있는 경우에 한 달 동안 이 가게에서 판매하는 상품의 개수 X의 확률질량함수는 다음과 같다.

$$p(0)=0.1,\quad p(1)=0.3,\quad p(2)=0.3,\quad p(3)=0.2,\quad p(4)=0.1$$

한 달 동안의 기대 이익이 최대가 되기 위해서 월초에 이 가게가 구입해야 할 상품의 개수를 결정하라.

풀이 이 가게에서 월초에 구입하는 상품의 개수가 n일 때 한 달 동안의 손익을 S_n이라고 하자. 판매할 수 있는 양은 구입한 수를 넘을 수 없으므로 확률변수 S_n는 다음과 같다.

- $X \le n$일 때 $\quad S_n = 6X - 3(n-X)$
- $X > n$일 때 $\quad S_n = 6n$

이를 지시변수를 이용해서 표현하면

$$\begin{aligned} S_n &= (6X-3(n-X))I_{\{X\le n\}} + 6n\,I_{\{X>n\}} \\ &= 9X I_{\{X\le n\}} - 3n\,I_{\{X\le n\}} + 6n\,I_{\{X>n\}} \\ &= 9X I_{\{X\le n\}} - 9n\,I_{\{X\le n\}} + 6n \end{aligned}$$

이다. 따라서 S_n의 기댓값을 계산하기 위해서는 $I_{\{X\le n\}}$와 $XI_{\{X\le n\}}$의 기댓

값을 구해야 한다. 즉, S_n의 기댓값은

$$E(S_n) = 9E(XI_{\{X \leq n\}}) - 9nE(I_{\{X \leq n\}}) + 6n$$

이다. 우선 $n = 0$인 경우에는 $nI_{\{X \leq n\}}$와 $XI_{\{X \leq n\}}$이 모두 0의 값만 가지므로 $E(S_0) = 0$이다. $n > 0$인 경우에는 한 달에 팔리는 물건의 개수가 4 이하이므로, n이 1~4의 값을 갖는 경우만 고려하면 된다. 지시변수 $I_{\{X \leq n\}}$의 기댓값은 지시변수가 1이 될 확률이므로

$$E(I_{\{X \leq n\}}) = P(X \leq n) = F(n)$$

으로 쉽게 구할 수 있다. $E(XI_{\{X \leq n\}})$을 구하기 위해서는 예제 3.12의 풀이에서 제시한 방법을 적용할 수 있는데, 다음의 표는 n이 1~4의 값을 가질 때 X가 취하는 각 값에 대해서 $XI_{\{X \leq n\}}$가 취하는 값과 확률질량함수의 값을 정리한 것이다. 마지막 열에는 누적분포함수값을 제시하였다.

x	$xI_{\{x \leq 1\}}$	$xI_{\{x \leq 2\}}$	$xI_{\{x \leq 3\}}$	$xI_{\{x \leq 4\}}$	$p(x)$	$F(x)$
0	0	0	0	0	0.1	0.1
1	1	1	1	1	0.3	0.4
2	0	2	2	2	0.3	0.7
3	0	0	3	3	0.2	0.9
4	0	0	0	4	0.1	1

이 표를 이용하면 각 n에 대하여 $XI_{\{X \leq n\}}$의 기댓값을 구하는 것이 쉽다. 예를 들어 $n = 2$인 경우를 살펴보면 $E(XI_{\{X \leq 2\}})$는 $xI_{\{x \leq 2\}}$의 열과 $p(x)$의 열을 곱해서

$$E(XI_{\{X \leq 2\}}) = 1 \times 0.3 + 2 \times 0.3 = 0.9$$

로 구할 수 있다. 또한 $E(I_{\{X \leq 2\}}) = F(2) = 0.7$이므로

$$\begin{aligned} E(S_2) &= 9E(XI_{\{X \leq 2\}}) - (9 \times 2)E(I_{\{X \leq 2\}}) + 6 \times 2 \\ &= 9 \times 0.9 - 18 \times 0.7 + 12 \\ &= 7.5 \end{aligned}$$

이다. 이와 같은 방법으로 나머지 n에 대해서도 계산하면 다음과 같이 구할 수 있다.

$$
\begin{aligned}
n=1,\quad & E(I_{\{X \le 1\}}) = F(1) = 0.4 \\
& E(XI_{\{X \le 1\}}) = 1 \times 0.3 = 0.3 \\
& E(S_1) = 9 \times 0.3 - 9 \times 0.4 + 6 \times 1 = 5.1 \\
n=3,\quad & E(I_{\{X \le 3\}}) = F(3) = 0.9 \\
& E(XI_{\{X \le 3\}}) = 1 \times 0.3 + 2 \times 0.3 + 3 \times 0.2 = 1.5 \\
& E(S_3) = 9 \times 1.5 - 27 \times 0.9 + 6 \times 3 = 7.2 \\
n=4,\quad & E(I_{\{X \le n\}}) = F(4) = 1 \\
& E(XI_{\{X \le 4\}}) = 1 \times 0.3 + 2 \times 0.3 + 3 \times 0.2 + 4 \times 0.1 = 1.9 \\
& E(S_4) = 9 \times 1.9 - 36 \times 1 + 6 \times 4 = 5.1
\end{aligned}
$$

따라서 2개를 구입하는 것이 기대이익을 가장 크게 한다고 할 수 있다.

예제 3.15

예제 3.7에서 X와 X^2의 기댓값을 구하라.

풀이 예제 3.7의 풀이에서 얻어진 바와 같이 X의 확률질량함수가

$$p(0) = 0.2,\ p(1) = 0.3,\ p(2) = 0.1,\ p(3) = 0.3,\ p(4) = 0.1$$

이므로 X와 X^2의 기댓값은 다음과 같이 구할 수 있다.

$$E(X) = \sum_x xp(x) = 0.3 + 2 \times 0.1 + 3 \times 0.3 + 4 \times 0.1 = 1.8$$

$$E(X^2) = \sum_x x^2 p(x) = 0.3 + 4 \times 0.1 + 9 \times 0.3 + 16 \times 0.1 = 5$$

일반적으로 X^k의 기댓값을 X의 k차 **적률**(moment)이라고 한다. 확률변수 X의 1차 적률은 평균을 나타내고 2차 적률은 아래의 분산을 계산하는데 필요하다.

확률변수 X의 평균(혹은 기댓값)이 확률분포의 중심을 표현하는 수치라면 X의

표준편차(standard deviation)는 확률분포의 산포를 표현하는 수치이다. X의 표준편차는 $s.d.(X)$로 표현하고 X의 **분산**(variance, $Var(X)$)의 양의 제곱근으로 정의한다. 많은 경우에 표준편차를 σ로, 분산을 σ^2으로 표현하기도 한다. $E(X)=\mu$라고 할 때 X의 분산은 $E[(X-\mu)^2]$로 정의한다. 따라서 선형함수의 기댓값을 구하는 식에 따라서 다음의 간편식을 얻을 수 있다.

$$E[(X-\mu)^2] = E(X^2 - 2\mu X + \mu^2) = E(X^2) - 2\mu E(X) + \mu^2 = E(X^2) - \mu^2$$

이산 확률변수 X의 평균과 분산, 표준편차를 계산하는 식을 정리하면 다음과 같다.

> **확률변수 X의 평균, 분산과 표준편차**
> - 평균: $E(X) = \sum_x xp(x) = \mu$
> - 분산: $Var(X) = E[(X-\mu)^2] = E(X^2) - \mu^2 = \sum_x x^2 p(x) - \mu^2 = \sigma^2$
> - 표준편차: $s.d.(X) = \sqrt{Var(X)} = \sqrt{E(X^2) - \mu^2} = \sigma$

예제 3.16

예제 3.7에서 X의 분산을 계산하라.

풀이 예제 3.15에서 $E(X)=1.8$과 $E(X^2)=5$를 구했으므로 분산은 다음과 같다.

$$Var(X) = E(X^2) - (E(X))^2 = 5 - 1.8^2 = 1.76$$

확률변수 X의 선형함수 $aX+b$의 기댓값은 기댓값의 선형함수로 표현되었는데, 분산과 표준편차에 대해서는 다음과 같은 관계식을 얻을 수 있다.

$$Var(aX+b) = a^2\,Var(X)$$
$$s.d.(aX+b) = |a|\,s.d.(X)$$

이는 분산의 정의로부터 쉽게 확인할 수 있고, 또한 이와 같은 관계는 연속 확률변수의 경우에도 성립한다.

다음의 정리는 음이 아닌 정수 값을 가지는 확률변수의 기댓값을 계산하는데 유용한 식을 제공한다.

정리 3.1

확률변수 N이 음이 아닌 정수 값을 가질 때 다음의 식을 만족한다.

$$E(N) = \sum_{i=1}^{\infty} P(N \geq i)$$

정리 3.1의 증명과정을 간략하게 기술하면 다음과 같다.

$$\begin{aligned} \sum_{i=1}^{\infty} P(N \geq i) &= \sum_{i=1}^{\infty} \sum_{k=i}^{\infty} P(N=k) \\ &= \sum_{k=1}^{\infty} \sum_{i=1}^{k} P(N=k) \\ &= \sum_{k=1}^{\infty} k\,P(N=k) \\ &= E(N) \end{aligned}$$

다음의 예제는 정리 3.1의 유용한 예를 제시한다.

예제 3.17

확률변수 X는 양의 정수의 값을 취하고 다음과 같은 식을 만족한다.

$$P(X \geq x) = (1-p)^{x-1}, \qquad x = 1, 2, \ldots$$

(1) X의 누적분포함수와 확률질량함수를 구하라.
(2) $E(X)$를 구하라.

풀이 (1) 주어진 조건으로부터 누적분포함수를 구하면

$$F(x) = 1 - P(X \geq x+1) = 1 - (1-p)^{x}$$

이다. 이로부터 확률질량함수를 구하면 다음과 같다.

$$p(X=x)=F(x)-F(x-1)=(1-p)^{x-1}-(1-p)^x=(1-p)^{x-1}p$$

(2) 우선 기댓값의 정의로부터 $E(X)$를 구하려면

$$E(X)=\sum_{x=1}^{\infty}xp(x)=\sum_{x=1}^{\infty}x(1-p)^{x-1}p$$
$$=p(1+2(1-p)+3(1-p)^2+\cdots)$$

을 계산해야 한다. $(1+2(1-p)+3(1-p)^2+\cdots)=s$라 놓으면

$$s-(1-p)s=1+(1-p)+(1-p)^2+\cdots=\frac{1}{p}$$

로부터 $s=1/p^2$이다. 따라서 $E(X)=ps=1/p$을 얻을 수 있다.

한편 정리 3.1을 이용하면

$$E(X)=\sum_{x=1}^{\infty}P(X\geq x)=\sum_{x=1}^{\infty}(1-p)^{x-1}=\frac{1}{p}$$

로 쉽게 얻어진다.

다음의 예제는 조건부 분포에서도 정리 3.1이 유효함을 보여 준다.

예제 3.18

확률변수 X의 확률질량함수가 다음과 같을 때 다음 물음에 답하라.

$$p(0)=\frac{1}{2},\quad p(1)=\frac{1}{4},\quad p(2)=\frac{1}{8},\quad p(3)=\frac{1}{16},\quad p(4)=\frac{1}{16}$$

다음 물음에 답하라.

(1) $A=\{X>1\}$이라 할 때, 조건부 확률질량함수 $p_{X|A}(x)$를 구하라.

(2) $E(X|A)$를 구하고, 조건부분포에서도 정리 3.1이 성립함을 보여라.

풀이 (1) 주어진 구역 A의 확률이 $P(A)=1-1/2-1/4=1/4$이므로 $x>1$인 x

에 대하여 $p_{X|A}(x) = p(x)/P(A)$라는 식으로부터 조건부 확률질량함수를 구하면 다음과 같다.

$$p_{X|A}(2) = \frac{1}{2}, \quad p_{X|A}(3) = \frac{1}{4}, \quad p_{X|A}(4) = \frac{1}{4}$$

(2) 위의 (1)에서 구한 조건부 확률질량함수를 이용하여 조건부 기댓값을 구하면

$$E(X|A) = 2 \times \frac{1}{2} + 3 \times \frac{1}{4} + 4 \times \frac{1}{4} = 2.75$$

이다. 한편 정리 3.1을 조건부 기댓값의 경우에 적용하면

$$E(X|A) = \sum_{i=1}^{4} P(X \geq i|A)$$

이고, 이를 이용하면

$$E(X|A) = 1 + 1 + \frac{1}{2} + \frac{1}{4} = 2.75$$

으로 조건부 확률질량함수를 이용하여 구한 결과와 같은 값을 얻는 것을 확인할 수 있다.

3. 베르누이분포와 이항분포

앞에서 설명한 지시변수와 같이 0과 1의 값만 갖는 확률변수를 베르누이 확률변수라고 하고 그 분포를 **베르누이분포**(Bernoulli distribution)라고 한다. 베르누이분포는 보통 두 가지의 결과를 갖는 시행에서 나타나는데, 두 가지의 결과를 하나는 '성공(success, S)', 나머지 하나를 '실패(failure, F)'로 부른다. 성공의 확률이 p일 때 확률변수 X를 $X = I_S$로 정의하면 X는 성공확률이 p인 베르누이분포를 따른다고 하고 $X \sim Bernoulli(p)$로 표현한다. 이를 정리하면 다음과 같다.

베르누이분포

시행에서 두 가지의 결과 S와 F가 나오고 $P(S)=p$일 때, $X=I_S$는 성공확률이 p인 베르누이분포를 따른다고 하고 $X \sim Bernoulli(p)$로 표현한다. 베르누이 확률변수 X의 확률질량함수는 다음과 같다.

$$p(0)=1-p, \quad p(1)=p$$

베르누이 확률변수 X는 0과 1의 값만 가지므로 $X^2=X$인 특징이 있다. X의 기댓값과 분산은 다음과 같이 구할 수 있다.

$$E(X) = 1 \times p + 0 \times (1-p) = p$$
$$Var(X) = E(X^2) - [E(X)]^2 = E(X) - [E(X)]^2 = p - p^2 = p(1-p)$$

베르누이분포는 두 가지의 결과만을 갖는 시행과 관련이 있다고 하였는데, 이러한 시행을 다음의 조건을 만족하면서 반복하면 이를 **베르누이 시행**(Bernoulli trial)이라고 한다.

베르누이 시행의 조건

(i) 각 시행은 성공(S), 실패(F)의 두 결과만을 갖는다.
(ii) 각 시행에서 성공할 확률은 $P(S)=p$로 일정하다.
(iii) 각 시행은 독립으로 각 시행의 결과가 다른 시행의 결과에 영향을 주지 않는다.

예제 3.19

15개의 상품으로 이루어진 모집단에서 5개가 불량품이라고 하자. 하나씩 5개를 추출해서 그것의 불량여부를 기록한다고 할 때, 다음의 각 경우에 베르누이 시행에 적합한지 판단하라. (보통 복원추출이라고 명시적으로 언급되지 않은 경우에는 비복원추출을 의미한다.)

(1) 복원추출
(2) 비복원추출

풀이 (1) 여기서 성공을 불량품을 추출하는 것이라고 하면 복원추출의 경우는 매번 추출할 때마다 모든 상황이 같으므로 성공할 확률은 $p = 1/3$로 일정하고, 매번의 시행이 그 전 시행의 결과와 무관하므로 베르누이 시행을 따른다고 할 수 있다.

(2) 비복원 추출의 경우는 베르누이 시행의 (iii)의 조건을 만족하지 못한다. 사건 S_i를 i번째 추출한 물건이 불량품인 사건이라고 하면 $P(S_2|S_1) = 4/14$인데 반해, $P(S_2|S_1^c) = 5/14$이다. 따라서 처음 시행의 결과가 다음 시행의 결과에 영향을 주므로 독립이 아니다. 그러므로 베르누이 시행의 조건 중 독립성을 만족시키지 않는다.

여기서 주의할 것은 비복원추출의 경우에도 (ii)의 조건은 만족한다는 사실이다. 즉, $1 \le i \le 5$에 대해서 $P(S_i) = 1/3$ 이다. 여기서는 $P(S_2) = 1/3$ 인 사실만 설명해 보면 다음과 같다.

$$
\begin{aligned}
P(S_2) &= P(S_1 S_2) + P(S_1^c S_2) \\
&= P(S_1)P(S_2|S_1) + P(S_1^c)P(S_2|S_1^c) \\
&= \frac{1}{3}\frac{4}{14} + \frac{2}{3}\frac{5}{14} \\
&= \frac{1}{3}
\end{aligned}
$$

또한 한 가지 언급할 것은 비복원추출이 베르누이 시행의 세 번째 조건인 독립성을 위반하지만 모집단의 크기가 아주 큰 경우(보통 표본의 크기의 약 20배 이상)에는 그 독립성의 위반정도가 아주 작아져서 베르누이 시행의 모형을 적용하는데 큰 문제가 없다는 것이다.

이제부터는 베르누이 시행으로부터 얻어지는 아주 유용한 분포인 이항분포에 대해 공부해 보고자 한다. 다음 정리는 이항분포와 관계된 계산에서 유용한 도구를 제공한다.

이항정리

$$
(x+y)^n = \sum_{k=0}^{n} \binom{n}{k} x^k y^{(n-k)}
$$

여기서 $\binom{n}{k}$를 이항계수라고 한다. 특히 $x=y=1$이면 $\sum_{k=0}^{n}\binom{n}{k}=2^n$이고, 이항 분포에서는 $x+y=1$인 경우를 이용한다.

성공할 확률이 p인 베르누이 시행을 n번 반복할 때 성공의 횟수를 X라고 하면 X가 가지는 값은 $0, 1, ..., n$이다. $X=k$이려면 n번의 시행에서 k번 성공하고 $(n-k)$번 실패해야 한다. 성공할 확률이 p이고 실패할 확률이 $(1-p)$이므로 처음 k번 성공하고 나머지 $(n-k)$번 실패할 확률은 $p^k(1-p)^{n-k}$이다. 또한 n번의 시행에서 k번 성공하는 방법의 수는 $\binom{n}{k}$이므로 $X=k$일 확률은 다음과 같다. (예제 2.15 참조)

$$P(X=k)=\binom{n}{k}p^k(1-p)^{n-k}$$

이때 확률변수 X는 모수가 (n, p)인 **이항분포**(binomial distribution)를 따른다고 하고 $X \sim Bin(n,p)$로 표현한다. 이를 정리하면 다음과 같다.

이항분포

성공의 확률이 p인 베르누이 시행을 n번 반복할 때 성공의 횟수를 X라고 하면 X는 모수가 (n, p)인 이항분포를 따른다고 하고 $X \sim Bin(n,p)$로 표현한다. X의 확률질량함수는 다음과 같다.

$$p(k)=\binom{n}{k}p^k(1-p)^{n-k}, \quad k=0, 1, ..., n$$

앞의 이항정리로부터 이 확률질량함수 값의 총 합이 1이 됨을 알 수 있다.

다음의 세 예제는 이항분포를 이용한 다양한 문제들을 다룬다.

예제 3.20

어느 식품회사에서는 다양한 맛의 사탕을 20개씩 임의로 골라 작은 유리병에 담아 판매한다고 한다. 이 회사에서 생산하는 사탕 중 가장 인기가 있는 사탕은 귤 맛 사탕인데 그 맛 사탕의 생산비율은 10%라고 한다. 어느 사람이 사탕 한 병을 구매한다고 할 때 그 병에 귤 맛 사탕이 3개 이상 들어 있을 확률을 구하라.

풀이 구입한 병에 들어 있는 20개의 사탕 중 귤 맛 사탕의 수를 X라고 하면 X는 $Bin(20, 0.1)$을 따른다. 따라서 구하고자 하는 확률은 $X \geq 3$일 확률이고 다음과 같이 구한다.

$$
\begin{aligned}
P(X \geq 3) &= 1 - P(X \leq 2) \\
&= 1 - P(X=0) - P(X=1) - P(X=2) \\
&= 1 - \binom{20}{0}(0.1)^0(0.9)^{20} - \binom{20}{1}(0.1)^1(0.9)^{19} - \binom{20}{2}(0.1)^2(0.9)^{18} \\
&= 0.3231
\end{aligned}
$$

예제 3.21

두 사람 A와 B가 다음과 같은 게임을 한다고 할 때 누가 더 유리하겠는가? A가 1부터 6까지의 숫자 중 두 숫자 (i, j)를 먼저 정한 후에 주사위를 4번 던져서 i나 j가 k $(1,2,3,4)$번 나오면 $k \times 1000$원을 B로부터 받고 만약 한 번도 나오지 않으면 6000원을 B에게 준다.

풀이 게임에서 A가 받는 돈의 액수를 X라고 하자.(돈을 주는 경우는 X가 음수이다.) X의 기댓값이 0보다 크면 A가 유리하고 0보다 작으면 B가 유리하다고 할 수 있다. 확률변수 Y를 주사위를 4번 던져서 i나 j가 나온 횟수라고 하면 $Y \sim Bin(4, 1/3)$를 따르고, 이 Y의 분포를 이용하여 X의 확률질량함수를 구할 수 있다. $Y=0$이면 $X=-6000$이고, $k=1,2,3,4$에 대하여 $Y=k$이면 $X=k \times 1000$인 관계가 있으므로 다음을 만족한다.

$$
\begin{aligned}
P(X=-6000) &= P(Y=0) = (2/3)^4 = 16/81 \\
P(X=1000) &= P(Y=1) = 4(1/3)(2/3)^3 = 32/81 \\
P(X=2000) &= P(Y=2) = 6(1/3)^2(2/3)^2 = 24/81 \\
P(X=3000) &= P(Y=3) = 4(1/3)^3(2/3) = 8/81 \\
P(X=4000) &= P(Y=4) = (1/3)^4 = 1/81
\end{aligned}
$$

따라서 X의 기댓값은

$$
E(X) = \frac{1000(-6 \times 16 + 32 + 2 \times 24 + 3 \times 8 + 4)}{81} = \frac{12000}{81} > 0
$$

이다. 따라서 A가 유리하다.

예제 3.22

어떤 혐의를 받고 있는 피고인 A에 대한 유·무죄는 9명의 배심원으로 이루어진 재판에서 결정한다. 피고인이 범인일 확률은 60%이고, 유죄판결을 내리기 위해서는 적어도 7명의 배심원이 유죄로 판단을 내려야 한다. 각 배심원은 독립적으로 유·무죄를 판단하고, 각 배심원은 피고인이 유죄인 경우에는 70%의 확률로 유죄로 판단하고, 피고인이 무죄인 경우에는 20%의 확률로 유죄라고 판단을 내린다. 이 재판에서 옳은 판결을 내릴 확률을 구하라.

풀이 피고인이 범인인 사건을 B라 하고, 재판에서 옳은 판결을 내리는 사건을 D라 하면 구하고자 하는 확률은 $P(D)$이다. 우선 $P(D)$는 다음 식을 이용하여 구할 수 있다.

$$P(D) = P(BD) + P(B^c D) = P(B)P(D|B) + P(B^c)P(D|B^c)$$

배심원 중 옳은 판단을 하는 사람의 수를 X라고 하면, 배심원들은 독립적으로 판단을 하는데, 피고인이 범인인 경우에는 70%의 확률로 유죄(옳은)판단을 하고, 피고인이 범인이 아닌 경우에는 80%의 확률로 무죄(옳은)판단을 하므로

$$X|B \sim Bin(9,\ 0.7), \qquad X|B^c \sim Bin(9,\ 0.8)$$

을 따른다. 피고인이 범인일 때 옳은 판결을 내리려면 9명의 배심원 중 7명 이상이 유죄로 옳은 판단을 해야 하므로

$$P(D|B) = P(X \geq 7|B) = \sum_{k=7}^{9} \binom{9}{k} 0.7^k 0.3^{9-k} = 0.4628$$

이다. 한편, 피고인이 범인이 아닐 때 옳은 판결을 내리려면 배심원 중 3명 이상이 무죄로 옳은 판단을 해야 한다. 따라서

$$P(D|B^c) = P(X \geq 3|B^c) = \sum_{j=3}^{9} \binom{9}{j} 0.8^j 0.2^{9-j} = 0.9997$$

이다. 이를 종합하면 재판에서 옳은 판결을 내릴 확률은

$$
\begin{aligned}
P(D) &= 0.6\ P(X \geq 7|B) + 0.4\ P(X \geq 3|B^c) \\
&= 0.6(0.4628) + 0.4(0.9997) \\
&= 0.6776
\end{aligned}
$$

이다.

앞의 예제 3.19에서 우리는 유한개의 원소로 이루어진 모집단에서 표본을 추출할 때 복원추출은 베르누이 시행의 조건을 만족하고 비복원추출은 베르누이 시행의 조건 중 독립성을 만족하지 않는다는 사실을 살펴보았다. 다음의 예제는 이 두 경우에 적용하는 확률분포의 차이를 보여 준다.

예제 3.23

[초기하분포] m개의 흰 공과 $N-m$개의 검은 공이 들어 있는 항아리에서 n개의 공을 추출할 때 선택된 흰 공의 수를 X라고 하자. 공을 추출하는 방법이 다음과 같을 때 X의 확률분포를 설명하라.

(1) 복원추출

(2) 비복원추출

풀이 (1) 복원추출의 경우 매 추출은 베르누이 시행을 따르고, 매 시행에서 흰 공을 선택할 확률이 m/N이므로 X의 분포는 다음과 같이 이항분포를 따른다.

$$
X \sim Bin\left(n,\ \frac{m}{N}\right)
$$

(2) 비복원추출의 경우 X의 분포는 더 이상 이항분포를 따르지 않는다. X의 확률분포를 구하려면 X의 확률질량함수를 구하면 된다. 즉, X가 가지는 모든 값 k에 대하여 $P(X=k)$를 구하면 된다. 우선 k는 $0 \leq k \leq n$이고, $k \leq m$, $n-k \leq N-m$이어야 하므로 k는 다음을 만족해야 한다.

$$
\max(0,\ n-N+m) \leq k \leq \min(n,\ m)
$$

이때 1장에서 공부한 균일확률모형을 적용하면 X의 확률질량함수는 다음과 같다.

$$P(X=k)=\frac{\binom{m}{k}\binom{N-m}{n-k}}{\binom{N}{n}}$$

이와 같은 확률질량함수를 갖는 확률분포를 **초기하분포**(Hypergeometric distribution)라고 하고,

$$X \sim Hypergeometric(n,\ N,\ m)$$

이라고 표현한다.

앞의 예제 3.19 직후에 설명한 바와 같이 N과 m이 n에 비해 아주 클 때 비복원추출이라고 하여도 근사적으로 베르누이 시행을 따른다. 따라서 그와 같은 경우에 초기하분포는 이항분포에 근사한다.

일반적으로 이산 확률변수의 기댓값을 계산할 때 가장 많이 이용하는 사실은 확률질량함수의 합이 1이라는 사실이다. 다음 예제에서는 이 사실을 이용하여 이항분포를 따르는 변수의 함수의 기댓값을 계산한다.

예제 3.24

확률변수 X가 $Bin(n,p)$를 따를 때 $E(X(X-1))$를 계산하라.

풀이 확률질량함수가 $P(X=k)=\binom{n}{k}p^k(1-p)^{n-k}$이므로 기댓값의 정의에 의해

$$\begin{aligned}E(X(X-1)) &= \sum_{k=0}^{n} k(k-1)\frac{n!}{k!(n-k)!}p^k(1-p)^{n-k} \\ &= \sum_{k=2}^{n}\frac{n(n-1)(n-2)!}{(k-2)!(n-k)!}p^2p^{k-2}(1-p)^{n-k}\end{aligned}$$

이다. $k-2=j$라고 놓으면

$$E(X(X-1))=n(n-1)p^2\sum_{j=0}^{n-2}\frac{(n-2)!}{j!(n-2-j)!}p^j(1-p)^{n-2-j}$$

이고, Σ 이하의 함수가 $Bin(n-2,\ p)$의 확률질량함수이므로 그 합이 1이라는

사실로부터 다음을 얻을 수 있다.

$$E(X(X-1)) = n(n-1)p^2$$

확률변수 X가 $Bin(n,p)$를 따를 때 이 예제의 풀이와 비슷한 방법으로 $E(X)=np$를 구할 수 있다. 또한 $E(X^2)=E(X(X-1))+E(X)$이 성립하므로 이로부터 X의 분산을 구하면 다음과 같다.

$$Var(X) = E(X^2)-(E(X))^2 = n(n-1)p^2+np-(np)^2 = np(1-p)$$

뒤의 5장에서는 이항분포를 따르는 확률변수를 베르누이 확률변수들의 합으로 표현하고 이를 이용하여 평균과 분산을 계산하는 방법을 설명한다. 비슷한 방법으로 초기하분포의 평균과 분산도 비교적 간단하게 구할 수 있다는 것을 보여 준다.

4. 기하분포와 음이항분포

앞의 3절에서 공부한 바와 같이 정해진 횟수의 베르누이 시행에서 성공의 횟수는 이항분포를 따른다. 그렇다면 베르누이 시행에서 정해진 수의 성공을 할 때까지의 시행횟수는 어떤 분포를 따를까? 이 절에서는 이와 관련된 분포인 기하분포와 음이항분포를 다루고자 한다.

우선 베르누이 시행에서 처음으로 성공할 때까지의 시행횟수가 어떤 분포를 따르는지 살펴보자. 성공확률이 p인 베르누이 시행에서 첫 성공까지의 시행횟수를 X라고 하면 X가 가지는 값은 양의 정수가 될 것이다. 임의의 양의 정수 k에 대하여 X가 k일 확률은 $(k-1)$번 실패(F) 후에 k번째 시행에서 처음으로 성공(S)해야 하므로

$$P(X=k) = P(FF\cdots FS) = (1-p)^{k-1}p$$

가 된다. 이때 X는 성공확률이 p인 **기하분포**(geometric distribution)를 따른다고 하고 $X \sim Geometric(p)$로 표현한다. 이를 정리하면 다음과 같다.

기하분포

성공 확률이 p인 베르누이 시행에서 처음으로 성공할 때까지의 시행횟수를 X라고 하면 X는 성공확률이 p인 기하분포를 따른다고 하고 $X \sim Geometric(p)$로 표현한다. X의 확률질량함수는 다음과 같다.

$$p(k) = (1-p)^{k-1}p, \quad k = 1, 2, ...$$

등비수열의 합을 구하는 식으로부터 기하분포의 확률질량함수의 합이 1이 되는 것을 알 수 있다. 기하분포의 누적분포함수는 다음의 식으로부터 쉽게 구할 수 있다.

$$P(X > k) = \sum_{i=k+1}^{\infty} (1-p)^{i-1}p = \frac{(1-p)^k p}{1-(1-p)} = (1-p)^k$$

기하분포의 평균과 분산은 확률질량함수를 이용하여 구할 수 있다. 그러나 여기서는 그 계산과정은 생략하고 우선 결과를 제시하고자 한다. 확률변수 X가 성공확률이 p인 기하분포를 따를 때 평균과 분산은 다음과 같다.

$$E(X) = \frac{1}{p}, \quad Var(X) = \frac{(1-p)}{p^2}$$

평균의 경우에 정리 3.1을 이용하면 다음과 같이 간단하게 구할 수 있다.

$$E(X) = \sum_{i=1}^{\infty} P(X \ge i) = \sum_{i=1}^{\infty} (1-p)^{i-1} = \frac{1}{p}$$

분산의 경우는 뒤의 5장에서 조건부 기댓값의 특성을 이용하여 간단하게 구하는 방법을 제시한다.

기하분포가 갖는 중요한 특성은 **무기억성**(memoryless property)이다. 예를 들어 동전을 던지는 베르누이 시행에서 처음으로 앞면이 나올 때까지 동전을 던지는 횟수를 X라고 하면 X는 성공확률이 $1/2$인 기하분포를 따른다. 만약 처음 3번 던지기에서 모두 뒷면이 나왔다고 하면 동전던지기 시행은 독립이므로 4번째부터의 결과는 그 이전 3번의 결과와는 상관이 없다. 따라서 4번째부터 처음 앞면이 나올 때까지 던지는 횟수의 분포는 처음 시작해서 앞면이 나올 때까지 던지는 횟수가 갖는 분포와 같은 분포를 따를 것이다. 이를 식으로 확인하면 다음과 같다.

$$P(X > k+s \mid X > k) = \frac{(1-p)^{k+s}}{(1-p)^k} = (1-p)^s = P(X > s)$$

다음의 예제는 기하분포의 무기억성에 대한 문제를 다룬다.

예제 3.25

영건이가 서영이와 가위–바위–보 게임을 한다고 할 때 다음 물음에 답하라.

(1) 영건이가 처음 5번의 게임에서 모두 이기거나 비길 확률을 구하라.

(2) 영건이가 처음 5번을 모두 이기거나 비겼다고 알려진 상황에서 질 때까지 4번 이상 게임을 더 할 확률을 구하라.

(3) 확률변수 Y를 영건이가 지기 전까지 시행한 횟수라고 할 때 Y의 확률질량함수를 구하라.

풀이 영건이와 서영이가 가위–바위–보를 할 때 가능한 결과의 수는 $3^2 = 9$이고, 서로 비기는 경우는 같은 것을 내는 경우이므로 3가지이고, 나머지 6가지 중 영건이가 이기는 경우의 수와 서영이가 이기는 경우의 수는 똑같이 3가지이다. 영건이가 질 때까지 하는 게임수를 X라고 하면, 매 게임에서 이기거나 비길 확률은 $2/3$이므로 X는 성공확률이 $1/3$인 기하분포를 따른다.

(1) 영건이가 5번 모두 이기거나 비겼다면 $X > 5$이므로 구하고자 하는 다음과 같다.

$$P(X > 5) = \left(\frac{2}{3}\right)^5 = \frac{32}{243} = 0.1317$$

(2) 5번 모두 이기거나 비긴 상황에서 질 때까지 4번 이상 더 할 확률은 $P(X \geq 9 | X > 5)$이다. 따라서 기하분포의 무기억성을 이용하면 구하고자 하는 확률은

$$P(X > 8 | X > 5) = P(X > 3) = \left(\frac{2}{3}\right)^3 = \frac{8}{27} = 0.2963$$

이다.

(3) $Y = X - 1$이므로 Y는 첫 성공까지의 실패의 횟수와 같다. 따라서 Y가

가지는 값은 음이 아닌 정수이고, 임의의 $k=0, 1, \ldots$ 에 대하여 확률질량함수는

$$P(Y=k)=P(X=k+1)=p(1-p)^k=\left(\frac{1}{3}\right)\left(\frac{2}{3}\right)^k$$

이다.

이 예제에서 보는 바와 같이 베르누이 시행에서 성공까지의 시행 횟수와 성공까지의 실패 횟수는 하나의 정보가 주어지면 다른 것의 확률도 얻을 수 있다. 교재에 따라서는 성공까지의 실패 횟수로 기하분포를 설명하기도 한다.

기하분포의 무기억성을 분포에 대한 것으로 표현하면 X가 k보다 크다는 사실이 주어져 있을 때 $X-k$는 X와 분포가 같다. 즉, 다음과 같이 쓸 수 있다.

$$X-k \mid X>k \sim X$$

따라서 기댓값에 대해서는 다음과 같은 관계식을 얻을 수 있다.

$$E(X|X>k)-k=E(X) \quad \text{혹은} \quad E(X|X>k)=E(X)+k$$

다음의 예제는 이 관계식이 성립함을 보여 주는 문제를 다룬다.

예제 3.26

확률변수 X의 확률질량함수가 다음과 같을 때 물음에 답하라.

$$p(x)=0.8^{x-1}0.2, \quad x=1, 2, 3, \ldots$$

(1) $X>4$가 주어졌을 때 X의 조건부 확률질량함수를 구하라.

(2) $E(X|X>4)=E(X)+4$가 성립함을 보여라.

풀이 (1) 주어진 확률질량함수로부터 X는 성공확률이 0.2 인 기하분포를 따른다는 것을 알 수 있다. 조건부 질량함수는 $k \geq 5$에 대하여

$$p_{X|X>4}(k)=\frac{p(k)}{P(X>4)}$$

이고, $P(X>4)=\sum_{x=5}^{\infty}0.8^{x-1}0.2=0.8^4$이므로 다음과 같이 구할 수 있다.

$$p_{X|X>4}(k)=0.8^{(k-5)}0.2, \quad k=5,6, \ldots$$

(2) (1)에서 구한 조건부 확률질량함수를 이용하면 조건부 기댓값은

$$E(X|X>4)=\sum_{k=5}^{\infty}k\,0.8^{(k-5)}0.2$$

으로 구할 수 있다. 이 계산을 위해서 $k-4=i$로 놓고 정리하면 기댓값의 정의에 따라

$$E(X|X>4)=\sum_{i=1}^{\infty}(i+4)0.8^{i-1}0.2=E(X+4)-E(X)+4$$

이 성립한다.

또한 이를 다른 방법으로 보일 수도 있다. 정리 3.1을 이용하면

$$E(X|X>4)=\sum_{k=1}^{\infty}P(X\geq k|X>4)=4+\sum_{k=4}^{\infty}P(X>k|X>4)$$

이고, 기하분포의 무기억성을 이용하면

$$\sum_{k=4}^{\infty}P(X>k|X>4)=\sum_{k=4}^{\infty}P(X>k-4)=\sum_{k=4}^{\infty}0.8^{k-4}=5$$

이다. 따라서 $E(X)=1/0.2=5$이라는 사실을 적용하면 위 관계식이 성립함을 보일 수 있다.

이제까지는 베르누이 시행을 반복할 때 처음으로 성공할 때까지의 시행횟수가 갖는 기하분포에 대하여 알아보았는데, 이제는 임의의 $r(\geq 2)$번 성공할 때까지의 시행횟수가 갖는 분포에 대해 살펴보자.

성공의 확률이 p인 베르누이 시행에서 r번 성공할 때까지의 시행횟수를 X라고 하면 X가 가지는 값은 r 이상의 정수가 된다. r 이상인 임의의 정수 n에 대하여

X가 n이 되려면 n번째의 시행에서 r번째의 성공을 하고, 그 이전의 $(n-1)$번의 시행 중 $(r-1)$번 성공해야 한다. 따라서 $P(X=n)$은

$$P(X=n)=\binom{n-1}{r-1}p^{(r-1)}(1-p)^{(n-r)}p=\binom{n-1}{r-1}(1-p)^{n-r}p^r$$

이다. 이때 X를 모수가 (r, p)인 **음이항분포**(negative binomial distribution)를 따른다고 하고 $X \sim NB(r, p)$로 표현한다. 이를 정리하면 다음과 같다.

음이항분포

성공 확률이 p인 베르누이 시행에서 r번 성공할 때까지의 시행횟수를 X라고 하면 X는 모수가 (r, p)인 음이항 분포를 따른다고 하고 $X \sim NB(r, p)$로 표현한다. X의 확률질량함수는 다음과 같다.

$$p(n)=\binom{n-1}{r-1}(1-p)^{n-r}p^r, \quad n=r, r+1, \ldots$$

기하분포는 음이항분포에서 $r=1$인 특별한 경우라고 할 수 있다. 위의 확률질량함수에 $r=1$을 대입하면 기하분포의 확률질량함수를 얻을 수 있다.

예제 3.27

성공확률이 p인 베르누이 시행에서 다음의 각 확률을 구하는 식을 p의 함수로 표현하라.

(1) 3번 성공할 때까지 적어도 7번 실패할 확률

(2) 7번 성공할 때까지 많아야 10번 시행할 확률

풀이 (1) 3번 성공할 때까지의 시행횟수를 X라고 하면 X는 모수가 $(3, p)$인 음이항분포를 따른다. 3번 성공할 때까지 적어도 7번 실패하려면 3번 성공할 때까지 적어도 10번 시행해야 하므로 구하고자 하는 확률은 다음과 같이 계산할 수 있다.

$$P(X \geq 10)=\sum_{n=10}^{\infty}\binom{n-1}{2}p^3(1-p)^{n-3}$$

(2) 7번 성공할 때까지 시행 횟수를 Y라고 하면 $Y \sim NB(7, p)$를 따른다. 따

라서 구하고자 하는 확률은

$$P(Y \le 10) = \sum_{n=7}^{10} \binom{n-1}{6} p^7 (1-p)^{n-7}$$

이다.

예제 3.27에서 구한 확률들은 이항분포를 이용해서도 구할 수 있다. (1)의 경우, 3번 성공할 때까지 적어도 10번 시행하려면 9번의 시행까지 성공의 횟수가 2번 이하여야 한다. 성공확률이 p 인 베르누이 시행을 9번 실시할 때 성공의 횟수를 U 라고 하면 $U \sim Bin(9, p)$ 을 따른다. 따라서 구하고자 하는 확률은 다음과 같다.

$$P(X \ge 10) = P(U \le 2) = \sum_{i=0}^{2} \binom{9}{i} p^i (1-p)^{9-i}$$

(2)의 경우, 7번 성공할 때까지 많아야 10번 시행하려면 10번의 베르누이 시행에서 성공의 횟수가 7번 이상이어야 한다. 확률변수 V를 성공확률이 p 인 베르누이 시행을 10번 실시할 때 성공의 횟수라고 하면 $V \sim Bin(10, p)$을 따르고, 구하고자 하는 확률은

$$P(Y \le 10) = P(V \ge 7) = \sum_{i=7}^{10} \binom{10}{i} p^i (1-p)^{10-i}$$

이다. 이 두 방법을 모두 이해하고 경우에 따라 계산하기 쉬운 방법을 택하는 것이 바람직하다.

베르누이 시행의 독립성을 이용하여 기하분포의 무기억성을 보여 주었는데, 그와 같은 특성을 이용하면 음이항분포를 서로 영향을 주지 않는 기하분포들로 분할할 수 있다. 첫 번째 성공까지의 시행횟수가 3이라고 하면 4번째 시행부터 두 번째 성공까지의 시행횟수는 또 다시 기하분포를 따른다. 일반적으로 i 번째 성공 이후 $(i+1)$ 번째 성공까지의 시행횟수도 기하분포를 따른다. 따라서 r 번째 성공까지의 시행횟수는 처음부터 시작해서 첫 번째 성공까지의 시행횟수, 첫 번째 성공 이후 두 번째 성공까지의 시행횟수, ..., $(r-1)$ 번째 성공 이후 r 번째 성공까지의 시행횟수를 더한 것이므로 음이항분포를 따르는 확률변수는 서로 영향을 주지 않는 기

하분포를 따르는 확률변수의 합으로 분할할 수 있다. 이와 같은 음이항분포의 특징을 이용하여 뒤의 5장에서 설명한 방법으로 평균과 분산을 쉽게 구할 수 있다. 이는 5장의 연습문제로 남겨둔다.

5. 포아송분포

포아송분포(Poisson distribution)는 어느 정해진 시간 동안 혹은 한정된 구역에서 일어나는 사건의 횟수, 예를 들어 119 구조대에 시간당 걸려오는 전화 횟수, 혹은 어느 지역에 거주하는 100세 이상인 노인의 수 등을 모형화하는데 사용하는 분포이다. 포아송분포는 연속적인 시간(혹은 구역)에서 단위 시간(혹은 단위 구역)에 발생할 것으로 예상되는 평균 발생 횟수를 이용하여 주어진 시간(혹은 구역)에 실제로 발생하는 사건의 횟수에 관한 문제를 다루는 확률모형이다. 다음은 평균이 λ인 포아송분포를 정의한 것이다.

포아송분포
음이 아닌 정수 값을 갖는 확률변수 X가 다음과 같은 확률질량함수를 가질 때,

$$p(x) = \frac{\lambda^x e^{-\lambda}}{x!}, \qquad x = 0, 1, 2, \ldots$$

X는 평균이 λ인 포아송분포를 따른다고 하고, $X \sim Poisson(\lambda)$로 표현한다.

예제 3.28

다음 각 문제에 포아송분포를 적용시켜서 구하고자 하는 확률을 구하라.

(1) 한 페이지에 평균적으로 0.2개의 오자가 있는 책에서 임의로 한 페이지를 선택했을 때 그 페이지에 오자가 하나 이상 있을 확률을 구하라.

(2) 어느 고속도로에서는 일주일에 평균적으로 1.2대의 차가 버려진다고 한다. 어느 특정한 일주일 동안 차가 두 대 이상 버려질 확률을 구하라.

풀이 (1) 선택된 페이지의 오자의 수를 X라고 하면 $X \sim Poisson(0.2)$을 가정할 수 있다. 따라서 구하고자 하는 확률은 다음과 같이 구할 수 있다.

$$P(X \geq 1) = 1 - P(X=0) = 1 - e^{-0.2} = 0.1813$$

(2) 특정한 일주일 동안 버려진 차의 대수를 Y라고 하면 $Y \sim Poisson\ (1.2)$을 가정할 수 있다. 따라서 (1)에서와 마찬가지로 구하고자 하는 확률을 다음과 같이 구할 수 있다.

$$P(Y \geq 2) = 1 - p(0) - p(1) = 1 - e^{-1.2} - 1.2 \times e^{-1.2} = 0.3374$$

다음 예제에서는 포아송분포의 평균과 분산이 같은 값을 갖는다는 중요한 사실을 보여 준다.

예제 3.29

확률변수 X가 평균이 λ인 포아송분포를 따른다고 할 때 이를 확률질량함수를 이용한 기댓값의 정의를 이용하여 확인하고 분산을 구하라.

풀이 확률질량함수를 이용한 기댓값의 정의를 이용하면

$$E(X) = \sum_{x=0}^{\infty} x \frac{e^{-\lambda}\lambda^x}{x!} = \sum_{x=1}^{\infty} \frac{e^{-\lambda}\lambda^x}{(x-1)!}$$

이고, 여기에서 $x-1=k$라고 놓고, $\sum_{x=0}^{\infty} p(x) = 1$라는 사실을 이용하면

$$E(X) = \sum_{k=0}^{\infty} \frac{e^{-\lambda}\lambda^{(k+1)}}{k!} = \lambda \sum_{k=0}^{\infty} \frac{e^{-\lambda}\lambda^k}{k!} = \lambda$$

를 확인할 수 있다. 분산을 계산하기 위해서는 X^2의 기댓값을 구해야 하는데, 분모의 $x!$과 상쇄하는 항을 만들기 위해서 $x^2 = x(x-1)+x$로 풀어,

$$E(X^2) = E(X(X-1)) + E(X)$$

로 계산하는 것이 쉽다.(앞에서 이항분포의 분산을 계산할 때도 이 방법을 이용하였다.) 우선 $E(X(X-1))$를 구해 보면

$$E(X(X-1)) = \sum_{x=0}^{\infty} x(x-1)\frac{e^{-\lambda}\lambda^x}{x!} = \sum_{x=2}^{\infty}\frac{e^{-\lambda}\lambda^x}{(x-2)!}$$

이고, 위에서 $E(X)$를 계산할 때와 같이 $x-2=k$라고 놓고, $\sum_{x=0}^{\infty} p(x) = 1$이라는 사실을 이용하면

$$E(X(X-1)) = \sum_{k=0}^{\infty}\frac{e^{-\lambda}\lambda^{(k+2)}}{k!} = \lambda^2\sum_{k=0}^{\infty}\frac{e^{-\lambda}\lambda^k}{k!} = \lambda^2$$

이다. 따라서 $E(X^2) = \lambda^2 + \lambda$이고, 이로부터 분산은

$$Var(X) = \lambda^2 + \lambda - \lambda^2 = \lambda$$

로 평균과 같다.

포아송분포는 이항분포의 근사분포로도 활용도가 높다. 이항분포 $Bin(n, p)$에서 n이 충분히 크고, $np \approx \lambda$가 되도록 p가 충분히 작을 때, 성공의 횟수 X는 근사적으로 평균이 λ인 포아송분포를 따른다. 이는 다음과 같이 이항분포의 확률질량함수가 포아송분포의 확률질량함수에 가까워짐을 통해서 확인할 수 있다.

$$\begin{aligned}
P(X=k) &= \frac{n!}{k!(n-k)!}p^k(1-p)^{n-k} \\
&= \frac{1}{k!}n(n-1)\cdots(n-k+1)p^k(1-p)^n(1-p)^{-k} \\
&\approx \frac{1}{k!}(np)^k(1-\lambda/n)^n(1-\lambda/n)^{-k} \\
&\to \frac{1}{k!}\lambda^k e^{-\lambda}
\end{aligned}$$

다음의 예제는 이항분포의 확률을 포아송분포를 이용하여 계산할 때 어느 경우에 더 좋은 근사값을 얻을 수 있는지 보여 준다.

예제 3.30

어떤 기계에 의해 생산되는 제품이 불량품일 확률은 p라고 한다. 제품 n개로 이루어

진 표본이 많아야 1개의 불량품을 포함할 확률을 다음 각 경우에 구하고, 이를 포아송분포 근사를 이용한 확률과 비교하라.

(1) $n = 10, \quad p = 0.1$

(2) $n = 50, \quad p = 0.02$

풀이 n개의 제품 중 불량품의 개수을 X라고 하면 $X \sim Bin(n, p)$인 분포를 따른다. 따라서 (1)의 경우 $X \sim Bin(10, 0.1)$을 만족하므로 구하고자 하는 확률은

$$P(X \le 1) = 0.9^{10} + 10(0.1)(0.9)^9 = 0.73610$$

이고, (2)의 경우 $X \sim Bin(50, 0.02)$를 만족하므로 구하고자 하는 확률은

$$P(X \le 1) = 0.98^{50} + 50(0.02)(0.98)^{49} = 0.73577$$

이다. 한편 두 경우 모두 $np = 1$이므로 포아송분포로의 근사를 이용하면 X는 근사적으로 $Poisson(1)$을 따르고 비교하고자 하는 근사확률은 다음과 같다.

$$P(X \le 1) = e^{-1} + e^{-1} = 0.73576$$

(1)과 (2)의 결과를 비교해 보면 (1)의 경우의 오차는 0.00034이고, (2)의 경우 오차는 0.00001이다. 이로부터 두 경우 모두 비교적 작은 오차를 갖고 있으나, n이 클수록 더 좋은 근사확률을 얻을 수 있음을 알 수 있다.

우리는 이제까지 단위 구간에서의 사건의 발생 건수를 설명하는 포아송분포를 공부하였는데, 이를 조금 확장하여 단위 구간이 아니라 크기가 t인 임의의 구간을 고려하는 **포아송 프로세스**(Poisson process)를 간략하게 소개하고자 한다. 예를 들어 시간을 따라 어떤 사건이 일어난다고 하자. 기준이 되는 시점 0에서 시작하여 시간을 따라 사건의 발생건수를 세어나간다고 할 때 구간 $(0, t)$에 발생하는 사건의 수를 $N(t)$라고 하면 $N(t)$는 t가 증가함에 따라 비감소하는 함수이다. $N(t)$에 포아송 프로세스를 적용하기 위해서는 다음과 같은 세 가지 가정을 만족해야 한다.

- **항상성**: 단위 시간당 사건의 평균 발생횟수는 어느 구간에서나 항상 λ로 일정하다.
- **비집락성**: 한 시점에서 2회 이상의 사건이 발생할 확률은 0에 가깝다.
- **독립성**: 겹치지 않는 두 구간에서의 발생횟수는 서로 다른 구간의 발생횟수에 영향을 주지 않는다.

$N(t)$가 위의 세 가지 가정을 만족하면 임의의 t에 대하여 $N(t)$는 $Poisson(\lambda t)$를 따르고 $\{N(t):t>0\}$가 포아송 프로세스를 따른다고 말한다. 이로부터 우리는 주어진 단위 구간만이 아니라 임의의 어느 구간에 대해서도 포아송분포를 이용한 확률모형을 세울 수 있다.

다음의 예제는 포아송 프로세스의 개념을 이용하는 기본적인 예를 보여 준다.

예제 3.31

어느 은행의 한 영업점에는 2분에 한 명의 비율로 손님이 들어오는데, 포아송 프로세스의 세 가정을 만족한다고 한다. 다음의 각 경우의 확률을 구하라.

(1) 어느 날 10:00에서 10:05 사이에 손님이 한 명도 들어오지 않는다.

(2) 어느 날 10:00에서 10:05 사이에 손님이 한 명도 들어오지 않았다고 할 때 10:00과 10:10 사이에 적어도 4명이 들어온다.

풀이 (1) 10:00를 첫 기준으로 하고 1분에 평균적으로 0.5명의 손님이 들어오므로 10:00에서 10:05 사이에 들어온 손님의 수를 $X=N(5)$라고 하면 $X \sim Poisson(5/2)$을 따른다. 따라서 구하고자 하는 확률은

$$P(X=0) = e^{-5/2} = 0.0821$$

이다.

(2) 10:00에서 10:05 사이에 손님이 한 명도 들어오지 않았으므로 10:00과 10:10 사이에 적어도 4명이 들어오려면 10:05과 10:10 사이에 적어도 4명이 들어와야 한다. 또한 10:00에서 10:05 사이에 들어온 손님의 수와 10:05과 10:10 사이에 들어온 손님 수는 서로 영향을 주지 않으므로 10:05과 10:10 사이에 들어온 손님 수를 $Y=N(10)-N(5)$라고 하면 Y는 X와 상관없이 $Y \sim Poisson(5/2)$를 따른다. 따라서 구하고자 하는 확률은

$$\begin{aligned} P(Y \geq 4) &= 1-p(0)-p(1)-p(2)-p(3) \\ &= 1-e^{-5/2}(1+2.5+2.5^2/2!+2.5^3/3!) \\ &= 0.2424 \end{aligned}$$

이다.

다음 예제는 조건부 확률과 연계된 포아송분포의 문제를 다룬다.

예제 3.32

어느 상점에 들어오는 손님의 수는 비가 오는 날에는 시간당 평균적으로 2명의 손님이 들어오는 포아송 프로세스를 따르고, 비가 오지 않는 날에는 시간당 평균적으로 3명의 손님이 들어오는 포아송 프로세스를 따른다. 이 지역에서는 30%의 비율로 비가 내리는 날이 있다고 가정할 때 다음 물음에 답하라.

(1) 어느 날 오전 9시부터 11시 사이에 3명의 손님이 들어왔다고 할 때 그날 비가 왔을 확률을 구하라.

(2) 어느 날 오전 9시부터 11시 사이에 3명의 손님이 들어왔다고 할 때 그날 오후 1시에서 3시 사이에 손님이 3명 들어올 확률을 구하라.

풀이 (1) 어느 날 오전 9시부터 11시 사이에 들어온 손님의 수를 X라고 하고, 어느 날 비가 오는 사건을 A라고 하면 구하고자 하는 확률은 $P(A|X=3)$이다. 주어져 있는 정보를 정리하면 다음과 같다.

$$P(A)=0.3,\quad X|_A \sim Poisson(4) \quad X|_{A^c} \sim Poisson(6)$$

이 정보를 이용하면

$$\begin{aligned} P(X=3) &= P(A)P(X=3|A)+P(A^c)P(X=3|A^c) \\ &= 0.3\times\frac{e^{-4}4^3}{3!}+0.7\times\frac{e^{-6}6^3}{3!} \\ &= 0.1211 \end{aligned}$$

이고, 조건부 확률 $P(A|X=3)$은 다음과 같이 구할 수 있다.

$$P(A|X=3)=\frac{P(A)P(X=3|A)}{P(X=3)}=\frac{0.3\times 0.1954}{0.1211}=0.4841$$

(2) 그날 오후 1시에서 3시 사이에 들어온 손님의 수를 Y라 하면 구하고자 하는 확률은 $P(Y=3|X=3)$ 이다. 위의 (1)에서 $P(X=3)=0.1211$를 구하였으므로 $P(X=3,\ Y=3)$을 구해야 한다. 두 확률변수 X와 Y는 A나 A^c가 주어진 상태에서는 조건부 독립이고 같은 분포를 따른다. 따라서

$$
\begin{aligned}
&P(X=3, Y=3)\\
&=P(A)P(X=3, Y=3|A)+P(A^c)P(X=3, Y=3|A^c)\\
&=P(A)(P(X=3|A))^2+P(A^c)(P(X=3|A^c))^2\\
&=0.3\left(\frac{e^{-4}4^3}{3!}\right)^2+0.7\left(\frac{e^{-6}6^3}{3!}\right)^2\\
&=0.01703
\end{aligned}
$$

이고, 구하고자 하는 확률은

$$
P(Y=3|X=3)=\frac{P(X=3, Y=3)}{P(X=3)}=\frac{0.01703}{0.1211}=0.1406
$$

이다.

이 예제의 결과를 한번 자세히 살펴보자. 우선 9시부터 11시 사이에 단지 3명(상대적으로 작은 수)의 손님만 들어왔다는 정보는 그날 비가 왔을 가능성이 높다는 것을 내포하고 있다. 즉, 비올 확률이 기존의 30%에서 48.41%로 높아진다. 이 사실을 적용하면 같은 날 오후에 1시부터 3시 사이에 3명의 손님이 들어올 확률은 아무 정보가 없을 때의 확률 0.1211보다 0.1406으로 커지는 것을 볼 수 있다. 즉, 오전에 들어온 손님의 수로부터 날씨에 대한 정보를 얻고, 그 정보를 이용하여 오후에 들어오는 손님의 수의 분포가 영향을 받는다는 것을 확인할 수 있다.

다음의 예제는 포아송 프로세스를 따르는 상황에서 고려할 수 있는 다양한 확률분포를 따르는 확률변수들을 살펴본다.

예제 3.33

어느 부동산 중개업소의 거래건수는 영업일 하루 평균 0.4건의 거래가 성사되는 포아송 프로세스를 따른다고 한다. 다음의 각 확률변수가 어떤 분포를 따르는지 정확하게 밝히고, 근사분포가 있으면 설명하라.

(1) X_1: 어느 일주일(7영업일) 동안 거래 성사 건수

(2) X_2: 어느 해 4분기(90영업일) 동안 거래가 두 건 이상 성사되는 날의 수

(3) X_3: 어느 날부터 처음으로 한 건 이상 거래가 있는 날까지의 영업일 수.

풀이 (1) 하루 평균 0.4건이 성사되므로 7일 동안의 성사 건수는 다음과 같이 평균이 2.8일 포아송분포를 따른다.

$$X_1 \sim Poisson(2.8)$$

(2) 어느 날 거래가 성사되는 건수를 Y라고 하면 $Y \sim Poisson(0.4)$이므로 하루에 두 건 이상 성사될 확률은

$$P(Y \geq 2) = 1 - e^{-0.4}(1 + 0.4) = 0.06155$$

이다. 따라서 90일 동안 두 건 이상 거래가 성사되는 날의 수는 $n = 90$ 이고 성공확률이 0.06155인 이항분포를 따른다. 또한 영업일수가 비교적 많고, 성공확률이 작으므로 근사분포로 포아송분포를 생각할 수 있다. 즉, 다음과 같이 표현할 수 있다.

$$X_2 \sim Bin(90,\ 0.06155) \sim Poisson(5.5395)$$

(3) 하루에 한 건 이상 거래가 있을 확률은

$$P(Y \geq 1) = 1 - e^{-0.4} = 0.3297$$

이므로 어느 영업일부터 한 건 이상 거래가 있는 날까지의 영업일 수는 다음과 같이 성공확률이 0.3297인 기하분포를 따른다.

$$X_3 \sim Geometric(0.3297)$$

6. 연습문제

3.1 동전을 던져서 총 던진 횟수가 4번을 넘지 않는 한도 내에서 앞면이나 뒷면이 두 번 연속해서 나올 때까지 던진다. 다음 물음에 답하라.

(1) 표본공간을 구하라.

(2) 던진 횟수 X를 표본공간의 함수로 표현하라.

(3) X의 확률질량함수를 구하라.

3.2 확률변수 X가 0, 1, 2, 3의 값을 갖고 확률질량함수가 다음과 같은 특성을 따를 때,

$$p(i) = 2p(i-1), \quad i = 1, 2, 3$$

X의 확률질량함수를 구하라.

3.3 흰 공 3개, 붉은 공 3개, 검은 공 5개가 들어 있는 주머니에서 3개를 임의로 추출한다고 할 때 확률변수 X는 흰 공의 수에서 붉은 공의 수를 뺀 수라고 하자. X의 확률질량함수를 구하라.

3.4 다섯 명이 아이들이 딱지놀이를 하기 위해서 별들이 그려져 있는 다섯 장의 딱지를 임의로 한 장씩 나눠 가졌는데, 딱지에 그려져 있는 별의 수는 다섯 장 모두 다르다고 하자. 첫 번째 아이와 두 번째 아이가 딱지의 별의 개수를 비교하여 이긴(별의 숫자가 큰) 아이가 세 번째 아이와 비교하고, 그 중에서 이긴 아이가 네 번째 아이와 비교한다. 이런 식으로 네 번의 게임을 하면 다섯 번째 아이까지 다 딱지를 비교하는 게임을 하게 된다. 확률변수 X를 첫 번째 아이가 이긴 횟수라고 할 때 확률변수 X의 확률질량함수를 구하라.

3.5 확률변수 X의 확률질량함수가 다음과 같다.

$$p(0) = 0.2, \quad p(1) = 0.4, \quad p(2) = 0.3, \quad p(3) = 0.1$$

사건 A가 $X \le 2$이면 새로운 확률변수 XI_A의 확률질량함수를 구하라.

3.6 확률변수 X의 누적분포함수가 다음과 같을 때

$$F(x) = \begin{cases} 0, & x < 0 \\ 1/3, & 0 \le x < 1 \\ 3/5, & 1 \le x < 2 \\ 5/6, & 2 \le x < 3 \\ 1, & 3 \le x \end{cases}$$

다음 물음에 답하라.

(1) 확률질량함수 $p(x)$를 구하라.

(2) $P(0.4 \le X < 3)$을 계산하라.

3.7 어떤 사람이 주사위를 던져서 6개의 숫자가 모두 나올 때까지 계속 던진다고 한다. 총 던진 횟수를 X라고 할 때 X의 확률질량함수를 구하라.

3.8 연습문제 3.3에서 X가 0보다 크다는 조건하에서 $X=i$일 조건부 확률을 구하라.

3.9 확률변수 X가 −1, 0, 1, 2, 3, 4의 값 중 하나의 값을 가지고 분포에 대하여 다음과 같은 정보가 주어져 있다. 다음 물음에 답하라.

$$F(2.1)=0.6, \quad P(2 \le X < 2.3)=0.15, \quad F(3)-F(1)=0.4$$
$$P(X>-1)=0.9, \quad P(1 \le X \le 2)=0.3$$

(1) 확률변수 X의 확률질량함수를 구하라.

(2) $Y=|X-1|$의 누적분포함수를 구하라.

3.10 확률변수 X의 확률질량함수가 다음과 같을 때 물음에 답하라.

$$p(1)=0.3, \quad p(2)=0.3, \quad p(3)=0.4$$

(1) $E(X)$를 구하라.

(2) $E(3X+4)$, $E(X^2)$, $E(\sqrt{X})$를 구하라.

(3) $3E(X)+4$, $[E(X)]^2$, $\sqrt{E(X)}$를 구하고 이를 위 (2)의 결과와 비교하라.

3.11 연습문제 3.5에서 $E(XI_A)$와 $E(X|A)$를 구하라.

3.12 예제 3.14에서 손님이 이 가게에 와서 상품을 사려고 할 때 그 상품이 없을 때마다 가게의 신용이 떨어져서 1 만큼의 손실이 발생한다고 하면 기대 이익을 최대가 되게 하기 위해서 이 가게가 구입해야 할 상품의 개수를 결정하라.

3.13 연습문제 3.6에서 X의 기댓값과 분산을 구하라.

3.14 확률변수 X의 확률질량함수가 다음과 같다.

$$p(0)=a, \quad p(1)=0.3, \quad p(2)=0.2, \quad p(3)=b$$

(1) X의 기댓값이 1.3이라고 할 때 a와 b를 구하라.

(2) $Var(3X+2)$를 구하라.

3.15 확률변수 X가 $P(X=1)=p=1-P(X=0)$와 $E(X)=4\,Var(X)$를 만족할 때, p를 구하라.

3.16 확률변수 X는 $i \geq 3$의 정수에 대하여 다음을 만족한다.

$$P(X \geq i) = c(1-\alpha)^{i-3}$$

다음 물음에 답하라.

(1) 적절한 c와 X의 확률질량함수를 구하라.

(2) X의 기댓값을 구하라.

3.17 정리 3.1을 이용하여 예제 3.7에서 X의 기댓값을 구하라.

3.18 연습문제 3.7에서 X의 기댓값을 정리 3.1을 이용하여 구하라.

3.19 연습문제 3.9에서 $A=\{X>1\}$이라고 할 때, $E(X|A)$를 구하고, 조건부분포에서도 정리 3.1이 성립함을 보여라.

3.20 각 문제마다 5개의 문항 중에 하나의 정답을 선택하는 문제 10개가 있다. 한 학생이 임의로 답을 모두 선택했다면 이 학생이 정답을 선택하는 개수의 기댓값을 구하고 기댓값 보다 적은 수의 정답을 선택할 확률을 구하라.

3.21 어느 상품은 n개씩 박스로 포장되어 판매된다. 어떤 구매자는 박스에 있는 상품 중 무작위로 3개를 검사하여 불량품이 아닌 경우에만 구입한다. 포장 박스들 중 30%는 i개의 불량품이 포함되어 있고, 70%는 j개의 불량품이 포함되어 있다. 다음의 각 경우에 구매자가 상품을 구입할 확률을 구하라.

(1) $n=10, \quad i=4, \quad j=1$

(2) $n=100, \quad i=40, \quad j=10$

3.22 두 개의 주사위 A, B가 있다. A는 6개의 면 중에 4면에는 빨간색이, 나머지에는 흰색, B는 빨간색과 흰색이 각각 3면씩 칠해져 있다. 동전을 던져 H가 나오면 주사위 A를, T가 나오면 주사위 B를 계속해서 10번 던진다고 할 때 10번 중 흰색 면이 3번 나올 확률을 구하라.

3.23 예제 3.22에서 유죄 판결을 내리기 위한 기준을 7명이 아니라 6명 이상의 배심원이 유죄로 판단하는 것이라고 하면 옳은 판결을 내릴 확률이 증가하겠는가?

3.24 N개의 흰 공과 M개의 검은 공이 들어 있는 주머니에서 검은 공이 나올 때까지 복원추출을 한다고 할 때 다음 각 사건의 확률을 구하라.

(1) 정확히 n 번 추출한다.

(2) 적어도 k 번 추출한다.

3.25 동전이 2개 있는데, 첫째 동전은 앞면이 나올 확률이 1/3이고, 둘째 동전은 앞면이 나올 확률이 1/2이다. 임의로 하나를 골라 앞면이 나올 때까지 계속 던진다고 할 때 5번 이상 던질 확률을 구하라.

3.26 자유투 성공률이 70%인 어떤 농구선수가 3번 성공하기 위해서 적어도 6번 자유투를 시도해야 할 확률을 구하라.

3.27 어떤 사람이 프리셀 게임을 시작하면 3번 이길 때까지 하고 그날은 더 이상 프리셀 게임을 하지 않는다고 하자. 이 사람의 승률이 80%라고 할 때 다음 물음에 답하라.

(1) 3번 이길 때까지 적어도 5번 게임을 하게 될 확률을 구하라.

(2) 이 사람이 프리셀 게임을 시작해서 3번 이길 때까지 하는 일을 10일간 반복한다고 할 때 적어도 5번 게임을 하게 되는 날이 기껏해야 한 번 있을 확률은 얼마인가?

3.28 평균이 196이고 분산이 3.92인 이항분포에서 값이 평균 이상일 확률을 근사적으로 구하라.

3.29 어느 달에 100쌍이 결혼했다. 이 부부들 중 적어도 한 부부에 대하여 다음 확률을 구하라. 각 달에 태어날 확률은 1/12로 같다고 가정한다.

(1) 부부 모두 4월에 태어났을 확률

(2) 부부의 생월이 같은 달일 확률

3.30 기계를 생산하는 어느 회사에서는 수출 계약을 체결하기 위해 특정 검사를 통과해야 한다. 검사는 우선 20개를 조사하여 불량품이 없으면 통과되고, 불량품이 2개 이상이면 탈락이고, 불량품이 1개면 추가로 1000개를 더 조사하여 불량품

이 2개 이하여야 통과된다고 한다. 실제로 이 회사의 불량률이 0.5%라고 할 때 검사를 통과할 확률을 구하라.

3.31 아침 9시부터 오후 5시까지 영업하는 상점에 들어오는 손님의 수는 시간당 평균 1.8명이고, 포아송 프로세스의 조건을 만족시킨다고 하자. 다음 물음에 답하라.

(1) 어느 날 오전 9시부터 11시까지 손님이 2명 이상 들어올 확률을 구하라.

(2) 오전 9시부터 11시까지 손님이 2명 이상 들어오는 날이 어느 특정한 날부터 5일 이상 계속될 확률을 구하라.

(3) 어느 날 4시부터 관측하기 시작해서 그 가게에 처음으로 들어오는 손님이 다음 날 9시 30분 이후일 확률을 구하라.

3.32 어떤 축구선수는 국가 간 A매치 경기에서 게임당 평균 0.12개의 골을 성공시키는 포아송 프로세스의 조건을 만족시킨다고 가정한다.

(1) 이 선수의 국가 간 A매치 경기를 5번 관람한다고 할 때, 그 선수가 골 넣는 장면을 보게 될 확률은 얼마인가?

(2) 이 선수가 골 넣는 장면을 보게 될 확률이 90%를 넘으려면 이 선수가 출전하는 국가 간 A매치 경기를 최소한 몇 경기를 관람해야 하겠는가?

3.33 어느 인쇄소에는 조판 작업을 하는 3명의 사원(A, B, C)이 작업을 한다. 세 명의 사원이 만들어 내는 오자는 포아송 프로세스의 조건을 만족한다고 가정하는데, 10페이지당 사원들이 만들어 내는 평균 오자는 사원 A는 0.2개, 사원 B는 0.05개, 사원 C는 0.1개라고 한다. 100페이지의 안내책자를 이 인쇄소에 맡길 때 세 사원 중 한 명이 맡아서 작업을 끝낸다고 할 때 다음 물음에 답하라.

(1) 100페이지에 2개의 오자가 있을 확률을 구하고, 이 경우 사원 A가 맡아서 작업했을 확률을 구하라.

(2) 100페이지의 안내책자가 두 종류 있는데 같은 작업자에게 부탁하려고 한다. 처음 작업한 안내책자에 오자가 2개 있다고 할 때 두 번째 안내책자에 오자가 2개 있을 확률을 구하라.

04

연속 확률분포

앞의 3장에서는 이산 확률변수에 대하여 공부하였는데 이 장에서는 연속 확률변수에 대하여 공부하고자 한다. 연속 확률변수는 연속적인 구간에 속하는 모든 값을 가질 수 있는데 연속적인 구간에 속하는 원소의 개수는 셀 수 없이 많은 비가산(uncountable)이다. 따라서 연속 확률변수의 확률분포를 이산 확률분포에서와 같이 확률변수가 가지는 모든 값을 나열하여 각각에 확률을 대응시키는 함수로 설명하는 것은 불가능하다. 연속 확률분포의 경우에는 주어진 구간에서 확률이 어떻게 분포하는가, 즉 어느 구간의 확률이 더 크고 어느 구간의 확률이 더 작은가를 나타낼 수 있는 함수를 이용하게 된다. 이 장에서는 연속 확률분포의 일반적인 특징과 몇 개의 유용한 연속 확률분포에 대하여 공부하고자 한다.

1. 연속 확률변수의 확률분포

연속 확률변수의 확률분포를 표현하는 방법으로 확률의 밀도가 어느 구간에 더 높고 어느 구간에 더 낮게 분포하는지 나타내는 **확률밀도함수**(probability density function; pdf)가 있다. 예를 들어 그림 4.1(1)에 주어진 삼각형 내부의 한 점을 임의로 선택하는 실험을 고려해 보자. 그 점의 x-좌표를 X라고 하면 X는 구간 $(0,1)$의 모든 값을 가질 수 있고 X가 1에 가까운 값을 가질 가능성이 0에 가까운 값을 가질 가능성보다 크다. 따라서 이를 표현할 X의 확률밀도함수는 $(0,1)$ 바깥에서는 0의 값을 가져야 하고 x가 0에서 1로 감에 따라 증가하는 함수가 될 것이다.

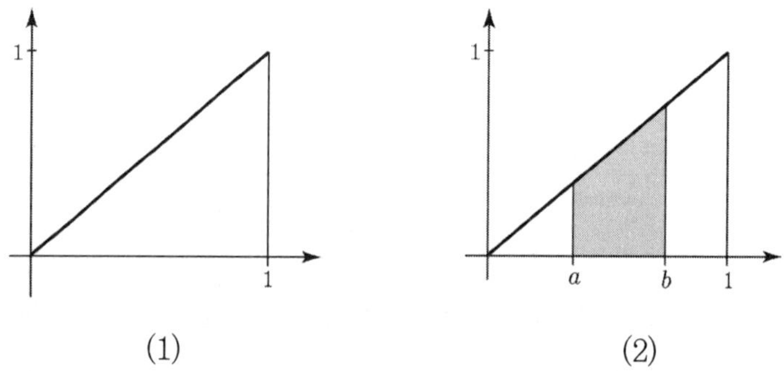

그림 4.1

다음은 확률밀도함수가 만족하는 조건을 정리한 것이다.

확률밀도함수

확률변수 X에 대하여 다음을 만족하는 함수 $f(x)$를 X의 확률밀도함수라고 한다.

(i) 모든 $x \in R$에 대하여 $f(x) \geq 0$

(ii) 임의의 집합 $B \subset R$에 대하여 $P(X \in B) = \int_B f(x)dx$

(iii) $P(X \in R) = \int_R f(x)dx = 1$

위의 예의 확률밀도함수를 구해 보자. 주어진 $a, b\,(0 < a < b < 1)$에 대하여 위에서 정의한 확률변수 X가 $a < X < b$를 만족하려면 임의로 선택한 점의 x-좌표

가 구간 (a, b)에 포함되는 값이어야 한다. 즉, 선택한 점이 그림 4.1(2)의 어두운 부분에 있어야 한다. 따라서 1장에서의 균일확률모형을 적용하면 $P(X \in (a, b))$는 다음과 같이 삼각형의 전체 면적에 대한 어두운 부분의 면적의 비율이 된다.

$$P(X \in (a, b)) = \frac{\int_a^b x dx}{\int_0^1 x dx} = \int_a^b 2x dx$$

확률밀도함수의 조건 (ii)를 이용하면 X의 확률밀도함수를 다음과 같이 얻을 수 있다.

$$f(x) = \begin{cases} 2x, & 0 < x < 1 \\ 0, & x \leq 0 \quad \text{or} \quad x \geq 1 \end{cases}$$

이 경우 확률밀도함수 $f(x)$가 0이 아닌 함수로 표현되는 구역은 $0 < x < 1$이다. 이와 같은 구역을 정의역이라고 한다. 앞으로는 표현의 편리성을 위해서 확률밀도함수가 0인 구역에 대해서는 따로 언급하지 않고, 정의역에 대해서만 표현하기로 한다. 즉, 위의 확률밀도함수를 간단하게

$$f(x) = 2x, \quad 0 < x < 1$$

라고 표현하기로 한다.

여기서 확률밀도함수와 확률의 관계를 잠시 살펴보자. 임의의 x에 대하여 확률밀도함수 $f(x)$는 이산 확률분포의 확률질량함수 $p(x)$가 확률인 것과 달리 확률이 아니다. 즉, $p(x) = P(X = x)$인데 반해, $f(x) \neq P(X = x)$이다. 실제로 연속 확률분포의 경우 모든 한 점에서의 확률은 0이다. 이는 확률밀도함수의 조건 (ii)로부터

$$P(X = x) = \int_x^x f(x) dx = 0$$

으로 확인할 수 있다. 이와 같이 확률밀도함수 $f(x)$는 $P(X = x)$가 아니지만 x 근처의 확률에는 영향을 미친다. 충분히 작은 값 Δx에 대하여 x 주변의 작은 구간 $(x - \Delta x, x + \Delta x)$의 확률은 다음과 같이 표현할 수 있다.

$$P(x-\Delta x \le X \le x+\Delta x)=\int_{x-\Delta x}^{x+\Delta x} f(x)dx \approx 2\Delta x\, f(x)$$

즉, x 주변의 작은 구간의 확률은 근사적으로 구간의 길이에 확률밀도함수를 곱한 것이다. 따라서 임의의 두 지점 주변의 작은 구간을 고려할 때 두 구간의 길이가 같다면 각 구간의 확률은 각 지점의 확률밀도함수의 크기에 비례한다고 할 수 있다.

예제 4.1

확률변수 X의 확률밀도함수가 다음과 같을 때 물음에 답하라.

$$f(x)=c(1-x^2), \quad -1<x<1$$

(1) 적절한 c를 구하라.

(2) 확률변수 X가 $x=-0.5$ 근방에 길이가 0.02인 구간 $(-0.51,\ -0.49)$의 값을 가질 확률과 $x=0$ 근방에 길이가 0.02인 구간 $(-0.01,\ 0.01)$의 값을 가질 확률을 구하라.

풀이 (1) 확률밀도함수의 조건 (iii)을 만족해야 하므로

$$\int_R f(x)dx=\int_{-1}^{1} c(1-x^2)dx=1$$

이 성립한다. 따라서

$$\int_{-1}^{1}(1-x^2)dx=\left(x-\frac{1}{3}x^3\right)\Big]_{-1}^{1}=\frac{4}{3}$$

로부터 $c=3/4$을 얻을 수 있다.

(2) 우선 $x=-0.5$일 때의 확률을 구해 보면

$$\begin{aligned}P(-0.51 \le X \le -0.49) &= \int_{-0.51}^{-0.49}\frac{3}{4}(1-x^2)dx\\ &= \frac{3}{4}\left(x-\frac{1}{3}x^3\right)\Big]_{-0.51}^{-0.49}\end{aligned}$$

$$= \frac{3}{4}\left(0.02 - \frac{1}{3}(0.51^3 - 0.49^3)\right)$$

$$= 0.0112495$$

이다. 마찬가지 방법으로 $x = 0$일 때도 구해 보면

$$P(-0.01 \leq X \leq 0.01) = \int_{-0.01}^{0.01} \frac{3}{4}(1 - x^2)dx$$

$$= \frac{3}{4}\left(x - \frac{1}{3}x^3\right)\Big]_{-0.01}^{0.01}$$

$$= \frac{3}{4}\left(0.02 - \frac{2}{3}0.01^3\right)$$

$$= 0.0149995$$

이다.

여기서 우리는 예제 4.1(2)에서 구한 확률 값들이 구간의 길이 0.02에 각 지점에서의 확률밀도함수의 값인 $f(0) = 3/4$와 $f(-0.5) = 9/16$을 곱한 것과 비슷하다는 사실을 확인할 수 있다. 즉,

$$P(-0.51 \leq X \leq -0.49) \approx 0.02 \times f(0.5) = 0.01125$$

$$P(-0.01 \leq X \leq 0.01) \approx 0.02 \times f(0) = 0.015$$

이 성립하고, 확률밀도함수의 값이 높은 만큼 확률이 커지는 것을 알 수 있다.

확률분포를 설명하는 함수로 앞 장에서 설명한 누적분포함수가 있다. 확률변수 X의 누적분포함수는 X가 이산인지 연속인지 여부와 상관없이 다음과 같이 정의한다.

$$F(x) = P(X \leq x)$$

확률변수 X가 연속인 경우에 누적분포함수는

$$F(x) = \int_{-\infty}^{x} f(t)dt$$

로 구할 수 있고, 이로부터 확률밀도함수와 누적분포함수는 다음의 관계가 있음을 알 수 있다.

$$f(x) = \frac{d}{dx} F(x)$$

따라서 두 함수 중 어느 것이 주어져도 그로부터 다른 함수를 얻을 수 있다.

예제 4.2

예제 4.1의 확률변수 X의 누적분포함수를 구하라.

풀이 확률변수 X가 취하는 값의 범위가 $(-1,\ 1)$이므로 누적분포함수의 정의에 따라 $x \le -1$에 대하여 $F(x) = 0$이고, $x \ge 1$에 대하여 $F(x) = 1$이다. 또한 $-1 < x < 1$에 대하여

$$\begin{aligned} F(x) &= \int_{-\infty}^{x} f(t)dt = \int_{-1}^{x} \frac{3}{4}(1-t^2)dt \\ &= \frac{3}{4}\left(t - \frac{1}{3}t^3\right)\Big]_{-1}^{x} \\ &= \frac{1}{4}(-x^3 + 3x + 2) \end{aligned}$$

이다. 이때 세 구역을 나누는 경계점인 $x = -1,\ 1$에서 누적분포함수는 연속이므로 경계점이 어느 구역에 들어가도록 표현하느냐는 상관이 없으나, 누적분포함수가 갖는 일반적인 특성인 오른쪽에서 연속인 상황에 맞도록 X의 누적분포함수를 다음과 같이 표현할 수 있다.

$$F(x) = \begin{cases} 0 & x < -1 \\ \frac{1}{4}(-x^3 + 3x + 2) & -1 \le x < 1 \\ 1 & 1 \le x \end{cases}$$

일반적으로 연속 확률변수의 누적분포함수는 모든 점에서 연속이므로 $F(x-) = F(x)$이고, 임의의 구간 (a, b)의 확률을 누적분포함수를 이용해서 다음과 같이 구할 수 있다.

$$\begin{aligned} P(a < X < b) &= P(a < X \le b) \\ &= P(a \le X < b) \end{aligned}$$

$$= P(a \le X \le b)$$
$$= F(b) - F(a)$$

다음의 예제는 누적분포함수를 이용하여 확률을 계산하는 과정을 보여 준다.

예제 4.3

새로 산 휴대전화가 고장 나기까지 걸리는 시간(단위:주)을 X라고 할 때 X의 확률밀도함수가 다음과 같다.

$$f(x) = \lambda e^{-x/100}, \quad x \ge 0$$

(1) 적절한 상수 λ를 구하라.

(2) 확률변수 X의 누적분포함수를 구하고 이로부터 새로 산 휴대전화를 2년(104주) 이상 고장 없이 쓸 확률을 구하라.

(3) 확률변수 X가 x^*보다 클 확률이 0.25인 x^*를 구하라.

풀이 (1) 확률밀도함수의 조건 (iii)으로부터

$$1 = \lambda \int_0^\infty e^{-x/100} dx = -100\lambda e^{-x/100}\Big]_0^\infty = 100\lambda$$

이 성립한다. 따라서 $\lambda = 1/100$이다.

(2) X의 누적분포함수는 $x < 0$일 때는 0이고 $x \ge 0$일 때는

$$F(x) = \frac{1}{100}\int_0^x e^{-t/100} dt = -e^{-t/100}\Big]_0^x = 1 - e^{-x/100}$$

이다. 따라서 구하고자 하는 확률은

$$P(X > 104) = 1 - F(104) = e^{-104/100} = 0.3535$$

이다.

(3) x^*는 $P(X > x^*) = 0.25$를 만족해야 하므로

$$0.25 = 1 - F(x^*) = e^{-x^*/100}$$

로부터 $x^* = -100\log(0.25) = 138.6294$이다.

위 예제 4.3(3)에서 구한 값 x^*는 다음을 만족하므로

$$P(X \geq x^*) = 0.25, \quad P(X \leq x^*) = 0.75$$

제3사분위수 혹은 제75백분위수라고 할 수 있다. 연속확률분포의 경우에는 이산확률분포의 경우와 달리 분위수가 항상 유일하게 결정된다.

다음의 예제는 확률변수가 어떤 구역으로 한정지어져 있을 때의 조건부 확률에 관한 것이다.

예제 4.4

앞의 예제 4.3에서 조건부 확률 $P(X \leq x | X > 104)$을 구하라.

풀이 $x \leq 104$의 경우에 조건부 확률은 0이고, $x > 104$에 대하여 조건부 확률은

$$P(X \leq x | X > 104) = \frac{P(104 < X \leq x)}{P(X > 104)} = \frac{F(x) - F(104)}{1 - F(104)}$$

이다. 예제 4.2의 결과를 이용하면

$$\begin{aligned} P(X \leq x | X > 104) &= \frac{e^{-104/100} - e^{-x/100}}{e^{-104/100}} \\ &= 1 - e^{-\frac{(x-104)}{100}} \end{aligned}$$

이다.

예제 4.4에서 구한 확률은 확률변수 X가 $X > 104$를 만족한다는 조건하에서 $X \leq x$일 확률이므로 조건부 누적분포함수라고 할 수 있다. 앞 장에서 아래첨자를 이용하여 조건부 확률질량함수를 표현한 것과 같이 조건부 누적분포함수를 다음과 같이 표현할 수 있다.

$$F_{X|X>104}(x) = P(X \leq x | X > 104)$$

따라서 이를 미분하면 다음과 같이 **조건부 확률밀도함수**를 얻을 수 있다.

$$f_{X|X>104}(x) = \frac{dF_{X|X>104}(x)}{dx} = \frac{1}{100}e^{-\frac{(x-104)}{100}}, \quad x > 104$$

일반적으로 주어진 구역 $B \subset R$에서 확률변수 X의 조건부 누적분포함수는

$$F_{X|X\in B}(x) = P(X \le x | X \in B)$$

이고, 조건부 확률밀도함수는 다음과 같다.

$$\begin{aligned} f_{X|X\in B}(x) &= \frac{dF_{X|X\in B}(x)}{dx} \\ &= \frac{f(x)}{P(X\in B)} I_B(x) \\ &= \begin{cases} \dfrac{f(x)}{P(X\in B)}, & x \in B \\ 0, & x \notin B \end{cases} \end{aligned}$$

여기서 보는 바와 같이 조건부 확률밀도함수는 주어진 구역 바깥에서는 0이고, 주어진 구역 내에서는 기존의 확률밀도함수에 상수($1/P(X\in B)$)를 곱해준 형태로 기존의 확률밀도함수와 같은 경향을 보인다. 즉, 확률의 밀도가 높았던 곳에서 높고, 낮았던 곳에서 낮다.

예제 4.5

다음 각 경우에 확률변수 X의 조건부 확률밀도함수 $f_{X|X>1}(x)$를 구하라.

(1) $f(x) = \frac{1}{2}, \quad 0 \le x \le 2$

(2) $f(x) = \frac{x}{2}, \quad 0 \le x \le 2$

풀이 (1) $P(X>1) = 1/2$ 이므로 $1 < x \le 2$에 대하여

$$f_{X|X>1}(x) = \frac{1/2}{P(X>1)} = 1$$

이고, 따라서

$$f_{X|X>1}(x) = 1, \quad 1 < x \le 2$$

이다.

(2) $P(X > 1) = 3/4$이므로 (1)에서와 같이 구하면

$$f_{X|X>1}(x) = \frac{x/2}{3/4} = \frac{2x}{3}, \quad 1 < x \le 2$$

이다.

예제 4.5를 살펴보면, (1)의 경우 확률밀도함수가 주어진 구간에서 일정하게 상수의 값을 갖는 것과 같이 조건부 확률밀도함수도 일정하게 상수의 값을 갖고, (2)의 경우에는 확률밀도함수의 x가 증가하면서 선형으로 증가하는 것과 같이 조건부 확률밀도함수도 선형으로 증가하는 것을 알 수 있다. 다만 주어진 구역의 확률로 나눠주기 때문에 상수배 만큼의 차이가 발생한다. 또한 두 조건부 확률밀도함수 모두 앞에서 정리한 확률밀도함수의 세 가지 조건을 만족하는 것을 확인할 수 있다.

다음의 예제는 일반적으로 조건부 확률밀도함수가 주어진 구역에서 확률밀도함수의 특징을 모두 갖는다는 사실을 보여 준다.

예제 4.6

앞에서 정리한 확률밀도함수가 만족하는 세 가지 조건을 주어진 구역 $X \in B$에서의 조건부 확률밀도함수 $f_{X|X \in B}(x)$가 확률밀도함수의 세 가지 조건을 만족하는 것을 보여라.

(i) 모든 $x \in R$에 대하여 $f_{X|X \in B}(x) \ge 0$

(ii) 임의의 집합 $A \subset R$에 대하여 $P(X \in A \,|\, X \in B) = \int_A f_{X|X \in B}(x)dx$

(iii) $P(X \in R \,|\, X \in B) = \int_R f_{X|X \in B}(x)dx = 1$

풀이 우선 조건부 확률밀도함수의 정의에 의하면 조건 (i)이 만족하는 것은 명확하다. 조건 (ii)을 먼저 확인해 보면 임의의 집합 $A \subset R$에 대하여

$$
\begin{aligned}
P(X \in A \mid X \in B) &= \frac{P(X \in A \cap B)}{P(X \in B)} \\
&= \int_{A \cap B} \frac{f(x)}{P(X \in B)} dx \\
&= \int_A \frac{f(x)}{P(X \in B)} I_B(x) dx \\
&= \int_A f_{X \mid X \in B}(x) dx
\end{aligned}
$$

을 만족한다. 따라서 조건부 확률은 조건부 확률밀도함수를 적분하여 구할 수 있다. 이 관계식을 이용하여 조건 (iii)을 확인하면

$$
P(X \in R \mid X \in B) = \int_R f_{X \mid X \in B}(x) dx = \int_B \frac{f(x)}{P(X \in B)} dx = 1
$$

이다.

이로부터 조건부 확률밀도함수를 어떤 새로운 확률변수의 확률밀도함수라고 여겨도 무방함을 알 수 있다.

이제 확률변수 X의 함수 $Y = g(X)$의 확률밀도함수를 구하는 문제를 살펴보자. 이때 우선 시도해볼 만한 방법은 Y의 누적분포함수를 먼저 구하고 이를 미분하여 확률밀도함수를 구하는 것이다. 다음의 예제는 이런 종류의 예를 보여 준다.

예제 4.7

예제 4.1에 소개된 확률변수 X의 함수 $Y = 2|X|$의 확률밀도함수를 구하라.

풀이 확률변수 Y가 취하는 값의 범위는 $[0,\ 2)$이므로 그 범위 바깥에서의 확률밀도함수의 값은 0이다. 따라서 그 범위에서의 누적분포함수를 구하고 그것을 미분하여 확률밀도함수를 구하면 된다. $0 \le y < 2$에서 Y의 누적분포함수를 구하면

$$
\begin{aligned}
F_Y(y) = P(Y \le y) &= P\left(-\frac{y}{2} \le X \le \frac{y}{2}\right) \\
&= F_X\left(\frac{y}{2}\right) - F_X\left(-\frac{y}{2}\right)
\end{aligned}
$$

이고, 예제 4.2의 결과를 이용하면 $F_X(x)=\frac{1}{4}(-x^3+3x+2)$이므로

$$F_Y(y)=\frac{1}{4}\left(-\frac{1}{8}y^3+\frac{3}{2}y+2-\frac{1}{8}y^3+\frac{3}{2}y-2\right)=\frac{1}{4}\left(-\frac{1}{4}y^3+3y\right)$$

이다. 이를 y에 대하여 미분하면 $0 \le y < 2$에서 Y의 확률밀도함수는

$$f_Y(y)=\frac{dF_Y(y)}{dy}=\frac{1}{4}\left(3-\frac{3}{4}y^2\right)=\frac{3}{4}\left(1-\frac{1}{4}y^2\right)$$

이다.

이 예제에서 예제 4.2의 결과를 이용하여 Y의 누적분포함수를 구체적으로 얻지 않아도 풀이의 첫 번째 식에서 얻어진 누적분포함수의 표현식을 직접 y에 대하여 미분하여 확률밀도함수를 얻을 수도 있다. 즉,

$$f_Y(y)=\frac{dF_Y(y)}{dy}=\frac{1}{2}\left(f_X\left(\frac{y}{2}\right)+f_X\left(-\frac{y}{2}\right)\right)$$

이고, $-1<x<1$에 대하여 $f_X(x)=f_X(-x)=\frac{3}{4}(1-x^2)$이므로 Y의 확률밀도함수는 다음과 같이 쉽게 얻어진다.

$$f_Y(y)=f_X\left(\frac{y}{2}\right)=\frac{3}{4}\left(1-\frac{1}{4}y^2\right),\qquad 0\le y<2$$

다음의 예제는 확률변수의 함수의 확률밀도함수를 구할 때 확률변수가 취하는 값의 구역을 조심스럽게 고려해야 하는 문제를 다룬다.

예제 4.8

확률변수 X의 확률밀도함수가 다음과 같을 때 $|X|$의 확률밀도함수를 구하라.

$$f(x)=2e^{-2(x+1)},\qquad x>-1$$

풀이 새로운 확률변수 Y를 $Y=|X|$로 정의하면 Y가 취하는 값은 0 이상의 실수이므로 $y\ge 0$에 대하여 Y의 누적분포함수는 다음과 같이 구한다.

$$F_Y(y) = P(|X| \le y) = P(-y \le X \le y) = \int_{-y}^{y} f(x)dx$$

이때 X는 $x > -1$ 이 정의역이므로 $y \ge 1$ 인 경우에는 적분을 할 때 확률밀도함수가 0보다 큰 구역에 대한 적분으로 구역을 바꿔야 한다. 즉, $y \ge 1$ 에서는 누적분포함수를

$$F_Y(y) = \int_{-1}^{y} 2e^{-2(x+1)}dx = -e^{-2(x+1)}\Big]_{-1}^{y} = 1 - e^{-2(1+y)}$$

로 구해야 한다. 한편 $0 \le y < 1$ 에서 누적분포함수는

$$F_Y(y) = \int_{-y}^{y} 2e^{-2(x+1)}dx = -e^{-2(x+1)}\Big]_{-y}^{y} = e^{-2(1-y)} - e^{-2(1+y)}$$

이다. 따라서 각 구역에서 이를 미분하면 다음과 같은 확률밀도함수를 얻는다.

$$f_Y(y) = \begin{cases} 2e^{-2(1-y)} + 2e^{-2(1+y)}, & 0 \le y < 1 \\ 2e^{-2(1+y)}, & 1 \le y \end{cases}$$

2. 연속 확률분포에서의 기댓값 계산

이 절에서는 연속 확률분포에서의 기댓값에 대하여 공부하고자 한다. 확률변수 X가 확률밀도함수 $f(x)$를 가지는 연속 확률변수일 때 X의 함수 $g(X)$의 기댓값은 다음과 같이 정의한다.

연속 확률변수 X에 대하여 $g(X)$의 기댓값

연속 확률변수 X가 확률밀도함수 $f(x)$를 가질 때, $g(X)$의 기댓값은 다음과 같이 구한다.

$$E(g(X)) = \int_R g(x) f(x)dx$$

앞 장의 이산 확률변수의 경우와 마찬가지로 $g(x) = x$ 일 때 $E(g(X)) = E(X) = \mu$를

확률변수 X의(혹은 X의 확률분포의) 평균(혹은 기댓값)이라고 부른다.

예제 4.9

다음 물음에 답하라.

(1) X의 확률밀도함수가 $0 < x < 2$에서 $f(x) = x/2$일 때 X의 기댓값을 구하라.

(2) X의 확률밀도함수가 $0 < x < 1$에서 $f(x) = 1$일 때 e^{3X}의 기댓값을 구하라.

풀이 (1) 기댓값을 구하는 식으로부터 X의 기댓값은 다음과 같다.

$$E(X) = \int_R xf(x)dx = \int_0^2 x^2/2dx = \frac{4}{3}$$

(2) 이 경우 $g(x) = e^{3x}$ 이므로 구하고자 하는 기댓값은 다음과 같이 적분의 식으로 표현되고,

$$E(e^{3X}) = \int_R e^{3x} f(x)dx = \int_0^1 e^{3x} dx$$

이를 계산하면

$$E(e^{3X}) = \frac{1}{3}e^{3x}\Big]_0^1 = \frac{e^3}{3} - \frac{1}{3} = 6.3618$$

이다.

연속확률변수의 기댓값을 계산할 때 아주 유용하게 쓰이는 것으로 다음과 같이 적분식으로 표현된 **감마함수**가 있다.

$$\Gamma(\alpha) = \int_0^\infty y^{\alpha-1} e^{-y}\, dy$$

감마함수 $\Gamma(\alpha)$를 좀 더 자세히 살펴보자. 우선 $\alpha = 1$이면

$$\Gamma(1) = \int_0^\infty e^{-y} dy = -e^{-y}\Big]_0^\infty = 1$$

이다. 또한 감마함수의 정의로부터

$$\Gamma(\alpha+1) = \int_0^\infty x^\alpha e^{-x} dx = -x^\alpha e^{-x}\Big]_0^\infty + \alpha \int_0^\infty x^{\alpha-1} e^{-x} dx = \alpha \Gamma(\alpha)$$

이 성립한다. 따라서 n이 정수일 때

$$\Gamma(n) = (n-1)\Gamma(n-1) = \cdots = (n-1)!\Gamma(1) = (n-1)!$$

을 만족한다. 이와 같은 감마함수의 특성은 연속함수와 관련한 확률이나 기댓값의 계산에서 매우 유용하게 이용된다.

연속 확률변수 X의 표준편차도 이산 확률변수의 경우와 마찬가지로 분산의 양의 제곱근으로 정의한다. 연속 확률변수 X의 평균과 분산, 표준편차를 구하는 방법을 정리하면 다음과 같다.

연속 확률변수 X의 평균, 분산과 표준편차

- **평균**: $E(X) = \int_{-\infty}^\infty x f(x) dx = \mu$
- **분산**: $Var(X) = E[(X-\mu)^2] = \int_R (x-\mu)^2 f(x) dx = \int_R x^2 f(x) dx - \mu^2 = \sigma^2$
- **표준편차**: $s.d.(X) = \sqrt{Var(X)} = \sqrt{E(X^2) - \mu^2} = \sigma$

예제 4.10

X의 기댓값은 0.8이고 확률밀도함수는 다음과 같을 때 물음에 답하라.

$$f(x) = a + bx^3, \quad 0 \le x \le 1$$

(1) 적절한 상수 a, b를 구하라.

(2) X의 표준편차를 구하라.

(3) $-2X+3$의 기댓값과 표준편차를 구하라.

풀이 (1) 다음의 두 식으로부터

$$1 = \int_0^1 f(x)dx = a + \frac{b}{4}$$
$$0.8 = \int_0^1 x(a+bx^3)dx = \frac{a}{2} + \frac{b}{5}$$

방정식을 풀면 $a=0$, $b=4$를 얻을 수 있다.

(2) X^2의 기댓값을 구하면

$$E(X^2) = \int_0^1 x^2(4x^3)dx = \int_0^1 4x^5 dx = \frac{2}{3} = 0.6667$$

이다. 따라서 분산은

$$Var(X) = 0.6667 - 0.8^2 = 0.0267$$

이고, 표준편차는 다음과 같다.

$$s.d.(X) = \sqrt{0.0267} = 0.1634$$

(3) 선형함수의 기댓값과 표준편차를 구하는 식에 의해

$$E(-2X+3) = -2E(X)+3 = -2 \times 0.8 + 3 = 1.4$$
$$s.d.(-2X+3) = 2s.d.(X) = 2 \times \sqrt{0.0267} = 0.3268$$

로 구할 수 있다.

다음의 예제는 3장의 예제 3.13에서와 같이 지시변수가 곱해진 확률변수의 기댓값과 조건부 기댓값의 계산과정의 차이를 연속확률변수의 경우에 대하여 설명한다.

예제 4.11

예제 4.3에서 확률변수 X에 대하여 다음 물음에 답하라.

(1) $E(X)$를 구하라.

(2) $E(X|X \geq 104)$를 구하라.

(3) $E(XI_{\{X \geq 104\}})$를 구하라.

풀이 (1) 확률밀도함수가

$$f(x) = \frac{1}{100}e^{-x/100}, \qquad x \geq 0$$

이므로 기댓값의 정의로부터 기댓값을 구하면 다음과 같다.

$$\begin{aligned} E(X) &= \int_0^\infty x\frac{1}{100}e^{-x/100}dx \\ &= -xe^{-x/100}\Big]_0^\infty + \int_0^\infty e^{-x/100}dx \\ &= 0 - 100e^{-x/100}\Big]_0^\infty \\ &= 100 \end{aligned}$$

한편 다른 방법으로도 기댓값을 계산할 수 있는데 여기서는 감마함수를 이용한 방법을 소개한다. 우선 $x/100 = t$라고 놓으면 $dx = 100dt$이고, 감마함수의 특성을 이용하면 다음과 같이 좀 더 수월하게 얻을 수 있다.

$$E(X) = \int_0^\infty x\frac{1}{100}e^{-x/100}dx = 100\int_0^\infty te^{-t}dt = 100\Gamma(2) = 100$$

(2) $X \geq 104$가 주어져 있을 때 X의 조건부 기댓값은 예제 4.4 직후에 계산한 조건부 확률밀도함수를 이용하여 계산하면 된다. 즉, $f_{X|X>104}(x)$를 이용하면

$$\begin{aligned} E(X|X \geq 104) &= \int_{-\infty}^\infty x\, f_{X|X \geq 104}(x)dx \\ &= \int_{104}^\infty x\frac{1}{100}e^{-\frac{(x-104)}{100}}dx \end{aligned}$$

이고, 이를 계산하면 다음과 같다.

$$E(X|X \geq 104) = -x\,e^{-\frac{(x-104)}{100}}\Big]_{104}^\infty + \int_{104}^\infty e^{-\frac{(x-104)}{100}}dx$$

$$= 104 - 100e^{-\frac{(x-104)}{100}}\Big]_{104}^{\infty}$$
$$= 204$$

(3) 이 경우에는 예제 3.13에서와 같이 $g(x) = xI_{x>104}$라고 하면, 구하고자 하는 것은 $g(X)$의 기댓값이다. 따라서

$$E(XI_{\{X \geq 104\}}) = \int_{-\infty}^{\infty} g(x)f(x)dx$$

로 구할 수 있다. 즉,

$$E(XI_{\{X \geq 104\}}) = \int_{0}^{\infty} xI_{\{x>104\}} \frac{1}{100} e^{-\frac{x}{100}} dx$$
$$= \int_{104}^{\infty} x \frac{1}{100} e^{-\frac{x}{100}} dx$$

이고, 이를 계산하면

$$E(XI_{\{X \geq 104\}}) = -xe^{-\frac{x}{100}}\Big]_{104}^{\infty} + \int_{104}^{\infty} e^{-\frac{x}{100}} dx$$
$$= 104e^{-\frac{104}{100}} - 100e^{-\frac{x}{100}}\Big]_{104}^{\infty}$$
$$= 204e^{-\frac{104}{100}}$$

이다.

예제 4.3에서 얻은 $P(X \geq 104) = e^{-104/100}$라는 사실을 고려하면, 여기서도 예제 3.13에서와 같이 $E(X|A) = E(XI_A)/P(A)$의 관계가 성립하는 것을 확인할 수 있다.

다음의 예제는 최적의 전략을 선택하는데 연속 확률변수의 기댓값을 이용하는 흥미로운 예를 제시한다.

예제 4.12

어떤 영업사원이 계약과 관련한 미팅에 가기 위해 광역버스를 타고 A 지점에서 B 지점으로 가려고 한다. 오랜 경험으로 A 지점에서 B 지점까지 걸리는 시간(단위:분) X는 확률밀도함수 $f(x)$를 갖는다고 하고, 만일 이 미팅에 늦는다면 1분당 5만 원의 손해가 발생하고, 일찍 도착한다면 1분당 2만 원의 손해가 발생한다고 한다. 기대비용을 최소화하길 바란다면 언제 출발해야 하는지 그 시간을 결정하는 방법을 설명하라.

풀이 약속시간 t분 전에 출발한다고 했을 때의 비용(단위:만 원)을 $C_t(X)$라고 하고 이것의 기댓값을 계산하여 이를 최소화하는 t를 찾으면 된다. 주어진 조건으로부터 걸리는 시간 X가 t보다 작으면 $t-X(\geq 0)$분만큼 일찍 도착하므로 비용은 $2(t-X)$이고, 걸리는 시간 X가 t보다 크면 $X-t(\geq 0)$분만큼 늦게 도착하므로 비용은 $5(X-t)$이다. 즉,

$$C_t(X)=\begin{cases}2(t-X), & X\leq t\\ 5(X-t), & X>t\end{cases}$$

이다. 이를 시시변수를 이용하여 표현하면 다음과 같다.

$$C_t(X)=2(t-X)I_{\{X\leq t\}}+5(X-t)I_{\{X>t\}}$$

따라서 기대비용은

$$\begin{aligned}&E[C_t(X)]\\ &=2E\left[(t-X)I_{\{X\leq t\}}\right]+5E\left[(X-t)I_{\{X>t\}}\right]\\ &=2\int_0^t(t-x)f(x)dx+5\int_t^\infty(x-t)f(x)dx\\ &=2t\int_0^t f(x)dx-2\int_0^t xf(x)dx+5\int_t^\infty xf(x)dx-5t\int_t^\infty f(x)dx\end{aligned}$$

이다. 여기서 $E[C_t(X)]$가 t에 대하여 어떤 함수인가를 확인하기 위해서 미분을 해보면

$$\frac{dE(C_t(X))}{dt}$$

$$= 2\int_0^t f(x)dx + 2tf(t) - 2tf(t) - 5tf(t) - 5\int_t^\infty f(x)dx + 5tf(t)$$

$$= 2F(t) - 5(1 - F(t))$$

이고, 이는 t에 대하여 증가함수이다. 따라서 $E[C_t(X)]$는 t에 대해서 위로 오목한 함수이고, 이 함수를 최소화시키는 t는 $E[C_t(X)]$를 t에 대해서 미분하여 0을 주는 값, 즉 $\frac{dE(C_t(X))}{dt} = 0$을 만족하는 값이다. 위에서

$$\frac{dE(C_t(X))}{dt} = 7F(t) - 5$$

를 구했으므로 미분하여 0을 주는 값 t를 t^*라고 하면 t^*는

$$F(t^*) = \frac{5}{7}$$

를 만족하는 값이다.

다음의 정리는 3장에 있는 정리 3.1을 연속분포에 대한 것을 변형한 것이라고 할 수 있다. 정리 3.1과 같이 이 정리도 음이 아닌 실수 값을 가지는 연속 확률변수의 기댓값을 계산하는 데 유용한 식을 제공한다.

정리 4.1

확률변수 X가 음이 아닌 실수 값을 가질 때 다음의 식을 만족한다.

$$E(X) = \int_0^\infty P(X > t)dt$$

정리 4.1에 대한 증명을 간략히 기술하면 다음과 같다.

$$\int_0^\infty P(X > t)dt = \int_0^\infty \int_t^\infty f(x)dxdt$$

$$
\begin{aligned}
&= \int_0^{\infty} \int_0^{x} f(x) dt dx \\
&= \int_0^{\infty} f(x) \int_0^{x} dt\, dx \\
&= \int_0^{\infty} x f(x) dx \\
&= E(X)
\end{aligned}
$$

다음의 예제는 정리 4.1의 유용한 하나의 예를 제시한다.

예제 4.13

예제 4.3의 확률변수 X에 대하여 정리 4.1을 이용하여 X의 기댓값을 구하라.

풀이 정리 4.1을 이용하면 $P(X > x) = 1 - F(x) = e^{-x/100}$로부터

$$E(X) = \int_0^{\infty} e^{-x/100} dx = -100 e^{-x/100} \Big]_0^{\infty} = 100$$

을 구할 수 있고, 이는 예제 4.11(1)에서 구한 첫 번째 방식과 비교해서 비교적 간단하다는 것을 알 수 있다.

3. 정규분포

통계학에서 가장 많이 쓰이는 확률분포는 정규분포라고 할 수 있다. 특히 표본의 크기가 클 때 표본평균의 근사적 분포가 정규분포라는 이른바 중심극한정리에 의해서 정규분포의 용도는 크게 확장되었다. 이 절에서는 정규분포의 확률적 특성에 대해 공부하고자 한다.

정규분포(normal distribution)는 평균과 분산에 의해서 그 분포가 결정되는데 그 확률밀도함수는 그림 4.2와 같이 평균 μ를 기준으로 대칭이고, 평균으로부터 멀어지면서 함수값이 급격히 작아지는 종 모양의 꼬리가 얇은 특징이 있다. 정규분

포를 따르는 확률변수의 확률밀도함수를 정리하면 다음과 같다.

정규분포

확률변수 X의 확률밀도함수가 다음과 같을 때,

$$f(x) = \frac{1}{\sqrt{2\pi}\,\sigma}\exp\left(-\frac{(x-\mu)^2}{2\sigma^2}\right), \quad -\infty < x < \infty$$

X는 평균이 μ이고 분산이 σ^2인 정규분포를 따른다고 하고 $X \sim N(\mu, \sigma^2)$로 표현한다.

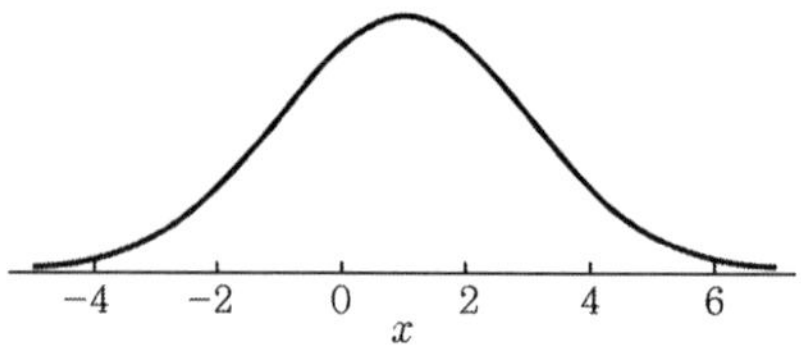

그림 4.2 평균이 1이고 분산이 4인 정규분포의 확률밀도함수

예제 4.14

만일 $X \sim N(\mu, \sigma^2)$이라면 임의의 상수 α, β에 대해서 $Y = \alpha X + \beta$는

$$Y \sim N(\alpha\mu + \beta,\ \alpha^2\sigma^2)$$

을 만족함을 설명하라.

풀이 여기서는 $\alpha > 0$일 때만 설명하기로 한다. 앞에서 설명한 바와 같이 Y의 확률밀도함수를 구하기 위해서 Y의 누적분포함수를 먼저 구하면 다음과 같다.

$$F_Y(y) = P(Y \le y) = P(\alpha X + \beta \le y) = P\left(X \le \frac{y-\beta}{\alpha}\right) = F_X\left(\frac{y-\beta}{\alpha}\right)$$

이를 y에 대하여 미분하면

$$f_Y(y) = \frac{1}{\alpha} f_X\left(\frac{y-\beta}{\alpha}\right)$$

이고, $f_X(x) = \frac{1}{\sqrt{2\pi}\,\sigma}\exp\left(-\frac{(x-\mu)^2}{2\sigma^2}\right)$의 식을 이용하면

$$f_Y(y) = \frac{1}{\alpha}\frac{1}{\sqrt{2\pi}\,\sigma}\exp\left(-\frac{\left(\frac{y-\beta}{\alpha}-\mu\right)^2}{2\sigma^2}\right)$$
$$= \frac{1}{\sqrt{2\pi}\,\alpha\sigma}\exp\left(-\frac{(y-\beta-\alpha\mu)^2}{2\alpha^2\sigma^2}\right)$$

이다. 이는 $N(\alpha\mu+\beta,\ \alpha^2\sigma^2)$의 확률밀도함수와 일치하므로 $Y \sim N(\alpha\mu+\beta,\ \alpha^2\sigma^2)$가 성립함을 알 수 있다.

위 예제에서 $\alpha = 1/\sigma$, $\beta = -\mu/\sigma$로 놓으면 $\alpha X+\beta = (X-\mu)/\sigma$는 평균이 0이고 분산이 1인 정규분포를 따른다. 이와 같이 평균이 0이고 분산이 1인 정규분포를 **표준정규분포**(standard normal distribution)라고 부르고, 표준정규분포를 따르는 확률변수는 다른 확률변수와 구별해서 보통 Z로 표현한다. 즉, 평균이 0이고 분산이 1이 되도록 표준화된 경우에 정규분포를 따르는 확률변수는 다음을 만족한다.

$$Z = \frac{X-\mu}{\sigma} \sim N(0,1)$$

확률변수 Z의 확률밀도함수는 특별히 ϕ로 표현하는데

$$\phi(z) = \frac{1}{\sqrt{2\pi}}e^{-z^2/2}$$

이고, 정규분포의 확률을 계산할 때 유용하게 이용하는 표준정규분포의 누적분포함수는 ϕ의 대문자인 Φ로 표현한다. (이 책의 부록에 $0 \le z \le 3.49$의 구간에서 0.01 간격으로 $\Phi(z)$ 값이 주어져 있다. 0을 기준으로 대칭인 분포의 특징으로부터

$$\Phi(-x) = 1-\Phi(x)$$

를 만족하므로, 음수의 경우는 이 식을 이용하여 구할 수 있다.)

다음의 예제는 정규분포를 따르는 확률변수의 함수의 확률분포에 대한 문제를 다룬다.

예제 4.15

확률변수 X가 $N(2,\ 1)$의 분포를 따를 때, $Y=|X|$의 확률밀도함수를 표준정규분포의 확률밀도함수 ϕ를 이용하여 표현하라.

풀이 표준정규분포의 확률밀도함수를 이용하기 위해서 $X-2$가 표준정규분포를 따른다는 사실을 이용하면 Y의 누적분포함수는 다음과 같이 표현할 수 있다.

$$\begin{aligned} F_Y(y) &= P(|X| \le y) \\ &= P(-y \le X \le y) \\ &= P(-y-2 \le X-2 \le y-2) \\ &= \Phi(y-2) - \Phi(-y-2) \end{aligned}$$

따라서 이를 미분하면 다음과 같이 Y의 확률밀도함수를 표현할 수 있다.

$$f_Y(y) = \frac{dF_Y(y)}{dy} = \phi(y-2) + \phi(-y-2)$$

예제 4.16

정규분포의 확률밀도함수를 이용하여 $\Gamma(1/2) = \sqrt{\pi}$가 성립함을 보여라.

풀이 감마함수의 정의로부터

$$\Gamma\left(\frac{1}{2}\right) = \int_0^\infty x^{-1/2} e^{-x} dx$$

이고, $\sqrt{x} = t$라고 놓으면 $x^{-1/2}dx = 2dt$이므로

$$\Gamma\left(\frac{1}{2}\right) = \int_0^\infty 2e^{-t^2} dt$$

이다. 한편 확률밀도함수를 적분하면 1이고, $N(0,\ 1/2)$의 확률밀도함수는 0을 기준으로 대칭이므로 $(0,\ \infty)$ 구간에서 적분하면 1/2이다. 따라서

$$\frac{1}{2} = \int_0^\infty \frac{1}{\sqrt{2\pi}(1/\sqrt{2})} e^{-\frac{x^2}{2(1/2)}} dx = \int_0^\infty \frac{1}{\sqrt{\pi}} e^{-x^2} dx = \frac{1}{2\sqrt{\pi}} \Gamma\left(\frac{1}{2}\right)$$

이 성립하므로 $\Gamma(1/2) = \sqrt{\pi}$를 얻을 수 있다.

정규분포는 다른 분포의 근사분포로 많이 이용되는데, 이의 특별한 경우로 이항분포의 정규분포근사를 들 수 있다. 확률변수 X가 모수가 (n, p)인 이항분포를 따르고, n이 충분히 클 때($np \geq 10$, $n(1-p) \geq 10$), X는 근사적으로 평균이 np이고, 분산의 $np(1-p)$인 정규분포를 따른다. 이를 정리하면 다음과 같다.

이항분포의 정규분포근사

확률변수 X가 $Bin(n, p)$를 따를 때 $np \geq 10$, $n(1-p) \geq 10$을 만족하면 X는 근사적으로 $N(np, np(1-p))$를 따른다. 이를 표준화하여 설명하면 $\dfrac{X-np}{\sqrt{np(1-p)}}$는 근사적으로 $N(0, 1)$을 따른다.

이때 '근사적으로'의 의미는 다음과 같이 n이 충분히 클 때 각 점 a에서 누적분포함수가 거의 일치한다는 것을 의미한다.

$$P\left(\frac{X-np}{\sqrt{np(1-p)}} \leq a\right) \approx \Phi(a), \quad -\infty < a < \infty$$

또한 다양한 n에 대하여 이항분포의 확률히스토그램을 그려 보면, n이 커질수록 정규분포의 확률밀도함수와 유사하게 대칭의 종 모양으로 변하는 것을 확인할 수 있다.

여기서 한 가지 주의할 것은 이산 확률분포인 이항분포에 대한 확률을 연속 확률분포인 정규분포를 근사시켜 계산할 때는 연속성을 위한 수정이 필요하다는 것이다. 그것은 각 점에만 확률이 집중되어 있는 이산 확률분포와 달리 점이 아닌 구간에 확률이 퍼져 있는 연속 확률분포의 특성 때문이다. 이를 보정하기 위해서 각 점 x를 하나의 점으로 볼 것이 아니라 양 옆의 구간을 적절히 나눠 가진 구간 $(x-0.5, x+0.5)$로 간주하는 것이 필요하다. 이를 적용하면 임의의 정수 a에 대하여 이항분포를 따르는 확률변수 X는 다음을 만족한다.

$$P(X < a) = P(X < a - 0.5), \quad P(X \leq a) = P(X < a + 0.5)$$

다음 예제는 이항분포의 확률을 정규분포근사를 이용하여 계산하는 경우에 어느 정도의 오차를 갖는지 보여 주는 하나의 예이다.

예제 4.17

확률변수 $X \sim Bin(20, 0.5)$일 때 다음 물음에 답하라.

(1) $X = 10$일 확률을 이항분포를 이용하여 정확히 구하라.

(2) $X = 10$일 확률을 연속성의 수정을 고려하여 근사분포인 정규분포를 이용하여 구하고 어느 정도의 오차가 발생했는지 판단하라.

풀이 (1) 이항분포의 확률질량함수를 이용하면 정확한 확률은 다음과 같다.

$$P(X=10) = \binom{20}{10} 0.5^{20} = 0.1762$$

(2) 우선

$$\begin{aligned} P(X=10) &= P(9.5 < X < 10.5) \\ &= P\left(\frac{9.5-10}{\sqrt{5}} < \frac{X-10}{\sqrt{5}} < \frac{10.5-10}{\sqrt{5}}\right) \end{aligned}$$

이고, $np = n(1-p) = 10$이므로 X는 근사적으로 $N(10,\ 5)$ 분포를 따른다. 따라서 표준정규분포를 따르는 Z의 분포표를 이용하여 다음과 같이 근사확률을 구할 수 있다.

$$\begin{aligned} P(X=10) &\approx P(-0.2236 < Z < 0.2236) \\ &\approx P(-0.22 < Z < 0.22) \\ &= 0.1742 \end{aligned}$$

이를 위의 정확한 확률과 비교하면 오차가 0.002 정도 나타났다. 이 오차의 요인은 근사분포를 이용할 때 생기는 오차와 표준정규분포표를 이용하기 위해서 0.2236을 0.22로 반올림해서 발생하는 오차가 있다. 실제로 컴퓨터를 이용하여 계산하면

$$P(-0.2236 < Z < 0.2236) = 0.1769$$

를 얻을 수 있는데, 이를 고려하면 근사분포로 인해 발생하는 오차는 0.0007로 상당히 작음을 알 수 있다.

다음 예제는 조건부확률과 연계된 정규분포의 문제를 다룬다.

예제 4.18

전통적인 방식으로 시계를 만드는 두 회사(A, B)가 있다. 이 두 회사의 제품은 30일 후의 실제시간과의 차(현재시간−시계의 시간:단위 초) X_A, X_B가 다음과 같은 분포를 따른다고 알려져 있다.

$$X_A \sim N(-2,\ 9),\qquad X_B \sim N(1,\ 4)$$

회사표시가 없는 두 회사 제품의 시계 중 임의로 하나의 시계를 선택해서 30일 후 시계의 시간이 앞서가면 A 회사, 뒤처지면 B 회사 제품이라고 판단한다고 할 때 오류를 범할 확률을 표준정규분포의 누적분포함수 Φ를 사용하여 표현하라.

풀이 A 회사 제품을 선택하는 사건을 A, B 회사 제품을 선택하는 사건을 B라고 하면 두 회사 제품의 시계 중 하나를 임의로 선택하므로 $P(A)=P(B)=1/2$이다. 오류를 범하는 사건을 D라고 하면 구하고자 하는 확률은

$$\begin{aligned} P(D) &= P(A)P(D|A)+P(B)P(D|B) \\ &= \frac{1}{2}[P(D|A)+P(D|B)] \end{aligned}$$

이다. A 회사 제품의 시계를 선택했을 때 오류를 범하는 경우는 시계의 시간이 뒤처지는 경우이므로, 즉 $X_A > 0$일 때 오류를 범하므로 표준정규분포를 따르는 확률변수 Z를 이용하면

$$P(D|A)=P(X_A>0)=P\left(Z>\frac{2}{3}\right)=1-\Phi\left(\frac{2}{3}\right)$$

이다. 또한 B 회사 제품의 시계를 선택했을 때 오류를 범하는 경우는 시계의 시간이 앞서가는 경우이므로, 즉 $X_B < 0$일 때 오류를 범하므로

$$P(D|B)=P(X_B<0)=P\left(Z<-\frac{1}{2}\right)=\Phi\left(-\frac{1}{2}\right)$$

이다. 따라서 구하고자 하는 확률은 다음과 같다.

$$\frac{1}{2}\left(1-\Phi\left(\frac{2}{3}\right)+\Phi\left(-\frac{1}{2}\right)\right)$$

다음 예제는 조건부확률과 연계된 이항분포의 정규분포근사의 문제를 다룬다.

예제 4.19

두 회사(A, B)에서 생산된 윷가락이 있다. 윷가락 하나를 던져서 엎어지면 모가 나왔다고 할 때, A 회사 제품은 모가 나올 확률이 0.45이고, B 회사 제품은 모가 나올 확률이 0.4라고 한다. 두 회사 제품이 똑같이 생겨서 구별이 안 되는데, 임의로 선택한 윷가락이 어느 회사 제품인지 판별하기 위해서 윷을 100번 던져서 모가 43번 이상이 나오면 A 회사 제품으로, 42번 이하가 나오면 B 회사 제품으로 판단한다고 한다. 잘못 판단할 확률을 구하라.

풀이 A 회사 제품을 선택하는 사건을 A, B 회사 제품을 선택하는 사건을 B라고 하고, 잘못 판단하는 사건을 D라고 하자. 구하고자 하는 확률은

$$P(D)=P(A)P(D|A)+P(B)P(D|B)$$

이고 $P(A)=P(B)=1/2$이므로 $P(D|A)$과 $P(D|B)$만 구하면 된다. 확률변수 $X_A\,(X_B)$를 A(B) 회사 제품을 100번 던졌을 때 모가 나온 횟수라고 하면 X_A와 X_B의 분포는 다음과 같다.

$$X_A \sim Bin(100,\,0.45)\ \text{근사적으로}\ N(45,\,24.75)$$
$$X_B \sim Bin(100,\,0.4)\ \text{근사적으로}\ N(40,\,24)$$

A 회사 제품의 윷가락을 선택했을 때 오류를 범하는 경우는 모가 42번 이하로 나오는 경우이므로 정규분포 근사를 이용하여 $P(D|A)$를 구하면

$$\begin{aligned} P(D|A) &= P(X_A \le 42) \\ &\approx P\left(Z \le \frac{42.5-45}{\sqrt{24.75}}\right) \\ &\approx P(Z \le -0.50) \\ &= 0.3085 \end{aligned}$$

이다. B 회사 제품의 윷가락을 선택했을 때 오류를 범하는 경우는 모가 43번 이상 나오는 경우이므로 $P(D|B)$는

$$\begin{aligned} P(D|B) &= P(X_B \geq 43) \\ &\approx P\left(Z \geq \frac{42.5-40}{\sqrt{24}}\right) \\ &\approx 1 - P(Z \leq 0.51) \\ &= 0.3050 \end{aligned}$$

이다. 따라서 구하고자 하는 확률은

$$P(D) = \frac{(0.3085 + 0.3050)}{2} = 0.30675$$

이다.

4. 지수분포

이 절에서는 어떤 사건이 발생할 때까지 걸리는 대기시간, 혹은 어떤 것의 수명을 설명하는데 가장 기본이 되는 지수분포의 확률적 특성에 대하여 공부하고자 한다.

지수분포(exponential distribution)는 평균에 의해 분포가 결정되는데, 그 확률밀도함수 $f(x)$는 그림 4.3에서 보는 바와 같이 $x < 0$에서 0이고, $x = 0$에서 최댓값을 갖고, $x > 0$에서는 0에서 멀어질수록 점점 감소하는 함수이다. 지수분포를 따르는 확률변수의 확률밀도함수를 정리하면 다음과 같다.

지수분포

확률변수 X의 확률밀도함수가 다음과 같을 때,

$$f(x) = \lambda e^{-\lambda x}, \quad x > 0$$

X는 모수가 λ인 지수분포를 따른다고 하고 $X \sim Exponential(\lambda)$로 표현한다.

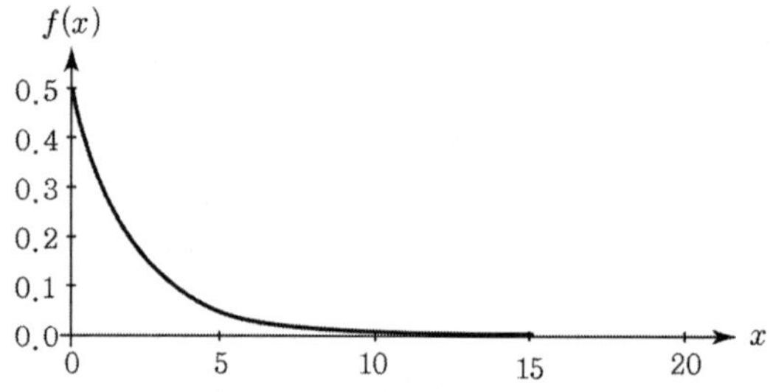

그림 4.3 평균이 2인 지수분포의 확률밀도함수

지수분포의 정의로부터 앞의 예제 4.3의 경우 X는 모수가 1/100인 지수분포를 따르는 것을 알 수 있다.

지수분포의 누적분포함수는 다음과 같이 비교적 간단한 식으로 표현되고 자주 이용되므로 기억하는 것이 좋다.

$$F(x) = P(X \le x) = \int_0^x \lambda e^{-\lambda t} dt = 1 - e^{-\lambda x}$$

지수분포가 다른 연속 확률분포와 구별되는 아주 특별한 성질은 무기억성이다. (이산 확률분포 중에서는 기하분포가 무기억성의 특성을 가졌다.) 어떤 사건이 일어날 때까지 걸리는 시간을 확률변수 X라고 하고 $X \sim Exponential(\lambda)$를 따른다면

$$P(X > s + t | X > t) = \frac{P(X > s + t)}{P(X > t)} = \frac{e^{-\lambda(s+t)}}{e^{-\lambda t}} = e^{-\lambda s} = P(X > s)$$

을 만족한다. 이를 풀어 설명하면 처음부터 시작해서 t 시점인 상황에서 앞으로 s 만큼 더 경과할 확률은 t 시점까지의 기록은 기억되지 않고 처음 시작해서 s 시점이 경과할 확률과 같다. 즉,

$$(X - t) | X > t \sim X$$

이와 같은 무기억성의 특징은 기댓값에서도 드러난다. 앞의 예제 4.11에서 X의 기댓값은 100이고, X가 104보다 크다는 조건이 주어져 있을 때 X의 조건부 기댓값은 204였다. 이는 휴대전화를 고장 없이 104주를 사용한 시점에서 그 후에 고장

날 때까지 걸리는 기대수명이 애초의 기대수명과 같이 100이어서 전체 기대수명이 204가 된 것을 알 수 있다. 일반적으로 모수가 λ 인 지수분포를 따르는 X에 대해

$$E(X-t \mid X>t) = E(X) = \frac{1}{\lambda}$$

이 성립하므로 $E(X \mid X>t) = t + 1/\lambda$ 이다.

예제 4.20

어느 기종의 휴대전화 배터리는 한 번 충전해서 사용할 수 있는 시간이 평균이 50인 지수분포를 따른다고 한다. 다음 물음에 답하라.

(1) 새로 충전해서 배터리가 다 방전될 때까지 48시간 이상 사용할 확률을 구하라.

(2) 어느 날 공항에서 이 기종의 휴대전화를 빌려 2일 동안 사용하려고 할 때 반납할 때까지 배터리가 다 방전되지 않을 확률을 구하라.

(3) 충전한지 24시간이 지난 휴대전화의 배터리가 있을 때 그 후 이 배터리가 다 방전될 때까지 걸리는 예상 시간을 구하라.

풀이 이 배터리를 한 번 충전해서 사용할 수 있는 시간을 X라고 하면 X는 평균이 50인 지수분포를 따르므로 $X \sim Exponential(0.02)$이다.

(1) 구하고자 하는 확률은 다음과 같다.

$$P(X \geq 48) = 1 - F(48) = e^{-0.02 \times 48} = e^{-0.96} = 0.3829$$

(2) 휴대전화를 빌렸을 시점이 충전 후 어느 정도의 시간이 지난 후인지 모르지만 지수분포의 무기억성에 의하면 상관이 없다. 따라서 2일, 즉 48시간 동안 배터리가 끝나지 않을 확률은 위 (1)의 답과 같이 0.3829이다.

(3) 지수분포의 무기억성에 의하여 충전 후 어느 시점부터도 방전까지의 예상시간은 50시간이다. 이를 식으로 표현하면

$$E(X-24 \mid X>24) = E(X) = 50$$

이다.

앞에서 우리는 지수분포가 주로 어떤 사건이 일어날 때까지의 대기시간을 설명하는데 이용된다고 언급하였는데, 이를 좀 더 구체적으로 살펴보면 포아송 프로세스에서 첫 번째 사건까지의 대기시간이 지수분포를 따른다는 사실을 알 수 있다. 단위 시간당 평균적으로 λ번 발생하는 어떤 사건이 포아송 프로세스의 조건을 만족시킨다고 하자. 첫 번째 사건이 발생할 때까지의 대기시간을 X라고 하고, $N(t)$를 구간 $(0, t)$사이에 발생한 사건의 횟수라고 하면 $\{X > t\}$를 만족시키기 위해서는 $\{N(t) = 0\}$을 만족해야 한다. $N(t) \sim Poisson(\lambda t)$를 따르므로

$$P(X > t) = P(N(t) = 0) = e^{-\lambda t}$$

이다. 따라서 $F_X(x) = 1 - e^{-\lambda x}$로부터 $X \sim Exponential(\lambda)$임을 알 수 있다.

다음의 예제는 포아송 프로세스와 지수분포의 관계와 지수분포의 무기억성을 다룬다.

예제 4.21

어느 가게에 들어오는 손님의 수는 영업시간 동안 시간당 평균적으로 4.5명이 방문하며 포아송 프로세스의 조건을 만족시킨다고 한다.

(1) 어느 날 영업이 시작된 9시부터 첫 손님이 올 때까지 걸린 시간이 15분을 넘을 확률을 구하라.

(2) 어느 날 이 가게에서 근무하기로 한 아르바이트 직원이 10분 늦게 출근하였다. 그 때까지 이 가게에 한 명의 손님도 안 왔다고 할 때 첫 손님이 들어올 때까지 15분 이상 기다려야 할 확률을 구하라.

풀이 (1) 손님이 시간당 평균 4.5명 들어오므로 처음 손님이 들어올 때까지 걸린 시간(단위:시간)을 X라고 하면 X는 평균이 1/4.5인 지수분포를 따른다. 즉, $X \sim Exponential(4.5)$이다. 따라서 15분은 0.25시간이므로 구하고자 하는 확률은

$$P(X > 0.25) = 1 - F_X(0.25) = e^{-4.5 \times 0.25} = 0.3247$$

이다.

(2) 아르바이트 직원이 도착한 시점부터 첫 손님이 올 때까지 걸린 시간은 지수분

포의 무기억성에 의해서 처음부터 첫 손님이 들어올 때까지 걸린 시간과 분포가 같다. 또한 연속 확률분포는 어떤 한 점에서의 확률이 0이므로 구하고자 하는 확률은 위의 (1)에서 구한 확률과 같다.

지수분포의 평균과 분산을 구해 보자. 예제 4.11과 예제 4.13에서는 모수가 1/100인 지수분포의 기댓값을 구하는 과정을 여러 가지 방법으로 보여 주었다. 일반적으로 모수가 λ인 지수분포의 기댓값도 정리 4.1을 이용하여 쉽게 구할 수 있다. 확률변수 X가 모수가 λ인 지수분포를 따른다고 하면 $P(X > x) = e^{-\lambda x}$이 성립하므로 정리 4.1을 이용하면

$$E(X) = \int_0^\infty e^{-\lambda x} dx = -\frac{1}{\lambda} e^{-\lambda x}\Big]_0^\infty = \frac{1}{\lambda}$$

이다. 분산을 구하기 위해서 X^2의 기댓값이 필요한데, 감마함수를 이용하기 위해서 $t = \lambda x$라고 놓으면 $\lambda dx = dt$이므로

$$E(X^2) = \int_0^\infty x^2 \lambda e^{-\lambda x} dx = \frac{1}{\lambda^2} \int_0^\infty t^2 e^{-t} dt = \frac{1}{\lambda^2} \Gamma(3) = \frac{2}{\lambda^2}$$

이다. 따라서 분산은 다음과 같이 구할 수 있다.

$$Var(X) = E(X^2) - (EX)^2 = \frac{2}{\lambda^2} - \frac{1}{\lambda^2} = \frac{1}{\lambda^2}$$

다음 예제는 지수분포를 따르는 확률변수의 함수의 분포를 구하는 문제를 다룬다.

예제 4.22

확률변수 X가 평균이 1인 지수분포를 따른다고 할 때, $Y = e^X$의 확률밀도함수를 구하라.

풀이 확률변수 X가 양의 실수 값을 가지므로 새로운 확률변수 Y는 1보다 큰 실수 값을 가진다. 따라서 $y > 1$에서 Y의 누적분포함수를 구하면

$$F_Y(y) = P(e^X \le y) = P(X \le \log(y)) = 1 - e^{-\log(y)} = 1 - \frac{1}{y}$$

이다. 따라서 이를 미분하여 확률밀도함수를 구하면

$$f_Y(y) = \frac{1}{y^2}, \qquad y > 1$$

이다.

다음 예제는 조건부 확률과 연계된 지수분포의 확률문제를 다룬다.

예제 4.23

은행에서 일하는 두 명의 사원(A, B)이 있다. 그들이 고객의 일을 처리하는데 걸리는 시간은 A의 경우는 평균이 5(분)인 지수분포를 따르고, B의 경우는 평균이 10(분)인 지수분포를 따른다. 다음 물음에 답하라.

(1) 손님이 하나도 없는 은행에 들어선 한 고객이 두 사원 중 임의로 한 명을 선택해서 서비스를 받기 시작했다면 서비스가 끝날 때까지 걸린 시간(X: 단위:분)이 7분 이상일 확률을 구하라.

(2) 위 (1)에서 고객이 7분 이상 서비스를 받고 있다고 할 때 그 고객이 그 후로도 3분 이상 서비스를 더 받을 확률을 구하라.

풀이 (1) 고객이 사원 A(B)를 선택하는 사건을 $A\,(B)$ 라고 하고, 사원 A(B)가 고객의 일을 처리하는 데 걸리는 시간을 $X_A\,(X_B)$라고 하면 주어진 조건은 다음과 같다.

$$X|_A = X_A \sim Exponential(1/5)$$
$$X|_B = X_B \sim Exponential(1/10)$$

따라서 구하고자 하는 확률은 조건부 확률의 개념을 이용하여 다음과 같이 구할 수 있다.

$$\begin{aligned} P(X \geq 7) &= P(A)P(X \geq 7|A) + P(B)P(X \geq 7|B) \\ &= P(A)P(X_A \geq 7) + P(B)P(X_B \geq 7) \\ &= 1/2(e^{-7/5} + e^{-7/10}) \\ &= 0.3716 \end{aligned}$$

(2) 구하고자 하는 확률은

$$P(X \geq 10 | X \geq 7) = \frac{P(X \geq 10)}{P(X \geq 7)}$$

이다. 위의 (1)에서 구한 방식으로 분자의 확률을 구하면

$$P(X \geq 10) = 1/2(e^{-10/5} + e^{-10/10})$$

이므로 구하고자 하는 확률은 다음과 같다.

$$\begin{aligned} P(X \geq 10 | X \geq 7) &= \frac{1/2(e^{-10/5} + e^{-10/10})}{1/2(e^{-7/5} + e^{-7/10})} \\ &= 0.6771 \end{aligned}$$

5. 균일분포

주어진 구간에 확률이 같은 정도로 분포하는 균일 확률분포는 앞의 1장에서 소개한 균일 확률모형을 확률분포의 개념으로 설명하는 것으로 개념상 간단하고 이용 범위도 넓다. 우선 일차원 공간 R에서 정의되는 균일 확률모형을 생각해 보자. 구간 (α, β)에서 임의의 값을 선택할 때 그 값을 X라고 하면 X는 (α, β)에서 **균일분포**(uniform distribution)를 따른다고 하고 $X \sim Unif(\alpha, \beta)$로 표현한다. 확률이 구간 (α, β)에 균일하게 분포하므로 확률밀도함수는 구간 (α, β)에서 상수(c)이다. 즉 $\alpha < x < \beta$에서 $f(x) = c$로 표현된다. 확률밀도함수의 성질, $\int_R f(x)dx = 1$에 의해 $c = \frac{1}{\beta - \alpha}$여야 한다. 이를 정리하면 다음과 같다.

균일분포

확률변수 X의 확률밀도함수가 다음과 같을 때,

$$f(x) = \frac{1}{\beta - \alpha}, \quad \alpha < x < \beta$$

X는 $(\alpha,\ \beta)$에서 균일분포를 따른다고 하고 $X \sim Unif(\alpha,\ \beta)$로 표현한다.

균일분포의 누적분포함수는 다음과 같다.

$$F(x) = \begin{cases} 0, & x < \alpha \\ \dfrac{x - \alpha}{\beta - \alpha}, & \alpha \le x \le \beta \\ 1, & \beta < x \end{cases}$$

예를 들어 X를 구간 $(0, 1)$에서 임의로 선택한 값이라고 하면 $X \sim Unif(0,\ 1)$을 따른다. 따라서 확률밀도함수는 $0 < x < 1$에서 $f(x) = 1$이고, 누적분포함수는 $x < 0$에서는 0, $x > 1$에서는 1, $0 \le x \le 1$에서는 $F(x) = x$이다.

균일분포 $Unif(\alpha,\ \beta)$를 따르는 확률변수 X의 평균과 분산은 다항식의 적분을 이용하여 다음과 같이 얻을 수 있다.

$$E(X) = \frac{\alpha + \beta}{2}, \quad Var(X) = \frac{(\beta - \alpha)^2}{12}$$

다음 예제는 균일분포를 이용할 수 있는 간단한 예를 제시한다.

예제 4.24

어느 학생이 이용하는 버스의 도착시간은 7시에서 7시 30분 사이에 균일하게 분포한다고 하자. 어느 날 학생이 7시 10분에 정류장에 도착했는데 버스가 이미 도착했는지의 여부는 모른 채 7시 30분까지 기다려 보고 버스가 오지 않으면 택시를 타고 간다고 할 때 다음 물음에 답하라.

(1) 버스가 학생보다 먼저 도착했을 확률을 구하라.
(2) 학생이 버스를 5분 이상 기다릴 확률을 구하라.
(3) 학생이 기다린 5분 동안 버스가 오지 않았다면 결국은 버스를 탈 수 없을 확률을 구하라.

(4) 학생이 기다리는 시간의 기댓값을 구하라.

풀이 버스가 7시 이후 도착까지의 시간을 X라고 하면 $X \sim Unif(0, 30)$을 따른다.

(1) 버스가 7시 10분 이전에 도착해야 하므로 구하고자 하는 확률은 다음과 같다.

$$P(X < 10) = \int_{-\infty}^{10} f(x)dx = \int_{0}^{10} \frac{1}{30}dx = \frac{10}{30} = 0.\dot{3}$$

(2) 버스가 7시 10분 이전이나 7시 15분 이후에 도착해야 하므로 구하고자 하는 확률은

$$P(X < 10 \quad \text{or} \quad X > 15) = \frac{10}{30} + \frac{15}{30} = \frac{25}{30} = 0.8\dot{3}$$

이다.

(3) 학생이 기다린 5분간 버스가 오지 않았다면 $X < 10$이거나 혹은 $X > 15$인 경우이다. 이 조건에서 결국 버스를 탈 수 없으려면 $X < 10$여야 하므로 구하고자 하는 확률을 조건부 확률을 이용하여 구하면 다음과 같다.

$$\begin{aligned} P(X < 10 | X < 10 \quad \text{or} \quad X > 15) &= \frac{P(X < 10)}{P(X < 10 \quad \text{or} \quad X > 15)} \\ &= \frac{10}{25} \\ &= 0.4 \end{aligned}$$

(4) 학생이 기다리는 시간을 Y라고 하면 Y는 X의 함수로 다음과 같이 표현할 수 있다.

$$Y = 20I_{\{X < 10\}} + (X - 10)I_{\{X \geq 10\}}$$

따라서 기다리는 시간의 기댓값은

$$\begin{aligned} E(Y) &= \int_{0}^{30} (20I_{\{x < 10\}} + (x - 10)I_{\{x \geq 10\}})\frac{1}{30}dx \\ &= \int_{0}^{10} \frac{20}{30}dx + \int_{10}^{30} \frac{(x - 10)}{30}dx \end{aligned}$$

$$= \frac{20}{3} + \frac{(x-10)^2}{60}\Bigg]_{10}^{30}$$

$$= 13.\dot{3}$$

이다.

다음의 예제는 균일분포를 따르는 확률변수로부터 특정한 분포를 따르는 확률변수를 만들어 내는 하나의 예를 보여 준다.

예제 4.25

확률변수 U가 $U \sim Unif(0, 1)$일 때 $X = -\log(1-U)$의 확률밀도함수를 구하라.

풀이 확률변수 U가 $(0, 1)$의 값을 취하므로 X는 0 이상의 값을 취한다. 따라서 $x > 0$에 대하여 X의 누적분포함수를 구하면

$$\begin{aligned} F_X(x) &= P(X \le x) \\ &= P(-\log(1-U) \le x) \\ &= P(\log(1-U) \ge -x) \\ &= P(1-U \ge e^{-x}) \\ &= P(U \le 1-e^{-x}) \\ &= 1-e^{-x} \end{aligned}$$

이다. 이를 미분하여 X의 확률밀도함수를 구하면

$$f_X(x) = e^{-x}, \quad x > 0$$

이다. 따라서 확률변수 X는 평균이 1인 지수분포를 따른다는 것을 알 수 있다.

이 예제에서 확률변수 X의 누적분포함수의 역함수를 구하면

$$F_X^{-1}(u) = -\log(1-u)$$

이므로, 새로운 확률변수 X는 $(0,1)$에서 균일분포를 따르는 확률변수 U에 대하여

$X = F_X^{-1}(U)$로 정의된 셈이다. 일반적으로 누적분포함수 F에 대하여 새로운 확률변수 Y를 $Y = F^{-1}(U)$로 정의할 때 Y는 누적분포함수 F를 갖는 확률변수가 된다.

균일분포에서 어떤 사건의 확률은 많은 경우 확률변수를 정의하거나 확률밀도함수를 소개하지 않고 전체 크기에 대한 사건 크기의 비율로 쉽게 구할 수 있다. 또한 균일분포는 일차원 공간에서만 정의되는 것이 아니라 고차원 공간에서도 정의되는데 고차원의 경우에도 마찬가지로 어떤 사건의 확률은 전체 크기에 대한 그 사건의 크기의 비율로 구할 수 있다.

6. 감마분포

지수분포를 확장한 분포로 **감마분포**(gamma distribution)가 있다. 감마분포는 두 개의 모수 $\alpha > 0$, $\lambda > 0$에 의해 결정되는데, 확률밀도함수를 소개하면 다음과 같다.

감마분포

확률변수 X가 다음과 같은 확률밀도함수를 가질 때,

$$f(x) = \frac{\lambda^\alpha}{\Gamma(\alpha)} x^{\alpha-1} e^{-\lambda x}, \quad x > 0$$

X는 모수가 (α, λ)인 감마분포를 따른다고 하고, $X \sim \Gamma(\alpha, \lambda)$로 표현한다.

우선 $\alpha = 1$이면 $\Gamma(\alpha) = 1$이므로 $\alpha = 1$인 경우에 감마분포의 확률밀도함수는 모수가 λ인 지수분포의 확률밀도함수와 같다. 즉,

$$\Gamma(1, \lambda) \sim Exponential(\lambda)$$

이 성립한다.

또한 모수가 $(n/2, 1/2)$인 감마분포를 자유도가 n인 χ^2**(카이제곱, 카이스퀘어)분포**라고 하고 $\chi^2(n)$으로 표현한다. 즉, 다음의 관계가 있다.

$$\Gamma\left(\frac{n}{2}, \frac{1}{2}\right) \sim \chi^2(n)$$

다음 예제는 표준정규분포를 따르는 확률변수의 제곱의 분포가 감마분포의 특별한 경우인 카이제곱분포를 따른다는 것을 보여 준다.

예제 4.26

확률변수 Z가 표준정규분포를 따를 때, $Y = Z^2$의 확률밀도함수를 구하라.

풀이 우선 Y의 누적분포함수를 구하면

$$\begin{aligned} F_Y(y) &= P(Y \le y) = P(Z^2 \le y) = P(-\sqrt{y} \le Z \le \sqrt{y}) \\ &= \Phi(\sqrt{y}) - \Phi(-\sqrt{y}) \end{aligned}$$

로 표현된다. 이를 미분하면 Y의 확률밀도함수는

$$\begin{aligned} f_Y(y) &= \frac{1}{2\sqrt{y}}\phi(\sqrt{y}) + \frac{1}{2\sqrt{y}}\phi(-\sqrt{y}) \\ &= \frac{1}{\sqrt{y}}\frac{1}{\sqrt{2\pi}}e^{-y/2} \\ &= \frac{(1/2)^{1/2}}{\Gamma(1/2)}y^{(1/2)-1}e^{-y/2} \end{aligned}$$

이고, 이는 $\Gamma(1/2,\ 1/2)$의 확률밀도함수이다. 즉, Y는 자유도가 1인 χ^2 분포를 따른다.

다음의 예제는 확률밀도함수의 적분이 1이라는 사실을 유용하게 이용하여 감마분포를 따르는 확률변수의 제곱의 기댓값을 계산한다.

예제 4.27

확률변수 X가 $\Gamma(\alpha,\ \lambda)$를 따를 때, X^2의 기댓값을 구하라.

풀이 감마분포의 확률밀도함수를 이용하면

$$E(X^2) = \int_0^\infty x^2 \frac{\lambda^\alpha}{\Gamma(\alpha)}x^{\alpha-1}e^{-\lambda x}dx = \int_0^\infty \frac{\lambda^\alpha}{\Gamma(\alpha)}x^{\alpha+1}e^{-\lambda x}dx$$

이다. 여기서 x 를 포함하는 부분인 $x^{\alpha+1}e^{-\lambda x}$는 모수가 $(\alpha+2, \lambda)$인 감마분포의 확률밀도함수에 나오는 형태이므로 다음과 같이 $\Gamma(\alpha+2, \lambda)$의 확률밀도함수의 적분이 1이 된다는 사실을 이용할 수 있다.

$$E(X^2) = \frac{\alpha(\alpha+1)}{\lambda^2}\int_0^\infty \frac{\lambda^{\alpha+2}}{\Gamma(\alpha+2)}x^{\alpha+1}e^{-\lambda x}dx = \frac{\alpha(\alpha+1)}{\lambda^2}$$

이 예제의 풀이와 비슷하게 $E(X)=\alpha/\lambda$를 구할 수 있다(연습문제 4.25). 따라서 이로부터 분산은 다음과 같이 구할 수 있다.

$$\begin{aligned} Var(X) &= E(X^2) - [E(X)]^2 \\ &= \frac{(\alpha^2+\alpha)}{\lambda^2} - \frac{\alpha^2}{\lambda^2} \\ &= \frac{\alpha}{\lambda^2} \end{aligned}$$

다음 예제는 감마분포의 확률밀도함수를 적분하면 1이라는 사실이 유용하게 사용되는 예를 보여 준다.

예제 4.28

표준정규분포의 확률밀도함수를 이용하여 표준정규분포의 분산을 계산하라.

풀이 표준정규분포의 평균이 0이므로 Z^2의 기댓값이 분산이다. 우선 표준정규분포의 확률밀도함수를 이용하여 Z^2 의 기댓값을 구하는 식은

$$E(Z^2) = 2\int_0^\infty x^2 \frac{1}{\sqrt{2\pi}}e^{-x^2/2}dx$$

이다. 여기서 $x^2 = t$로 변수변환을 하면 $2xdx = dt$, 즉, $dx = 1/(2\sqrt{t})dt$이므로

$$E(Z^2) = \int_0^\infty \frac{1}{\sqrt{\pi}\,2^{1/2}}\sqrt{t}\,e^{-t/2}dt$$

이다. 여기서 t를 포함하는 부분인 $\sqrt{t}\,e^{-t/2}$를 살펴보면 이는 감마분포

$\Gamma(3/2,\ 1/2)$의 확률밀도함수에 포함되는 형태이다. 따라서 $\Gamma(3/2,\ 1/2)$의 확률밀도함수가 적분하면 1이 된다는 사실과

$$\Gamma(3/2)2^{3/2} = 1/2\,\Gamma(1/2)2^{3/2} = \sqrt{\pi}\,2^{1/2}$$

을 이용하면

$$E(Z^2) = \int_0^\infty \frac{1}{\Gamma(3/2)2^{3/2}} t^{(3/2-1)} e^{-t/2} dt = 1$$

을 얻을 수 있다.

물론 여기서 Z^2이 $\Gamma(1/2,\ 1/2)$를 따른다는 사실과 감마분포의 기댓값을 구하는 식으로부터 그 기댓값이 1이라는 사실은 쉽게 구할 수 있다.

우리는 앞에서 포아송 프로세스의 첫 번째 사건까지의 대기시간이 지수분포를 따른다는 사실을 공부하였다. 감마분포는 지수분포를 확장한 분포라고 하였는데, 감마분포도 포아송 프로세스의 대기시간과 관련이 있다. 다음의 예제는 이 관계를 보여 준다.

예제 4.29

어떤 사건이 포아송 프로세스의 조건을 만족시키며 단위 시간당 λ의 비율로 발생한다고 하자. $N(t)$를 처음부터 t 시점까지 발생한 사건의 수라고 하면 $N(t) \sim Poisson(\lambda t)$을 따른다. 처음부터 시작하여 n번째 사건까지의 대기시간을 T_n이라고 할 때 T_n이 $\Gamma(n,\ \lambda)$를 따름을 보여라.

풀이 n번째 사건까지의 대기시간이 t 이하이려면 t 시점까지 일어난 사건 수가 n 이상이어야 한다. 따라서 T_n의 누적분포함수를 $F_n(t)$라고 하면

$$F_n(t) = P(T_n \le t) = P(N(t) \ge n) = \sum_{m=n}^{\infty} \frac{e^{-\lambda t}(\lambda t)^m}{m!}$$

이다. 이를 미분하면

$$
\begin{aligned}
f_n(t) &= \sum_{m=n}^{\infty} \frac{-\lambda e^{-\lambda t}(\lambda t)^m}{m!} + \sum_{m=n}^{\infty} \frac{e^{-\lambda t} m\lambda(\lambda t)^{(m-1)}}{m!} \\
&= \sum_{m=n}^{\infty} \frac{-\lambda e^{-\lambda t}(\lambda t)^m}{m!} + \sum_{m=n-1}^{\infty} \frac{e^{-\lambda t}\lambda(\lambda t)^m}{m!} \\
&= \frac{\lambda^n}{(n-1)!} t^{n-1} e^{-\lambda t}
\end{aligned}
$$

를 얻을 수 있고, 이는 $\Gamma(n,\ \lambda)$의 확률밀도함수와 같다.

7. 연습문제

4.1 확률변수 X의 확률밀도함수가 다음과 같을 때 다음 물음에 답하라.

$$f(x) = c(3x - x^2), \quad 0 < x < 3$$

(1) 적절한 상수 c를 구히리.

(2) $x = 1,\ 2$ 각각에 대하여 X가 길이 0.02 인 구간 $(x - 0.01,\ x + 0.01)$의 값을 가질 확률을 구하라.

4.2 연습문제 4.1의 확률변수 X의 누적분포함수를 구하라.

4.3 어떤 시스템이 문제없이 작동하는 시간(단위:개월)의 확률밀도함수가 다음과 같을 때

$$f(x) = c\,xe^{-x/2}, \quad x > 0$$

적절한 상수 c를 구하고, 시스템이 문제없이 5개월 작동할 확률을 구하라.

4.4 확률변수 X의 확률밀도함수가 다음과 같을 때 물음에 답하라.

$$f(x)=\begin{cases}\dfrac{1}{3}, & 0<x\le 1\\ \dfrac{1}{2}, & 1<x\le 2\\ \dfrac{1}{6}, & 2<x\le 3\end{cases}$$

(1) X의 누적분포함수를 구하라.

(2) $P(0.4<X<2.1)$을 계산하라.

4.5 연습문제 4.4에서 확률변수 X의 조건부 확률밀도함수 $f_{X|X>1.5}(x)$를 구하라.

4.6 연습문제 4.4에서 X^2의 확률밀도함수를 구하라.

4.7 예제 4.8에서 $Y=|X-1|$의 확률밀도함수를 구하라.

4.8 확률변수 X가 구간 $x>0$에서 확률밀도함수 $f_X(x)$를 가진다고 할 때 $U=|X-3|$의 확률밀도함수를 f_X를 이용하여 표현하라.

4.9 확률변수 X의 누적분포함수가 다음과 같을 때 물음에 답하라.

$$F(x)=\begin{cases}0, & x<0\\ 1-e^{-2x}-xe^{-2x}, & x\ge 0\end{cases}$$

(1) 확률변수 X의 확률밀도함수를 구하라.

(2) 확률밀도함수를 이용하여 X의 기댓값을 구하라.

4.10 어떤 전자제품의 수명(단위:시간) X의 확률밀도함수가 다음과 같을 때 물음에 답하라.

$$f(x)=\frac{3000}{x^4},\quad x\ge c$$

(1) 적합한 상수 c를 구하라.

(2) X의 기댓값을 구하라.

4.11 연습문제 4.10에서 A를 $\{X>20\}$라고 할 때 다음 물음에 답하라.

(1) $E(XI_A)$를 구하라.

(2) $E(X|A)$를 구하라.

4.12 연습문제 4.4의 확률변수 X에 대하여 다음과 같이 정의된 $C_t(X)$의 기댓값을 최소화하는 t를 구하라.

$$C_t(X) = \begin{cases} t - X, & 0 < X \le t \\ X - t, & t < X \le 3 \end{cases}$$

4.13 정리 4.1을 이용하여 연습문제 4.9에서 X의 기댓값을 구하고, 연습문제 4.9의 결과와 비교하라.

4.14 너트를 생산하는 공장에서는 다양한 너트를 만들어 내는데, 납품할 때 크기가 10 ± 0.5로 설명되는 너트의 지름은 실제로 평균이 10(단위:mm)이고 표준편차가 σ인 정규분포를 따른다고 한다. 다음 물음에 답하라.

(1) $\sigma = 0.3$이라고 할 때 임의의 너트가 불량품일 확률을 구하라.

(2) 100개의 너트 중 불량품 개수의 기댓값이 1 이하가 되는 최대의 σ 값을 구하라.

4.15 어느 가게에서는 들어오는 손님들 중 15%만이 실제 구매를 한다고 할 때, 어느 하루 동안 그 가게를 방문했던 손님 100명 중 실제 구매한 손님의 수가 20명 이상일 확률을 근사적으로 구하라.

4.16 저장장치인 USB를 판매하는 회사에는 이를 생산하는 두 공장 A, B가 있는데, 공장 A의 불량률은 1%이고, 공장 B의 불량률은 1.3%라고 알려져 있다. 이 회사에서 판매하려고 하는 1000개의 USB가 담긴 박스가 있을 때 이 박스가 어느 공장에서 만들어진 것인지 판단하는 기준으로 1000개를 조사하여 불량품이 12개 미만이면 공장 A, 12개 이상이면 공장 B의 제품이라고 한다면 이 판단이 오류일 확률은 얼마인가? 단, 두 공장의 생산량은 같다고 가정한다.

4.17 어떤 사람은 한 번 TV를 켜서 시청하는 시간이 평균 40(단위:분)인 지수분포를 따른다고 한다.

(1) 그 사람이 TV를 켤 때 최소한 1시간 동안 계속 TV를 시청할 확률을 구하라.

(2) 그 사람이 TV를 시청하는 것을 보게 되었을 때 그 사람이 TV를 끌 때까지 최소한 1시간을 기다려야 할 확률을 구하라.

4.18 확률변수 X가 평균이 3인 지수분포를 따른다고 할 때 $3X$는 어떤 분포를 따르

는지 확률밀도함수를 구하여 설명하라.

4.19 휴대폰에 쓸 수 있는 배터리가 두 개 있는데, 하나를 주로 사용한 결과 많이 사용한 배터리 1의 수명(단위:시간)은 평균이 20인 지수분포를 따르고, 별로 사용하지 않았던 배터리 2의 수명은 평균이 40인 지수분포를 따른다. 어느 날 임의로 배터리를 선택하였다면 사용한지 20시간이 지난 상태에서도 여전히 작동한다고 할 때 그 후 10시간 이상 작동할 확률을 구하라.

4.20 **[이중지수분포(double exponential distribution)]** 이중지수분포는 지수분포를 음수의 영역까지 확장한 것으로 라플라스 분포(Laplace distribution)라고도 한다. 확률변수 X가 이중지수분포를 따를 때 다음과 같은 확률밀도함수를 가지며, $X \sim DE(\lambda)$로 표현한다. 누적분포함수를 구하라.

$$f(x) = \frac{1}{2}\lambda e^{-\lambda|x|}$$

4.21 확률변수 X가 $Unif(-1,\ 2)$을 따를 때 $|X|$의 확률밀도함수를 구하라.

4.22 확률변수 U가 $Unif(0,\ 1)$을 따를 때, $X = 2\sqrt{U}$의 확률밀도함수를 구하라.

4.23 어느 기관은 어떤 기기를 조달하기 위해서 납품하는 회사들로부터 개별적으로 납품가를 제시받고 최저 납품가를 제시한 회사에게 납품을 맡기는 방식으로 기기를 조달한다. 납품 회사 A는 납품에 성공하면 1억 원에 기기를 구입하여 납품하려고 하는 계획을 갖고 있다. 다른 경쟁 회사에서 제시하는 납품가(단위:억 원)가 (0.7, 1.5)에서 균일한 분포를 따를 때 기대이익을 최대로 하기 위해서 회사 A는 납품가를 얼마로 적어야 하겠는가?

4.24 확률변수 X의 확률밀도함수가 다음과 같을 때 $1/X$의 확률밀도함수를 구하라.

$$f(x) = \frac{1}{\pi}\frac{1}{(1+x^2)}, \qquad -\infty < x < \infty$$

4.25 확률변수 X가 $\Gamma(\alpha,\ \lambda)$를 따를 때 X의 기댓값을 구하라.

4.26 어느 가게가 시간당 손님이 평균 2.5명이 들어오는 포아송 프로세스를 따른다고 하자. 가게 문을 열고 3번째 손님이 들어올 때까지 걸리는 시간의 확률밀도함수를 구하라.

4.27 확률변수 X가 $\Gamma(3,\ 3)$을 따를 때 $1/X$의 기댓값을 구하라.

4.28 **[위험률(고장률)함수(hazard(failure) rate function)]** 분포의 특성을 표현하는 또 하나의 함수로 위험률함수가 있다. 위험률함수는 확률밀도함수가 f이고 분포함수가 F일 때 다음과 같이 정의된다. 다음 각 분포의 위험률함수를 구하라.

$$\lambda(t) = \frac{f(t)}{1-F(t)}$$

(1) (0, 2)에서 균일분포

(2) $\lambda = 1/3$인 지수분포

05

결합 확률분포

이 장에서는 우리가 다루어야 하는 확률변수가 두 개 이상일 때 사용할 수 있는 다양한 방법들을 배운다. 관심의 대상이 되는 확률변수가 $k(\geq 2)$개일 때, 이 k개의 확률변수로 이루어진 확률벡터가 k-차원의 공간에서 어떻게 분포하는지 결정하는 결합 확률분포에 대하여 살펴본다. 우선 확률벡터의 특성에 따라 결합 확률분포를 표현하는 방법을 소개하고, 결합 확률분포와 관련한 확률이나 기댓값의 계산, 조건부 확률분포, 확률변수들의 독립성, 독립변수들의 합의 분포 등 다양한 문제에 대해서 공부한다. 또한 이항분포를 다차원으로 확장한 형태인 다항분포를 소개하고, 다차원의 분포로 잘 알려진 다변량 정규분포에 대해서 공부하고자 한다.

여기서 살펴보는 여러 가지 이론이나 방법론은 세 개 이상의 확률변수들의 결합분포에도 적용되는 것이나 일단 확률변수 두 개와 관계된 이차원의 경우를 자세히 다루고 이로부터 자연스럽게 확장되는 삼차원 이상의 경우는 간단하게 설명하고자 한다.

1. 결합 확률분포

두 개의 확률변수 X, Y로 이루어진 확률벡터 $\begin{pmatrix} X \\ Y \end{pmatrix} = (X,\ Y)'$는 표본공간의 각 원소($\omega$)에 이차원의 한 점 $(X(\omega),\ Y(\omega))'$를 대응시키는 함수로 볼 수 있다. (이 책에서 벡터는 열벡터(column vector)를 의미한다. 그때마다의 상황에 따라 열벡터($\begin{pmatrix} x \\ y \end{pmatrix}$)로 표현하거나 행벡터의 전치행렬($(x, y)'$)로 표현하기로 한다.) 확률변수 X와 Y가 모두 이산형이면 확률벡터 $(X,\ Y)'$를 이산이라고 하고, 모두 연속형이면 확률벡터 $(X,\ Y)'$를 연속이라고 한다. 물론 하나의 변수는 이산이고 다른 하나는 연속인 경우도 가능하나 그 경우의 결합 확률분포는 이 책의 수준을 넘어서므로 다루지 않기로 한다.

이차원 공간에서 확률벡터 $(X,\ Y)'$가 어떻게 분포하는지 설명하는 **결합 확률분포**(joint probability distribution)는 이산인 경우에는 **결합 확률질량함수**, 연속인 경우에는 **결합 확률밀도함수**로 결정된다. 또한 확률벡터가 이산형인 경우나 연속형인 경우 모두에서 정의할 수 있는 **결합 누적분포함수**를 이용하여 결합 확률분포를 설명할 수 있다.

확률벡터 $(X,\ Y)'$의 결합 누적분포함수는 다음과 같이 정의한다.

$$F(x,\ y) = P(X \le x,\ Y \le y)$$

이로부터 개별 확률변수 X, Y에 대하여 누적분포함수를 다음과 같이 구할 수 있다.

$$F_X(x) = P(X \le x) = P(X \le x, Y \le \infty) = F(x, \infty)$$
$$F_Y(y) = P(Y \le y) = P(X \le \infty, Y \le y) = F(\infty, y)$$

이를 결합 누적분포함수와 구별하여 **주변 누적분포함수**(marginal cumulative distribution function)라고 부른다. ('결합'이나 '누적'이라는 설명단어는 의미하는 바를 분명히 하고자 쓰는 것으로 그 단어 없이도 문맥상 뜻하는 바가 명확할 때는 그 단어를 빼고 쓸 수도 있음을 밝혀둔다.)

우선 확률벡터 $(X,\ Y)'$가 이산인 경우를 살펴보자. 확률변수 X가 가지는 값이 $x_1, x_2, \ldots, x_i, \ldots (x_1 < x_2 < \cdots < x_i < \cdots)$이고, 확률변수 Y가 가지는 값이 $y_1, y_2, \ldots, y_j, \ldots (y_1 < y_2 < \cdots < y_j < \cdots)$일 때 확률벡터 $(X,\ Y)'$의 확률질량함수

$p(x_i, y_j)$는

$$p(x_i, y_j) = P(X = x_i,\ Y = y_j)$$

로 정의하며, 이로부터 이차원의 집합인 $A \subset R^2$에 대하여 $(X, Y)'$가 A에 포함될 확률은 다음과 같이 계산한다.

$$P\left(\begin{pmatrix} X \\ Y \end{pmatrix} \in A\right) = \sum_{(x_i, y_j)' \in A} p(x_i, y_j)$$

따라서 누적분포함수와 확률질량함수는 다음과 같은 관계가 성립한다.

$$F(x,y) = \sum_{x_i \le x} \sum_{y_j \le y} p(x_i, y_j)$$

이를 확률질량함수에 대한 것으로 바꾸면, 그림 5.1로부터 다음 관계식이 성립하는 것을 설명할 수 있다.

$$p(x_i, y_j) = F(x_i, y_j) - F(x_{i-1}, y_j) - F(x_i, y_{j-1}) + F(x_{i-1}, y_{j-1})$$

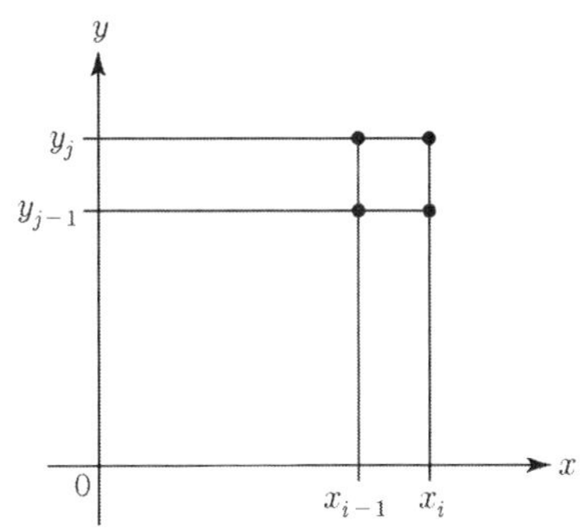

그림 5.1 누적분포함수와 확률질량함수의 관계

또한 결합 확률질량함수로부터 개별 변수에 대한 **주변 확률질량함수**를 다음과 같이 구할 수 있다.

$$p_X(x_i) = P(X = x_i) = P(X = x_i,\ Y < \infty) = \sum_{y_j} p(x_i\, y_j)$$

$$p_Y(y_j) = P(Y = y_j) = P(X < \infty,\ Y = y_j) = \sum_{x_i} p(x_i\, y_j)$$

확률벡터 $(X, Y)'$의 확률질량함수 $p(x_i, y_j)$를 다음과 같이 표로 정리하기도 하는데, 이 표를 **결합 확률분포표**라고 한다.

x \ y	y_1	$\cdots$	y_j	$\cdots$	$p_X(\cdot)$
x_1	$p(x_1, y_1)$	$\cdots$	$p(x_1, y_j)$	$\cdots$	$p_X(x_1)$
$\vdots$	$\vdots$	$\ddots$	$\vdots$	$\ddots$	$\vdots$
x_i	$p(x_i, y_1)$	$\cdots$	$p(x_i, y_j)$	$\cdots$	$p_X(x_i)$
$\vdots$	$\vdots$	$\ddots$	$\vdots$	$\ddots$	$\vdots$
$p_Y(\cdot)$	$p_Y(y_1)$	$\cdots$	$p_Y(y_j)$	$\cdots$	1

다음의 예제는 주어진 확률분포표로부터 관심 있는 확률을 구하는 간단한 예를 제시한다.

예제 5.1

다음에 주어진 확률분포표로부터 각 물음에 답하라.

x \ y	−1	0	1	2	$p_X(\cdot)$
−2	0.00	0.00	0.05	0.05	a
−1	0.00	0.10	0.15	0.05	b
0	0.15	0.05	0.20	0.00	c
1	0.10	0.05	0.05	0.00	d
$p_Y(\cdot)$	e	f	g	h	1

(1) X의 주변 확률질량함수를 구하고, 이로부터 X의 주변 누적분포함수를 구하라.

(2) $P(X=Y)$, $P(X-Y=1)$, $P(Y\le 0)$을 구하라.

풀이 (1) X의 주변 확률질량함수는 각 값에서 그에 해당하는 결합 확률질량함수를 더해서 구하면 된다. 즉, $p_X(x)=\sum_{j=-1}^{2} p(x, j)$에 의해서 구하면 각 행의 합이 X의 주변 확률질량함수를 이룬다. 따라서

$$p_X(-2)=a=0.1, \quad p_X(-1)=b=0.3$$

$$p_X(0) = c = 0.4, \qquad p_X(1) = d = 0.2$$

이다. 이로부터 X의 주변 누적분포함수를 구하면 다음과 같다.

$$F_X(x) = \begin{cases} 0, & x < -2 \\ 0.1, & -2 \le x < -1 \\ 0.4, & -1 \le x < 0 \\ 0.8, & 0 \le x < 1 \\ 1, & 1 \le x \end{cases}$$

(2) 첫 두 사건의 확률은 각 사건을 만족하는 (x, y) 쌍에 해당하는 확률을 더해서 다음과 같이 구할 수 있다.

$$\begin{aligned} P(X = Y) &= \sum_{x=y} p(x, y) \\ &= p(-1, -1) + p(0, 0) + p(1, 1) \\ &= 0 + 0.05 + 0.05 \\ &= 0.1 \\ P(X - Y = 1) &= \sum_{x-y=1} p(x, y) \\ &= p(1, 0) + p(0, -1) \\ &= 0.05 + 0.15 \\ &= 0.2 \end{aligned}$$

세 번째 사건은 확률변수 Y만 상관이 있으므로 Y의 주변 확률질량함수로부터 계산할 수 있다. 확률변수 Y의 확률질량함수는 위에서 X의 확률질량함수를 구하는 것과 마찬가지로 각 열의 확률의 합으로 구할 수 있다.

$$p_Y(-1) = e = 0.25, \qquad P_Y(0) = f = 0.2$$
$$p_Y(1) = g = 0.45, \qquad p_Y(2) = h = 0.1$$

따라서 구하고자 하는 확률은 다음과 같다.

$$P(Y \le 0) = p_Y(-1) + p_Y(0) = 0.25 + 0.2 = 0.45$$

다음의 예제에서는 주어진 확률벡터의 함수로 정의되는 확률벡터의 확률분포를 구하는 하나의 예를 제시한다.

예제 5.2

확률변수 X와 Y가 다음과 같은 결합 확률분포를 따를 때 다음 물음에 답하라.

$x \backslash y$	-1	0	1	$p_X(\cdot)$
-1	a	0.10	0.15	b
0	0.10	c	0.25	0.40
1	0.10	0.05	d	e
$p_Y(\cdot)$	0.25	f	g	h

(1) 결합 확률분포의 특성을 이용하여 빈칸 $a-h$를 채우라.

(2) 새로운 두 개의 확률변수 $U=X+Y$와 $V=XY$의 결합 확률분포표를 작성하라.

풀이 (1) 전체 확률의 합은 1이므로 $h=1$이고, 주변 확률분포와 결합 확률분포의 관계를 이용하여 다음과 같이 순차적으로 구할 수 있다.

$$a = 0.25 - 0.1 - 0.1 = 0.05$$
$$b = a + 0.1 + 0.15 = 0.05 + 0.1 + 0.15 = 0.3$$
$$c = 0.4 - 0.1 - 0.25 = 0.05$$
$$f = 0.1 + c + 0.05 = 0.1 + 0.05 + 0.05 = 0.2$$
$$e = 1 - b - 0.4 = 1 - 0.3 - 0.4 = 0.3$$
$$d = e - 0.1 - 0.05 = 0.3 - 0.1 - 0.05 = 0.15$$
$$g = 0.15 + 0.25 + d = 0.15 + 0.25 + 0.15 = 0.55$$

이를 $(X, Y)'$의 결합 확률분포표로 다시 정리하면 다음과 같다.

$x \backslash y$	-1	0	1	$p_X(\cdot)$
-1	0.05	0.10	0.15	0.30
0	0.10	0.05	0.25	0.40
1	0.10	0.05	0.15	0.30
$p_Y(\cdot)$	0.25	0.20	0.55	1

(2) 새롭게 정의된 확률변수 U와 V가 취하는 값 (u, v)이 X와 Y의 값에 따라 어떤 값을 갖는지 살펴보자. 예를 들어 $X=-1$, $Y=-1$인 경우에 $U=-1-1=-2$, $V=(-1)(-1)=1$, 즉, $(U, V)=(-2, 1)$이다. 마찬가지로 X, Y의 모든 값에 대하여 (U, V)가 취하는 값 (u, v)를 구해

분할표의 각 칸에 정리하면 다음과 같다.

x \ y	-1	0	1
-1	$(-2,\ 1)$	$(-1,\ 0)$	$(0,\ -1)$
0	$(-1,\ 0)$	$(0,\ 0)$	$(1,\ 0)$
1	$(0,\ -1)$	$(1,\ 0)$	$(2,\ 1)$

이로부터 확률변수 U는 -2부터 2까지의 정수를 갖고, V는 -1부터 1까지의 정수를 가진다. 각 경우의 확률은 다음과 같이 얻을 수 있다.

$$P(U=-2,\ V=1)=P(X=-1,\ Y=-1)=0.05$$
$$P(U=-1,\ V=0)=P(X=-1,\ Y=0)+P(X=0,\ Y=-1)=0.2$$
$$P(U=0,\ V=0)=P(X=0,\ Y=0)=0.05$$
$$P(U=0,\ V=-1)=P(X=-1,\ Y=1)+P(X=1,\ Y=-1)=0.25$$
$$P(U=1,\ V=0)=P(X=1,\ Y=0)+P(X=0,\ Y=1)=0.3$$
$$P(U=2,\ V=1)=P(X=1,\ Y=1)=0.15$$

이 이외 경우의 확률은 모두 0이다. 이를 $(U,\ V)'$에 대한 확률분포표로 정리하면 다음과 같다.

v \ u	-2	-1	0	1	2	$p_V(\cdot)$
-1	0	0	0.25	0	0	0.25
0	0	0.20	0.05	0.30	0	0.55
1	0.05	0	0	0	0.15	0.20
$p_U(\cdot)$	0.05	0.20	0.30	0.30	0.15	1

확률벡터 $\boldsymbol{X}$가 $k(>2)$개의 이산 확률변수들로 이루어진 경우에도 확률분포는 결합 누적분포함수나 결합 확률질량함수에 의해 결정된다. 예를 들어 확률벡터 $\boldsymbol{X}$가 k개의 확률변수 $X_1,\ X_2,\ \ldots,\ X_k$로 이루어져 있을 때, 즉 $\boldsymbol{X}=(X_1,\ X_2,\ \ldots,\ X_k)'$로 표현할 때 $\boldsymbol{X}$의 누적분포함수는 임의의 $(x_1,\ x_2,\ \ldots,\ x_k)'\in R^k$에 대하여

$$F(x_1,\ x_2,\ \ldots,\ x_k)=P(X_1\le x_1,\ X_2\le x_2,\ \ldots,\ X_k\le x_k)$$

로 정의하며, $\boldsymbol{X}$의 결합 확률질량함수는 다음과 같다.

$$p(x_1, x_2, \dots, x_k) = P(X_1 = x_1, X_2 = x_2, \dots, X_k = x_k)$$

확률벡터 $\boldsymbol{X}$를 이루는 k개의 확률변수 $X_1, X_2, \dots, X_k$ 중 $r < k$개의 확률변수 $X_{i_1}, X_{i_2}, \dots, X_{i_r}$로 이루어진 확률벡터를 $\boldsymbol{X}_0$라고 하면 $\boldsymbol{X}_0$의 주변 확률질량함수는 $\boldsymbol{X}_0$에 포함되지 않은 확률변수들이 가지는 모든 값에 대하여 결합 확률질량함수값을 합하여 얻어진다. 예를 들어 $k=5$이고, $r=2$, $i_1=2$, $i_2=4$라고 하면 $\boldsymbol{X}_0 = (X_2, X_4)'$의 주변 확률질량함수는 x_1, x_3, x_5가 가지는 모든 값에 대하여 확률질량함수값을 더해서 얻을 수 있다. 즉,

$$p_{X_2, X_4}(x_2, x_4) = \sum_{x_1}\sum_{x_3}\sum_{x_5} p(x_1, x_2, x_3, x_4, x_5)$$

로 구한다.

다변량 이산 확률분포의 유용한 예의 하나로 다항분포가 있다. 다음 다항정리는 3장의 이항정리의 내용을 확장한 것으로 다항분포와 관계된 계산에서 유용한 도구를 제공한다.

다항정리

$$(x_1 + x_2 + \cdots + x_r)^n = \sum_{\substack{n_1, n_2, \dots, n_r, \\ n_1 + \cdots + n_r = n}} \binom{n}{n_1, n_2, \dots, n_{r-1}} x_1^{n_1} x_2^{n_2} \cdots x_r^{n_r}$$

이때 $\binom{n}{n_1, n_2, \dots, n_{r-1}}$를 다항계수라고 하고 다음과 같이 정의한다.

$$\binom{n}{n_1, n_2, \dots, n_{r-1}} = \frac{n!}{n_1! \times \cdots \times n_r!}$$

여기서 $n_r = n - n_1 - \cdots - n_{r-1}$이고, $r=2$일 때 다항계수는 이항계수와 같아짐을 알 수 있다.

다항분포(multinomial distribution)는 베르누이 시행의 매 시행에서 가능한 결과의 가짓수가 2보다 많을 때 적용할 수 있는 분포이다. 즉, 매 시행에서의 결과가 $r(>2)$개이고, 매 시행이 서로 독립이고, 매 시행에서의 각 결과의 확률(p_1, p_2,

..., p_r, $\sum_1^r p_i = 1$)이 일정할 때, n번의 시행에서의 각 결과의 횟수를 X_1, X_1, ..., X_r ($\sum_1^r X_i = n$)이라고 하면 확률벡터 $(X_1, X_2, ..., X_{r-1})'$는 모수가 $(n, p_1, ..., p_{r-1})$인 다항분포를 따른다고 하고

$$(X_1, X_2, ..., X_{r-1})' \sim M(n, p_1, ..., p_{r-1})$$

로 표현한다. 다항분포의 결합 확률질량함수는 다음과 같다.

$$p(x_1, ..., x_{r-1}) = \binom{n}{x_1, ..., x_{r-1}} p_1^{x_1} p_2^{x_2} \cdots p_r^{x_r}$$
$$p_r = 1 - \sum_1^{r-1} p_i, \quad x_r = n - \sum_1^{r-1} x_i$$

이 결합 확률질량함수는 $r=2$일 때 이항분포의 확률질량함수와 같다. 따라서 이항분포는 다항분포의 특별한 경우라고 할 수 있다.

가장 간단한 다항분포의 예로 주사위 던지기 실험을 들 수 있다. 예를 들어 10번 주사위 던지기 실험을 고려해 보자. 이때 $1 \le i \le 5$에 대하여 확률변수 X_i를 10번 중 i가 나온 횟수라고 하면 다음을 만족한다.

$$(X_1, X_2, X_3, X_4, X_5)' \sim M\left(10, \frac{1}{6}, \frac{1}{6}, \frac{1}{6}, \frac{1}{6}, \frac{1}{6}\right)$$

여기서 만약 X_1만 고려한다면 매 시행에서 결과가 1이거나 1이 아닌 두 경우뿐이므로 X_1은 모수가 (10, 1/6)인 이항분포를 따름을 알 수 있다. 또한 (X_1, X_3)의 주변 확률분포는 모수가 (10, 1/6, 1/6)인 다항분포를 따른다.

또한 예를 들어 Y_1를 1, 2, 또는 3이 나온 횟수, Y_2를 4 또는 5가 나온 횟수라고 하면 다음을 만족한다.

$$(Y_1, Y_2)' \sim M\left(10, \frac{1}{2}, \frac{1}{3}\right)$$

다음 예제는 다항분포를 이용하는 간단한 예를 보여 준다.

예제 5.3

3명의 사람이 모여 독립적으로 1부터 5까지의 숫자 중 하나를 임의로 선택하는 시행을 8번 반복한다고 하자. 그 중 3명이 모두 같은 숫자를 선택하는 횟수를 X라고 하고, 2명이 같은 숫자를 선택하고 1명만 다른 숫자를 선택하는 횟수를 Y라고 할 때 다음 물음에 답하라.

(1) 확률벡터 $(X,\ Y)'$의 결합 확률분포를 밝히고, $P(X=1,\ Y=5)$를 구하라.
(2) 확률변수 Y의 확률분포를 밝히고, $P(Y=5)$를 계산하라.

풀이 (1) 3명이 1부터 5까지의 숫자를 선택할 때 매 시행마다 가능한 결과는 3명 모두 같은 숫자를 선택하거나, 2명이 같은 숫자를 선택하고 1명만 다른 숫자를 선택하거나, 3명 모두 다른 숫자를 선택하는 3가지이다. 각각의 확률을 순서대로 $p_1,\ p_2,\ p_3$라고 하면 $(X,\ Y)'$는 모수가 $(8,\ p_1,\ p_2)$인 다항분포를 따른다. 여기서 정확한 분포를 구하기 위해서 $p_1,\ p_2$를 구해야 한다.

3명이 선택하는 모든 경우의 수는 5^3이고 균등 확률모형을 적용하여 확률을 계산하면

$$p_1=\frac{5}{5^3}=\frac{1}{25},\qquad p_2=\frac{\binom{3}{1}5\times 4}{5^3}=\frac{12}{25},\qquad p_3=\frac{5\times 4\times 3}{5^3}=\frac{12}{25}$$

이고, $p_1+p_2+p_3=1$을 확인할 수 있다. 이로부터 $(X,\ Y)'$의 결합 확률분포는

$$\begin{pmatrix} X \\ Y \end{pmatrix}\sim M\left(8,\ \frac{1}{25},\ \frac{12}{25}\right)$$

이다. 따라서 구하고자 하는 확률은

$$P(X=1,\ Y=5)=\binom{8}{1,5}\left(\frac{1}{25}\right)\left(\frac{12}{25}\right)^5\left(\frac{12}{25}\right)^2=0.03945$$

이다.

(2) 확률변수 Y는 2명이 같은 숫자를 선택하고 1명이 다른 숫자를 선택하는 경우의 수이다. 따라서 이 경우는 매 시행의 결과를 2명이 같은 숫자를 선택하고 1명이 다른 숫자를 선택하는 결과와 그 외의 결과, 즉 두 종류의 결과로

나누는 상황이므로 이항분포를 고려해야 한다. (1)에서 구한 확률을 이용하면 Y의 주변 확률분포는 $Bin(8,\ 12/25)$이다. 따라서 구하고자 하는 확률은

$$P(Y=5)=\binom{8}{5}\left(\frac{12}{25}\right)^5\left(\frac{13}{25}\right)^3=0.2006$$

이다.

이제부터는 확률벡터 $(X,\ Y)'$가 연속인 경우에 대하여 살펴보자. 연속인 경우에는 임의의 이차원의 집합 $A\subset R^2$에 대하여 다음을 만족하는 결합 확률밀도함수 $f(x,\ y)$가 있다.

$$P\left(\begin{pmatrix}X\\Y\end{pmatrix}\in A\right)=\iint_{(x,y)'\in A}f(x,y)dxdy$$

이 식은 예를 들어 A가 일차원의 집합, $B,\ C$에 의해 $A=B\times C=\{(x,\ y)':x\in B,\ y\in C\}$로 정의되면 다음과 같이 표현된다.

$$P\left(\begin{pmatrix}X\\Y\end{pmatrix}\in A\right)=P(X\in B,\ Y\in C)=\int_C\int_B f(x,y)dx\,dy$$

만약 $A=R^2$이면 $P((X,\ Y)'\in R^2)=1$이므로

$$\int_{-\infty}^{\infty}\int_{-\infty}^{\infty}f(x,y)dx\,dy=1$$

을 만족한다. 결합 누적분포함수는 $(X,\ Y)'$가 $A=(-\infty,x)\times(-\infty,y)$에 포함될 확률이므로 결합 누적분포함수와 결합 확률밀도함수 사이에는 다음과 같은 관계가 성립한다.

$$F(x,y)=\int_{-\infty}^{y}\int_{-\infty}^{x}f(s,t)dsdt$$

이를 확률밀도함수에 대한 것으로 바꾸면 다음과 같다.

$$f(x,y) = \frac{d^2}{dxdy}F(x,y)$$

결합 확률밀도함수로부터 개별 확률변수에 대한 주변 확률밀도함수를 구해 보자. 우선 확률변수 X에 대한 주변 누적분포함수는

$$F_X(x) = F(x, \infty) = \int_{-\infty}^{x}\int_{-\infty}^{\infty} f(s, y)dyds$$

이고, 이를 x에 대하여 미분하면 X의 확률밀도함수를 다음과 같이 구할 수 있다.

$$f_X(x) = \frac{d}{dx}\int_{-\infty}^{x}\int_{-\infty}^{\infty} f(s, y)dyds = \int_{-\infty}^{\infty} f(x,y)dy$$

즉, X의 주변 확률밀도함수는 결합 확률밀도함수를 나머지 변수 y에 대하여 적분하여 구한다. 마찬가지로 Y에 대한 확률밀도함수도 다음과 같이 구할 수 있다.

$$f_Y(y) = \int_{-\infty}^{\infty} f(x, y)dx$$

다음 예제는 결합 확률밀도함수에서 주변 확률밀도함수를 구하는 하나의 예를 제시한다.

예제 5.4

확률벡터 $(X, Y)'$의 결합 확률밀도함수가 다음과 같다.

$$f(x, y) = c\,y e^{-y(2+x)}, \quad 0 < x < \infty, \; 0 < y < \infty$$

(1) 적합한 c를 구하라.

(2) Y는 어떤 확률분포를 따르는지 밝히고, $P(Y > 1 | Y > 0.5)$를 계산하라.

풀이 (1) 결합 확률밀도함수를 R^2에서 적분하면 1이라는 사실로부터, 즉

$$\int_{-\infty}^{\infty}\int_{-\infty}^{\infty} f(x, y)dx\,dy = 1$$

이라는 사실로부터 적합한 c를 구해야 한다. 따라서

$$1=\int_{-\infty}^{\infty}\int_{-\infty}^{\infty}f(x,y)dx\,dy=c\int_{0}^{\infty}\int_{0}^{\infty}ye^{-2y}e^{-xy}\,dx\,dy$$

이고, 지수분포의 확률밀도함수를 적분하면 1이 된다는 사실을 이용하면

$$1=c\int_{0}^{\infty}e^{-2y}\int_{0}^{\infty}ye^{-xy}\,dx\,dy=\frac{c}{2}\int_{0}^{\infty}2e^{-2y}dy=\frac{c}{2}$$

이므로 $c=2$ 이다.

(2) (1)의 답을 구하는 과정에서 얻은 결과를 이용하면 Y의 주변 확률밀도함수를 다음과 같이 얻을 수 있다.

$$f_Y(y)=\int_{-\infty}^{\infty}f(x,y)dx=2e^{-2y},\quad 0<y<\infty$$

따라서 Y는 보수가 2인 지수분포를 따른다. 따라서 지수분포의 비기억성을 이용하면

$$P(Y>1|Y>0.5)=P(Y>0.5)=e^{-1}=0.3679$$

이다.

다음 예제는 이차원에서의 균일분포에 대한 문제를 다룬다.

예제 5.5

반지름이 1인 원의 내부에서 임의로 선택한 점의 좌표를 $(X,\ Y)'$라고 하면 $(X,\ Y)'$의 확률분포는 $x^2+y^2\le 1$에서 균일하게 분포한다. 따라서 $(X,\ Y)'$는 이차원 공간에서 균일분포를 따른다고 할 수 있다. 다음 물음에 답하라.

(1) $(X,\ Y)'$의 결합 확률밀도함수를 밝혀라.
(2) X의 주변 확률밀도함수를 구하라.
(3) 원점부터 선택한 점까지의 거리를 D라고 할 때, D의 확률밀도함수를 구하라.

풀이 (1) $(X,\ Y)'$가 $x^2+y^2\le 1$에서 균일하게 분포하므로 확률밀도함수는 그 구역에서 일정한 상수 값을 가진다. 확률밀도함수의 적분은 1이므로 그 구역의 넓

이인 π의 역수가 확률밀도함수의 값이 된다. 즉, 결합 확률밀도함수는 다음과 같다.

$$f(x, y) = \frac{1}{\pi}, \quad x^2 + y^2 \le 1$$

(2) X의 주변 확률밀도함수는 결합 확률밀도함수를 y에 대하여 적분해서 얻는데, $-1 \le x \le 1$를 만족하는 임의의 x에 대하여 결합 확률밀도함수는 y가 구간 $(-\sqrt{1-x^2}, \sqrt{1-x^2})$에 있을 때에 0이 아닌 값을 가지므로 $-1 \le x \le 1$에서 X의 주변 확률밀도함수는

$$f_X(x) = \int_{-\infty}^{\infty} f(x, y)dy = \int_{-\sqrt{1-x^2}}^{\sqrt{1-x^2}} \frac{1}{\pi} dy = \frac{2\sqrt{1-x^2}}{\pi}$$

이다.

(3) 선택한 점의 좌표가 $(X, Y)'$이므로 $D = \sqrt{X^2 + Y^2}$이고, $(0, 1)$ 사이의 값을 갖는다. D의 누적분포함수를 구하면

$$F_D(a) = P(D \le a) = P(\sqrt{X^2 + Y^2} \le a) = P(X^2 + Y^2 \le a^2) = a^2$$

이고, 따라서 이를 미분하여 D의 확률밀도함수를 구하면

$$f_D(a) = 2a, \quad 0 < a \le 1$$

이다.

확률벡터 $\boldsymbol{X}$가 $k(>2)$개의 연속 확률변수들로 이루어진 경우에도 확률분포는 결합 누적분포함수나 결합 확률밀도함수에 의해 결정된다. 확률벡터 $\boldsymbol{X}$를 $\boldsymbol{X} = (X_1, X_2, \ldots, X_k)'$로 표현할 때 $\boldsymbol{X}$의 누적분포함수는 이산인 경우와 같고, $\boldsymbol{X}$의 결합 확률밀도함수는 결합 누적분포함수로부터 다음과 같이 구한다.

$$f(x_1, x_2, \ldots, x_k) = \frac{d^k}{dx_1 dx_2 \cdots dx_k} F(x_1, x_2, \ldots, x_k)$$

또한 $r < k$개의 확률변수 $X_{i_1}, X_{i_2}, \ldots, X_{i_r}$로 이루어진 확률벡터 $\boldsymbol{X}_0$의 주변 확

률밀도함수는 $\boldsymbol{X}_0$에 포함되지 않은 확률변수들이 가지는 값의 구간에 대하여 결합 확률밀도함수를 적분해서 얻을 수 있다. 예를 들어 $k=5$이고, $r=2$, $i_1=2$, $i_2=4$라고 하면 $\boldsymbol{X}_0=(X_2, X_4)'$의 주변 확률밀도함수는 x_1, x_3, x_5에 대하여 확률밀도함수를 적분해서 얻을 수 있다. 즉,

$$f_{X_2, X_4}(x_2, x_4)=\int_{-\infty}^{\infty}\int_{-\infty}^{\infty}\int_{-\infty}^{\infty} f(x_1, x_2, x_3, x_4, x_5)dx_5 dx_3 dx_1$$

로 구한다.

2. 조건부 확률분포

이 절에서는 확률벡터에서 그 중 일부 확률변수에 대한 정보가 주어져 있을 때 나머지 확률변수의 조건부 확률분포에 대한 공부를 하고자 한다.

확률변수 X와 Y가 이산일 때 확률벡터 $(X, Y)'$의 결합 확률질량함수를 $p(x, y)$라고 하면 $Y=y$로 주어졌을 때, 임의의 x에 대하여 $X=x$일 조건부 확률은

$$P(X=x|Y=y)=\frac{P(X=x, Y=y)}{P(Y=y)}=\frac{p(x, y)}{p_Y(y)}$$

이다. 이를 $Y=y$일 때의 X의 **조건부 확률질량함수**라고 하고, $p_{X|Y}(x|y)$로 표현한다. 이 조건부 확률질량함수는 앞의 3장에서 공부한 조건부 확률질량함수와 같이 확률질량함수가 갖는 특징을 모두 갖는다. 즉,

$$0 \le p_{X|Y}(x|y) \le 1, \quad \sum_x p_{X|Y}(x|y)=1$$

을 만족한다. 따라서 $Y=y$일 때 $X\in A$인 조건부 확률을 계산할 때 다음과 같이 조건부 확률질량함수를 이용한다.

$$P(X\in A|Y=y)=\sum_{x\in A} p_{X|Y}(x|y)$$

이를 이용하여 조건부 누적분포함수는 다음과 같이 구할 수 있다.

$$F_{X|Y}(x|y) = P(X \le x | Y = y) = \sum_{u \le x} p_{X|Y}(u|y)$$

예제 5.6

다음 물음에 답하라.

(1) 예제 5.1에서 $Y=1$일 때의 X의 조건부 확률분포를 구하고, $P(X<0|Y=1)$을 계산하라.

(2) 예제 5.3에서 $Y=5$일 때의 X의 조건부 확률분포를 구하라.

풀이 (1) 확률분포표로부터 $P(Y=1)=g=0.45$이므로 $Y=1$일 때 X의 조건부 확률질량함수는 해당하는 결합 확률질량함수를 0.45로 나누어서 구할 수 있다. 따라서 조건부 질량함수는

$$p_{X|Y}(-2|1) = \frac{0.05}{0.45} = \frac{1}{9}, \quad p_{X|Y}(-1|1) = \frac{3}{9}$$

$$p_{X|Y}(0|1) = \frac{4}{9}, \quad p_{X|Y}(1|1) = \frac{1}{9}$$

이고, 이를 정리하면 다음과 같이 확률분포표를 구할 수 있다.

x	−2	−1	0	1	합계
$p_{X\|Y}(x\|1)$	1/9	3/9	4/9	1/9	1

따라서 구하고자 하는 확률은

$$P(X<0|Y=1) = p_{X|Y}(-2|1) + p_{X|Y}(-1|1) = \frac{1}{9} + \frac{3}{9} = \frac{4}{9} = 0.\dot{4}$$

이다.

(2) 위의 예제 5.3(2)에서 구한 것과 같이 $Y=5$일 확률이 0.2006이므로 $Y=5$일 때 X의 조건부 질량함수는 X가 가질 수 있는 값에서의 결합 확률질량함수를 0.2006으로 나눠서 구할 수 있다.

그러나 이 경우는 연역적인 방법으로 유추할 수 있다. $Y=5$라는 사실이 주어져 있다면, 즉 8번의 시행 중 두 번째 결과가 5번 나왔다면, 남은 3번의 시행에서 첫 번째 결과가 나오는 횟수인 X는 0, 1, 2, 3 중 하나의 값을 가

진다. 또한 남은 3번의 시행에서는 첫 번째 결과 혹은 세 번째 결과만이 나올 수 있으므로 3번의 각각의 시행에서 첫 번째 결과가 나올 확률은 조건부 확률을 이용하면 1/13로 구할 수 있다. 따라서 $Y=5$라는 사실이 주어져 있을 때 X의 조건부 분포는 $n=3$이고 성공확률이 1/13인 이항분포를 따른다. 즉,

$$X|_{Y=5} \sim Bin(3,\ 1/13)$$

이다.

이를 다항분포의 확률질량함수를 이용하여 확인해 보자. 즉, $(X,\ Y)' \sim M(8,\ 1/25,\ 12/25)$라는 사실을 이용하면 $Y=5$인 경우의 결합 확률질량함수는

$$p(x,\ 5) = \binom{8}{x,\ 5}\left(\frac{1}{25}\right)^{x}\left(\frac{12}{25}\right)^{5}\left(\frac{12}{25}\right)^{3-x}, \quad x=0,\ 1,\ 2,\ 3$$

이고, 이를 $p_Y(5) = \binom{8}{5}\left(\frac{12}{25}\right)^{5}\left(\frac{13}{25}\right)^{3}$로 나누면

$$p_{X|Y}(x|5) = \binom{3}{x}\left(\frac{1}{13}\right)^{x}\left(\frac{12}{13}\right)^{3-x}, \quad x=0,\ 1,\ 2,\ 3$$

이다. 위에서 설명한 바와 같이 $Y=5$일 때 X의 조건부 확률분포는 $n=3$이고 성공확률이 1/13인 이항분포를 따른다.

일반적으로 $(X_1,\ X_2,\ \ldots,\ X_{r-1})' \sim M(n,\ p_1,\ \ldots,\ p_{r-1})$일 때 조건부 확률분포를 구하는 것은 조건으로 주어진 시행과 결과를 제외하고 나머지 시행에서의 나머지 가능한 결과들만 고려하는 다항분포의 문제와 같다. 예를 들어 앞에서 언급한 주사위 10번 던지기 실험에서 $X_2=2$, $X_4=1$로 주어졌을 때 $(X_1,\ X_3,\ X_5)'$의 조건부 분포는 1, 3, 5, 6 중에 하나만 나오는 정사면체 주사위를 7번 던질 때의 분포와 같아진다. 따라서

$$(X_1,\ X_3,\ X_5)'|_{X_1=2,\ X_4=1} \sim M\left(7,\ \frac{1}{4},\ \frac{1}{4},\ \frac{1}{4}\right)$$

라고 할 수 있다.

이제 확률변수 X와 Y가 연속인 경우를 살펴보자. 이 경우에는 임의의 사건 A에 대해 $P(Y=y)=0$, $P(X\in A,\ Y=y)=0$이므로 2장에서 배운 조건부 확률의 정의로는 $P(X\in A\,|\,Y=y)$가 정의되지 않는다. 대신 이산형 확률변수에서 성립하였던 다음의 식

$$P(X\in A\,|\,Y=y)=\sum_{x\in A}p_{X\,|\,Y}(x|y)=\sum_{x\in A}\frac{p(x,y)}{p_Y(y)}$$

을 확률밀도함수로 확장하여 조건부 확률을 정의하고자 한다. $Y=y$일 때 $X\in A$인 조건부 확률은 다음과 같이 정의하자.

$$P(X\in A\,|\,Y=y)=\int_{x\in A}f_{X|Y}(x|y)\,dx$$

여기서 $f_{X|Y}(x|y)$는 $Y=y$일 때의 X의 **조건부 확률밀도함수**라고 하고, 이는 $(X,\ Y)'$의 결합 확률밀도함수가 $f(x,\ y)$이고, Y의 주변 확률밀도함수가 $f_Y(y)$일 때 다음과 같이 정의된다.

$$f_{X|Y}(x|y)=\frac{f(x,\ y)}{f_Y(y)},\qquad -\infty<x<\infty$$

조건부 확률밀도함수는 앞의 4장에서 공부한 조건부 확률밀도함수와 같이 확률밀도함수의 특성을 모두 갖는다. 즉,

$$f_{X|Y}(x|y)\ge 0,\qquad \int_R f_{X|Y}(x|y)dx=1$$

을 만족한다.

$Y=y$일 때의 X의 조건부 누적분포함수는 다음과 같이 구한다.

$$F_{X|Y}(x|y)=\int_{-\infty}^{x}f_{X|Y}(u|y)\,du$$

다음의 두 예제는 결합 확률밀도함수가 주어져 있을 때 그로부터 주변 확률밀도함수나 조건부 확률밀도함수를 구하는 문제를 다룬다.

예제 5.7

확률변수 X와 Y의 결합 확률밀도함수가 다음과 같을 때 물음에 답하라.

$$f(x,\ y) = cy^2 e^{-y(1+x)}, \quad 0 < x < \infty, \quad 0 < y < \infty$$

(1) 적합한 상수 c를 구하라.

(2) $Y = y$로 주어졌을 때 X의 조건부 확률밀도함수를 구하고, $P(X > 1 \mid Y = y)$를 계산하라.

(3) X의 주변 확률밀도함수를 구하고, $Y|_{X=3}$는 어떤 분포를 따르는지 밝혀라.

풀이 (1) 결합 확률밀도함수를 전 구역에서 적분하면 1이라는 사실로부터

$$1 = \int_{-\infty}^{\infty}\int_{-\infty}^{\infty} f(x, y)dxdy = \int_0^{\infty}\int_0^{\infty} c\, y^2 e^{-y(1+x)}dxdy$$

이 성립해야 한다. 오른쪽 적분에서 ye^{-yx}는 x에 대한 함수로 볼 때 모수가 y인 지수분포의 확률밀도함수이고, ye^{-y}는 $\Gamma(2\ ,1)$의 확률밀도함수이므로 이를 이용하여 계산하면 다음과 같다.

$$1 = \int_0^{\infty} cye^{-y}\int_0^{\infty} ye^{-yx}dxdy = c$$

따라서 $c = 1$이다.

(2) Y의 주변 확률밀도함수를 구하면

$$f_Y(y) = \int_{-\infty}^{\infty} f(x,\ y)dx = ye^{-y}\int_0^{\infty} ye^{-yx}dx = ye^{-y}$$

이고, 즉, $Y \sim \Gamma(2,\ 1)$이다. $Y = y$로 주어졌을 때 X의 조건부 확률밀도함수는

$$f_{X|Y}(x|y) = \frac{f(x,\ y)}{f_Y(y)} = ye^{-yx}, \quad 0 < x < \infty$$

이고, 이는 위에서 설명한 바와 같이 모수가 y인 지수분포의 확률밀도함수이다. 조건부 확률밀도함수를 이용하여 조건부 확률을 구하면 다음과 같다.

$$P(X > 1 \mid Y = y) = \int_1^{\infty} f_{X|Y}(x|y)dx = \int_1^{\infty} ye^{-yx}dx = e^{-y}$$

(3) 우선 X의 주변 확률밀도함수를 구하려면

$$f_X(x) = \int_0^{\infty} y^2 e^{-(1+x)y} dy$$

를 계산해야 한다. 이때 $y^2 e^{-(1+x)y}$를 y의 함수로 보면 $\Gamma(3,\ (1+x))$의 확률밀도함수에서 상수 부분을 제외한 형태를 가지고 있다. 이를 이용하면 다음과 같이 계산할 수 있다.

$$f_X(x) = \frac{2}{(1+x)^3}\int_0^{\infty} \frac{(1+x)^3}{\Gamma(3)} y^2 e^{-(1+x)y} dy = \frac{2}{(1+x)^3}$$

따라서 $X = x$일 때 Y의 조건부 확률밀도함수는

$$f_{Y|X}(y|x) = \frac{y^2 e^{-(1+x)y}}{2/(1+x)^3}$$

이고, $X = 3$일 때 조건부 확률밀도함수는 다음과 같다.

$$f_{Y|X}(y|3) = \frac{y^2 e^{-(1+3)y}}{2/(1+3)^3} = \frac{4^3}{\Gamma(3)} y^2 e^{-4y}$$

이는 $\Gamma(3,4)$의 확률밀도함수이므로 $Y|_{X=3} \sim \Gamma(3,\ 4)$이다.

예제 5.8

확률벡터 $(X,\ Y)'$의 결합 확률밀도함수가 다음과 같다.

$$f(x,\ y) = c\,x^3 e^{-y}, \quad 0 < x < y < \infty$$

(1) 적합한 c를 구하고, X와 Y의 주변 확률밀도함수를 구하라.

(2) $P(Y > 6 | X = 4)$를 구하라.

풀이 (1) 결합 확률밀도함수를 적분하면 1이 된다는 사실로부터

$$1 = \int_{-\infty}^{\infty}\int_{-\infty}^{\infty} f(x, y)dx\,dy = c\int\int_{0<x<y<\infty} x^3 e^{-y}\,dy\,dx$$

를 계산하여 적합한 c를 구하면 된다. 이때 적분을 계산할 때 적분구간에 유의해야 하는데, x나 y 중 어느 변수에 대하여 먼저 적분하느냐에 따라 다음과 같이 적분의 구간이 달라져야 한다.

$$\int_0^{\infty}\int_0^{y} f(x, y)dx\,dy = \int_0^{\infty}\int_x^{\infty} f(x,y)dy\,dx$$

이 두 적분의 식 중 계산이 수월한 식을 이용하여 계산하면 된다. 이 문제의 경우에는 어느 식을 이용하여도 수월하게 얻을 수 있으며 여기서는 y에 대하여 먼저 계산하면

$$1 = c\int_0^{\infty} x^3 \int_x^{\infty} e^{-y}dy\,dx = c\int_0^{\infty} x^3 e^{-x}dx$$

이고, x를 포함하는 부분 x^3e^{-x}는 $\Gamma(4,\ 1)$의 확률밀도함수에서 상수부분을 제외한 형태이므로

$$1 = c\int_0^{\infty} x^3 e^{-x}dx = c\Gamma(4)\int_0^{\infty}\frac{1}{\Gamma(4)}x^3e^{-x}dx = 6c$$

가 성립하고, 따라서 $c = 1/6$이다.

확률변수 X의 주변 확률밀도함수는 y에 대하여 $x < y < \infty$ 구간에서 적분하여 구하면 되는데 위에서 계산한 바와 같이

$$f_X(x) = \frac{1}{6}x^3\int_x^{\infty} e^{-y}\,dy = \frac{1}{6}x^3e^{-x}, \quad 0 < x < \infty$$

이고, 앞에서 언급한 바와 같이 $X \sim \Gamma(4,\ 1)$이다. 한편, Y의 주변 확률밀도함수는 x에 대하여 $0 < x < y$ 구간에서 적분하여 구하면

$$f_Y(y) = \frac{1}{6}\int_0^{y} x^3\,dx\ e^{-y} = \frac{1}{24}y^4e^{-y}, \quad 0 < y < \infty$$

이고, 이로부터 $Y \sim \Gamma(5,\ 1)$라는 사실을 알 수 있다.

(2) $X = 4$일 때 Y의 조건부 확률밀도함수는

$$f_{Y|X}(y|4) = \frac{f(4,\ y)}{f_X(4)} = \frac{4^3 e^{-y}/6}{4^3 e^{-4}/6} = e^{-(y-4)}, \quad 4 < y$$

이다. 따라서 구하고자 하는 확률은

$$P(Y > 6|X = 4) = \int_6^{\infty} e^{-(y-4)} dy = e^{-2} = 0.1353$$

이다.

이제까지와 방향을 좀 달리 해서 바라보면 주변 확률분포와 조건부 확률분포가 주어져 있을 때 이로부터 결합 확률분포를 알아내기도 한다. 다음의 예제는 이런 종류의 한 예를 보여 준다.

예제 5.9

확률변수 X는 $X \sim \Gamma(2,\ 1)$를 따르고, $X = x$로 주어져 있을 때 Y의 조건부 분포가 $(0,\ x)$에서의 균일확률분포를 따른다고 할 때 X와 Y의 결합 확률밀도함수를 구하라.

풀이 X의 주변 확률밀도함수는 $x > 0$에서 $f_X(x) = xe^{-x}$이고, $Y|_{X=x} \sim Unif(0,\ x)$이므로 $0 < y < x$에서 $f_{Y|X}(y|x) = 1/x$이다. 따라서 결합 확률밀도함수는

$$f(x,\ y) = f_X(x)\, f_{Y|X}(y|x) = e^{-x}, \quad 0 < y < x < \infty$$

이다.

3. 확률변수들의 독립

이 절에서는 확률변수들의 독립을 정의하고 독립인 확률변수들과 관련된 문제를 살

펴보고자 한다.

두 개의 확률변수 X와 Y가 독립이기 위한 조건은 다음과 같다.

두 확률변수 X와 Y가 독립이기 위한 조건
임의의 집합 $A \subset R$, $B \subset R$에 대하여 다음을 만족하면 X와 Y가 독립이다.

$$P(X \in A,\ Y \in B) = P(X \in A)\,P(Y \in B)$$

또한 X와 Y가 독립이기 위한 조건을 누적분포함수에 대한 것으로 표현할 수도 있다. 즉, X와 Y가 독립이기 위해서 모든 $(x,\ y)$에 대하여 다음을 만족해야 한다.

$$F(x,\ y) = F_X(x)F_Y(y)$$

또한 이 조건을 확률밀도(질량)함수에 대한 것으로 표현하면 다음과 같다.

- 이산인 경우: $p(x,\ y) = p_X(x)p_Y(y)$
- 연속인 경우: $f(x,\ y) = f_X(x)f_Y(y)$

예를 들어 위의 예제 5.2의 경우를 보면

$$p(0,\ -1) = 0.10 = p_X(0)\,p_Y(-1) = 0.4 \times 0.25$$

인 반면에

$$p(0, 1) = 0.25 \neq p_X(0)\,p_Y(1) = 0.4 \times 0.55 = 0.22$$

이다. 따라서 모든 $(x,\ y)$에서 $p(x,y) = p_X(x)p_Y(y)$이 성립한다는 독립의 조건을 만족시키지 못하므로 X, Y는 서로 독립이 아니다.

다음의 예제는 독립인 두 개의 확률변수로부터 새로운 확률변수들을 만들고 그들의 결합 확률분포를 구하는 문제이다.

예제 5.10

확률변수 U_1과 U_2가 서로 독립이고, 순서적으로 $p = 1/2,\ 1/3$인 베르누이분포를 따

른다고 하자. 확률변수 X와 Y를 다음과 같이 정의한다고 할 때

$$X = U_1 + U_2, \quad Y = U_1 - 2U_2$$

X와 Y의 결합 확률분포표를 작성하고, X와 Y가 서로 독립인지 판단하라.

풀이 확률변수 U_1과 U_2가 취하는 값에 따라 X와 Y가 어떤 값을 갖는지 정리하면 다음과 같다. 여기서 마지막 열의 확률은 U_1과 U_2의 독립성을 이용하여 $P(U_1 = u_1, U_2 = u_2)$를 구한 것이다.

u_1	u_2	$x = u_1 + u_2$	$y = u_1 - 2u_2$	확률
1	1	2	−1	1/6
1	0	1	1	1/3
0	1	1	−2	1/6
0	0	0	0	1/3

따라서 이 표의 내용을 이용하여 X와 Y의 결합 확률분포표를 작성하면 다음과 같다.

x \ y	−2	−1	0	1	$p_X(x)$
0	0	0	1/3	0	1/3
1	1/6	0	0	1/3	1/2
2	0	1/6	0	0	1/6
$p_Y(y)$	1/6	1/6	1/3	1/3	1

확률변수 X와 Y가 독립인지 알아보자. 확률분포표로부터

$$p(0, -2) = 0 \neq p_X(0)p_Y(-2) = \frac{1}{3} \times \frac{1}{6}$$

이므로 X와 Y는 독립이 아니다.

다음의 예제는 독립인 두 개의 연속 확률변수에 의해 만들어지는 결합 확률분포에 대한 문제를 다룬다.

예제 5.11

남자와 여자가 오후 12시 10분경에 어떤 장소에서 만나기로 약속했다. 남자는 12시에서 12시 30분 사이에 균일하게 분포된 시간에 도착하고, 여자는 남자와 독립적으로 12시 이후 도착까지 걸리는 시간(단위: 분)이 기댓값이 10인 지수분포를 따른다고 한다. 남자가 먼저 도착할 확률을 구하라.

풀이 12시 이후에 도착까지의 시간을 남자의 경우 Y라고 하고, 여자의 경우 X라고 하면 X와 Y는 서로 독립이고 다음과 같이 분포한다.

$$X \sim Exponential\left(\frac{1}{10}\right), \qquad Y \sim Unif(0,\ 30)$$

따라서 X의 확률밀도함수는 $x > 0$에서 $f_X(x) = \frac{1}{10}e^{-x/10}$, Y의 확률밀도함수는 $0 < y < 30$에서 $f_Y(y) = 1/30$이고, 결합 확률밀도함수는 이 둘의 곱으로 표현된다. 즉,

$$f(x,\ y) - \frac{1}{300}e^{-x/10}, \quad 0 < x < \infty, \quad 0 < y < 30$$

남자가 먼저 도착할 확률은 $P(Y < X)$이므로 결합 확률밀도함수를 아래 그림의 어두운 부분에서 적분해야 한다.

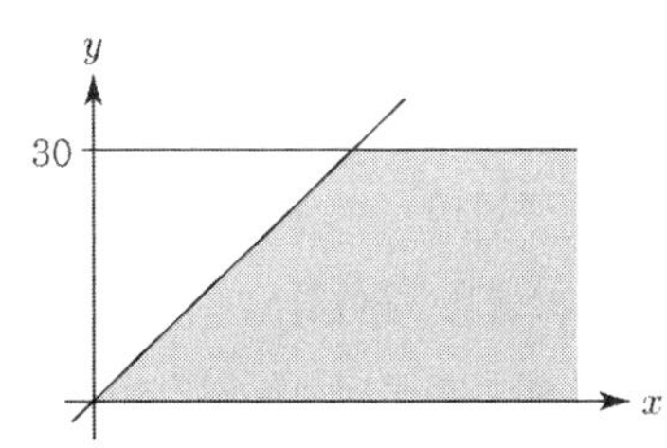

따라서 구하고자 하는 확률은 다음 식에 의해 구할 수 있고,

$$P(Y < X) = \int_0^{30}\int_y^{\infty} \frac{1}{300}e^{-x/10}dxdy$$

여기서 $\int_y^{\infty} \frac{1}{10}e^{-x/10}dx = e^{-y/10}$이므로

$$P(Y<X)=\int_0^{30} e^{-y/10}\frac{1}{30}dy$$
$$=\frac{1}{3}\int_0^{30}\frac{1}{10}e^{-y/10}dy$$
$$=\frac{1}{3}(1-e^{-3})=0.3167$$

을 얻을 수 있다.

다음의 예제는 지수분포를 따르는 독립인 두 개의 확률변수에 대하여 조건부 분포와 연계된 확률의 문제를 다룬다.

예제 5.12

예제 4.23의 상황을 다시 고려해 보자. 은행에서 일하는 두 명의 사원 A, B가 있다. 그들이 고객의 일을 처리하는데 걸리는 시간은 A의 경우는 평균이 5(분)인 지수분포를 따르고, B의 경우는 평균이 10(분)인 지수분포를 따른다. 은행이 문을 열자마자 3명의 손님(ㄱ, ㄴ, ㄷ)이 순차적으로, 그러나 거의 동시에 들어가서 일을 처리하고 나온다고 할 때 다음 물음에 답하라. 사원 A가 처음 들어온 손님 ㄱ의 일처리를 했다고 가정한다. 물론 사원 B가 손님 ㄱ의 일처리를 했다고 가정해도 마찬가지 방법으로 결과를 얻을 수 있다. (연습문제 5.13 참조)

(1) ㄱ이 ㄴ보다 먼저 나올 확률을 구하라.
(2) ㄱ이 ㄴ보다 먼저 나왔을 때와 ㄴ이 ㄱ보다 먼저 나왔을 때 각 경우에 ㄷ이 가장 늦게 나올 조건부확률을 구하라.
(3) ㄷ이 가장 늦게 나올 확률을 구하라.
(4) ㄷ이 서비스를 받기 시작해서 끝날 때까지 걸리는 시간이 7분 이상 걸릴 확률을 구하라.

풀이 (1) 예제 4.23에서 설명한 바와 같이 사원 A와 B가 일처리에 걸리는 시간(X_A, X_B)은 다음과 같이 분포하고 서로 독립이다.

$$X_A \sim Exponential\left(\frac{1}{5}\right),\quad X_B \sim Exponential\left(\frac{1}{10}\right)$$

ㄱ이 ㄴ보다 먼저 나오는 사건을 G라고 하면, G가 일어나기 위해서는 ㄱ의 일을 처리한 A가 ㄴ의 일을 처리한 B보다 일을 처리하는 데 걸리는 시간이 짧아야 한다. 따라서 구하고자 하는 확률은

$$P(G) = P(X_A < X_B)$$

이다. 독립인 두 확률변수의 결합 확률밀도함수($f(a,b)$)는 두 확률밀도함수의 곱으로 구하므로 구하고자 하는 확률은 다음과 같이 구할 수 있다.

$$\begin{aligned} P(G) &= \int_0^\infty \int_0^y f_{X_A}(x) f_{X_B}(y) dx dy \\ &= \int_0^\infty (1/10) e^{-y/10} (1 - e^{-y/5}) dy \\ &= 1 - \int_0^\infty \frac{1}{10} c^{-3y/10} dy \\ &= \frac{2}{3} \end{aligned}$$

(2) ㄷ이 가장 늦게 나오는 사건을 H라고 하면 구하고자 하는 확률은 $P(H|G)$와 $P(H|G^c)$이다. ㄷ이 서비스를 받기 시작해서 끝날 때까지 걸린 시간을 Y라고 하면 ㄱ과 ㄴ 중 누가 먼저 나오느냐에 따라 Y의 조건부 분포는 다음을 만족한다.

$$Y|_G \sim X_A, \quad Y|_{G^c} \sim X_B$$

ㄱ이 시간 t에 일을 마치고 ㄴ보다 먼저 나왔다고 가정해 보자. ㄱ이 ㄴ보다 먼저 나왔다면 ㄷ은 사원 A에게서 일처리를 받게 되는데, ㄷ이 가장 나중에 나오려면 사원 A가 ㄷ의 일처리를 시작해서 끝날 때까지 걸리는 시간이 사원 B가 시점 t부터 ㄴ의 일처리를 마무리할 때까지 걸리는 시간보다 길어야 한다. 사원 B가 ㄴ의 일처리를 하는데 걸리는 시간은 지수분포를 따르므로 지수분포의 무기억성에 의해서 시점 t부터 ㄴ의 일처리를 마무리할 때까지 걸리는 시간도 다시 평균이 10(분)인 지수분포를 따르게 된다. 따라서 구하고자 하는 확률은 (1)의 결과를 이용하면 다음과 같다.

$$P(H|G) = P(X_A > X_B) = 1 - P(G) = \frac{1}{3}$$

마찬가지로 ㄴ이 ㄱ보다 먼저 나오는 경우에는 ㄷ이 서비스를 받기 시작한 시점부터 ㄱ의 일처리를 마칠 때까지 걸리는 시간이 ㄷ의 일처리 시간보다 짧아야 하므로, 즉 $X_A < X_B$이어야 하므로 $P(H|G^c)$는 다음과 같이 구할 수 있다.

$$P(H|G^c) = P(X_A < X_B) = P(G) = \frac{2}{3}$$

(3) 구하고자 하는 확률은 $P(H)$이므로 정리 1.1을 이용하여 G가 일어났을 때와 일어나지 않았을 때를 구별하여 다음의 식으로 구할 수 있다.

$$P(H) = P(G)P(H|G) + P(G^c)P(H|G^c)$$

이때 (1)과 (2)의 결과로부터 네 확률 $P(G) = 2/3$, $P(H|G) = 1/3$, $P(G^c) = 1/3$, $P(H|G^c) = 2/3$이므로 구하고자 하는 확률은 다음과 같다.

$$P(H) = \frac{2}{3}\frac{1}{3} + \frac{1}{3}\frac{2}{3} = \frac{4}{9}$$

(4) (3)에서와 같이 ㄷ이 어느 사원에게 서비스를 받게 되는가를 구별하여 다음의 식으로 구할 수 있다.

$$P(Y \geq 7) = P(G)P(Y \geq 7|G) + P(G^c)P(Y \geq 7|G^c)$$

이때 $Y|_G \sim X_A$, $Y|_{G^c} \sim X_B$이 성립하므로 다음과 같이 구할 수 있다.

$$\begin{aligned} P(Y \geq 7) &= P(G)P(X_A \geq 7) + P(G^c)P(X_B \geq 7) \\ &= \frac{2}{3}e^{-7/5} + \frac{1}{3}e^{-7/10} \\ &= 0.3299 \end{aligned}$$

두 개의 확률변수 X와 Y가 독립인가를 확인하기 위해서 주변 확률밀도(질량)함수를 이용했는데, 다음 정리는 주변 확률밀도(질량)함수를 구하지 않고도 독립을 확인할 수 있는 조금 더 간편한 조건을 제시한다.

정리 5.1

(X, Y)의 결합 확률밀도(질량)함수가 다음을 만족하면 X와 Y가 서로 독립이다.

$$f(x, y) = (p(x, y) =)\ h(x)\,g(y), \quad a < x < b,\ c < y < d$$

앞 장에서 설명한 바와 같이 여기서 $f(x, y)$가 0이 아닌 구역인 $a < x < b$, $c < y < d$를 정의역이라고 한다. 확률변수 X와 Y가 독립이기 위한 필요조건은 이 정의역이 서로 관계가 없어야 한다는 것이다.

예제 5.13

다음 각 항에 표현된 X와 Y의 결합 확률밀도함수로부터 그들의 독립여부를 판단하라.

(1) $f(x, y) = 2ye^{-y(2+x)}, \quad 0 < x < \infty, \quad 0 < y < \infty$

(2) $f(x, y) = \dfrac{1}{24}x^4 e^{-y}, \quad 0 < x < y < \infty$

(3) $f(x, y) = xe^{-x}e^{-y}, \quad 0 < x < \infty, \quad 0 < y < \infty$

(4) $f(x, y) = 2, \quad 0 < x < y, \quad 0 < y < 1$

풀이 (1)의 경우는 e^{-xy} 부분이 $h(x)g(y)$로 표현될 수 없으므로 독립이 아니다.
(2)와 (4)의 경우는 정의역이 서로 영향을 받으므로 독립이 아니다.
(3)의 경우는 정의역도 서로 영향을 받지 않고 $f(x, y) = (xe^{-x})(e^{-y}) = h(x)g(y)$로 표현되므로 독립이라고 할 수 있다.

확률변수들의 독립의 개념은 세 개 이상의 확률변수들에 대해서도 다음과 같이 정의할 수 있다. 우선 k개의 확률변수 $X_1, X_2, \ldots, X_k$가 서로 독립이기 위해서는 모든 가능한 k개의 집합 $A_i \subset R$, $i = 1, \ldots, k$에 대해서 다음을 만족해야 한다.

$$P(X_1 \in A_1, X_2 \in A_2, \ldots, X_k \in A_k) = \Pi_{i=1}^{k} P(X_i \in A_i)$$

이를 무한개의 확률변수들에 대한 경우로 확장하면, 무한개의 확률변수들이 서로 독립이기 위해서는 임의로 선택한 유한개의 확률변수들이 모두 서로 독립이어야 한다. 즉, 무한개의 확률변수 $X_1, X_2, \ldots$이 서로 독립이기 위해서는 모든 가능한 k개의 정수 $i_1, i_2, \ldots, i_k$에 대해서 $X_{i_1}, X_{i_2}, \ldots, X_{i_k}$가 서로 독립이어야 한다.

독립인 확률변수들은 보통 통계학에서 임의표본을 기술할 때 많이 사용된다. 어떤 모집단에서 n개의 관측 값을 얻는다고 할 때 이를 보통 n개의 확률변수 $X_1, X_2, \ldots, X_n$으로 표현하고 **임의표본**(random sample)이라고 부른다. 임의표본을 이루는 X_i들은 서로 독립이고, 모집단의 분포와 같은 분포를 따른다. 통계학이 기본적으로 임의표본의 특성을 연구하는 학문이라고 할 때, 독립 확률변수들의 집합으로 표현되는 임의표본에 대한 이해는 독립 확률변수들에 대한 이해의 바탕 위에 얻어진다고 할 수 있다.

4. 독립확률변수들의 합의 분포

이 절에서는 독립 확률변수들의 합의 분포에 대해 살펴보고자 한다. 확률변수 X와 Y가 서로 독립이고 이산인 확률변수라고 하자. X와 Y의 확률질량함수를 각각 $p_X(x)$, $p_Y(y)$라고 하면 $U = X + Y$의 확률질량함수는

$$p_U(u) = P(X+Y=u) = \sum_x P(X=x,\ X+Y=u) = \sum_x p_X(x) p_Y(u-x)$$

혹은

$$p_U(u) = P(X+Y=u) = \sum_y P(X=u-y,\ Y=y) = \sum_y p_X(u-y) p_Y(y)$$

로 구할 수 있다. 여기서 한 가지 주의할 점은 실제로 확률질량함수를 대입해서 x나 y에 대하여 합을 계산할 때 x나 y의 구역이 항상 정수 전체인 것은 아니고 확률질량함수가 0보다 큰 구역으로 한정해야 한다는 것이다.

다음의 예제에서는 포아송분포를 따르는 두 개의 확률변수가 서로 독립일 때 그 합의 분포가 포아송분포를 따르는 것을 보여 준다. 그 과정에서 합의 구역이 어떻게 바뀌는지를 살펴볼 수 있다.

예제 5.14

확률변수 X와 Y가 서로 독립이고, $X \sim Poisson(\lambda_1)$, $Y \sim Poisson(\lambda_2)$을 따를 때 $U = X + Y$가 $Poisson(\lambda_1 + \lambda_2)$을 따름을 보여라.

풀이 U의 확률질량함수는

$$p_U(n) = \sum_{k=-\infty}^{\infty} p_X(k) p_Y(n-k)$$

로 구하는데, 이때 k가 $k \geq 0$과 $n-k \geq 0$을 만족하는 구역에서 두 확률질량함수의 곱이 0보다 크므로 다음과 같이 $0 \leq k \leq n$인 구역에서 합을 계산해야 한다.

$$p_U(u) = \sum_{k=0}^{n} \left(\frac{\lambda_1^k e^{-\lambda_1}}{k!} \right) \left(\frac{\lambda_2^{(n-k)} e^{-\lambda_2}}{(n-k)!} \right)$$

이를 정리하고, 3장의 이항정리를 이용하면

$$\begin{aligned} p_U(n) &= \frac{e^{-(\lambda_1+\lambda_2)}}{n!} \sum_{k=0}^{n} \frac{n!}{k!(n-k)!} \lambda_1^k \lambda_2^{(n-k)} \\ &= \frac{(\lambda_1+\lambda_2)^n e^{-(\lambda_1+\lambda_2)}}{n!} \end{aligned}$$

이다. 따라서 U는 $Poisson(\lambda_1 + \lambda_2)$를 따른다.

이 예제의 결과는 여러 개의 독립인 포아송 확률변수들로 확장할 수 있다. 확률변수 X_1, X_2, ..., X_k가 서로 독립이고, X_i가 평균이 λ_i인 포아송분포를 따를 때, 이 확률변수들의 합의 분포는 평균이 $\lambda = \sum_{i=1}^{k} \lambda_i$인 포아송분포를 따른다. 즉, 다음을 만족한다.

$$\sum_{i=1}^{k} X_i \sim Poisson\left(\sum_{i=1}^{k} \lambda_i \right)$$

마찬가지 방법으로 독립인 이항분포의 합이 이항분포를 따르고, 독립인 음이항분포의 합은 음이항분포를 따른다는 것을 보일 수 있다. (연습문제 5.15~16 참조)

확률변수 X와 Y가 서로 독립이고, 연속인 경우에 $U = X + Y$의 확률분포를 구해 보자. 확률변수 X와 Y의 확률밀도함수가 각각 $f_X(x)$, $f_Y(y)$라고 할 때, U의 확률밀도함수는 누적분포함수를 미분하여 얻을 수 있다. U의 누적분포함수는

$$F_U(u) = P(U \le u) = P(X + Y \le u)$$

이므로, 이를 얻기 위해서는 X와 Y의 결합 확률밀도함수를 $\{x + y \le u\}$ 구역에서 적분해야 한다. 확률변수 X와 Y가 서로 독립이므로 결합 확률밀도함수는 두 주변 확률밀도함수의 곱이다. 따라서

$$\begin{aligned} F_U(u) &= \iint_{x+y \le u} f_X(x) f_Y(y)\,dx\,dy \\ &= \int_{-\infty}^{\infty} f_X(x) \int_{-\infty}^{u-x} f_Y(y)\,dy\,dx \\ &= \int_{-\infty}^{\infty} f_X(x) F_Y(u-x)\,dx \end{aligned}$$

이다. 이를 미분하면 다음과 같이 U의 확률밀도함수를 구할 수 있다.

$$\begin{aligned} f_U(u) &= \frac{d}{du} \int_{-\infty}^{\infty} f_X(x) F_Y(u-x)\,dx \\ &= \int_{-\infty}^{\infty} f_X(x) f_Y(u-x)\,dx \end{aligned}$$

여기서 x와 y의 역할이 바뀌어도 같은 결과를 얻는다. 따라서

$$f_U(u) = \int_{-\infty}^{\infty} f_X(u-y) f_Y(y)\,dy$$

로도 표현할 수 있다. 이와 같이 얻어진 식을 f_X와 f_Y의 **합성곱**(convolution)이라고 하고 $f_X * f_Y$로 표현한다. 이를 정리하면 다음과 같다.

정리 5.2

독립인 확률변수 X와 Y의 확률밀도함수가 각각 $f_X(x)$, $f_Y(y)$라고 할 때, $U=X+Y$의 확률밀도함수는 다음과 같다.

$$f_U(u)=\int_{-\infty}^{\infty} f_X(x)f_Y(u-x)dx=\int_{-\infty}^{\infty} f_X(u-y)f_Y(y)dy=f_X * f_Y$$

여기서 한 가지 주의할 것은 앞의 이산인 경우에서 얘기한 바와 같이 실제로 확률밀도함수를 대입해서 계산할 때 적분 구역을 실수 전체가 아닌 확률밀도함수가 0보다 큰 값을 갖는 구역으로 한정해야 하는 것이다.

다음의 예제에서는 합성곱을 이용하여 감마분포를 따르는 두 개의 독립인 확률변수의 합이 감마분포를 따름을 보여 주는데, 그 과정에서 적뷰의 구역이 어떻게 변경되는지 설명하고 있다.

예제 5.15

두 개의 독립인 확률변수 X와 Y가 $X \sim \Gamma(t, \lambda)$, $Y \sim \Gamma(s, \lambda)$을 따를 때 나음 물음에 답하라.

(1) $t=s=1$일 때 $U=X+Y$가 $\Gamma(2, \lambda)$를 따름을 보여라.

(2) 임의의 s, t에 대하여 $U=X+Y$가 $\Gamma(t+s, \lambda)$를 따름을 보여라.

풀이 (1) $t=s=1$일 때 확률변수 X와 Y는 서로 독립이고 모수가 λ인 지수분포를 따른다. 합성곱의 식을 이용하면 U의 확률밀도함수는

$$f_U(u)=\int_{-\infty}^{\infty} f_X(x)f_Y(u-x)dx$$

로 구할 수 있다. 두 확률변수 X와 Y가 0보다 큰 값을 가지므로 적분은 $x>0$, $u-x>0$을 만족하는 구간, 즉 $0<x<u$에서 이루어져야 한다. 그러므로 U의 확률밀도함수는

$$f_U(u)=\int_0^u \lambda e^{-\lambda x}\lambda e^{-\lambda(u-x)}dx=\lambda^2 e^{-\lambda u}u$$

이고, 이로부터 $U \sim \Gamma(2, \lambda)$ 인 사실을 알 수 있다.

(2) 위의 (1)에서와 마찬가지로 합성곱의 식을 이용하면 U의 확률밀도함수는

$$\begin{aligned} f_U(u) &= \int_0^u \frac{\lambda^t}{\Gamma(t)} x^{t-1} e^{-\lambda x} \frac{\lambda^s}{\Gamma(s)} (u-x)^{s-1} e^{-\lambda(u-x)} dx \\ &= \frac{\lambda^{t+s} e^{-\lambda u}}{\Gamma(t)\Gamma(s)} \int_0^u x^{t-1} (u-x)^{s-1} dx \end{aligned}$$

이다. 여기서 $\int_0^u x^{t-1}(u-x)^{s-1}dx$를 계산하기 위해서는 다음의 식이 필요한데, 여기서는 이 식을 증명하지 않고 사용하기로 한다.

$$\int_0^1 v^{t-1}(1-v)^{s-1}dv = \frac{\Gamma(t)\Gamma(s)}{\Gamma(s+t)}$$

이를 사용하기 위해서 $v = \frac{x}{u}$라고 놓으면

$$x = uv, \quad (u-x) = u(1-v), \quad dx = udv$$

이므로

$$\int_0^u x^{t-1}(u-x)^{s-1}dx = u^{(t+s-1)} \int_0^1 v^{t-1}(1-v)^{s-1}dv$$

이고, 따라서

$$\begin{aligned} f_U(u) &= \frac{\lambda^{t+s} e^{-\lambda u}}{\Gamma(t)\Gamma(s)} u^{(t+s-1)} \frac{\Gamma(t)\Gamma(s)}{\Gamma(s+t)} \\ &= \frac{\lambda^{t+s}}{\Gamma(t+s)} u^{(t+s)-1} e^{-\lambda u} \end{aligned}$$

이다. 따라서 U는 $\Gamma(t+s, \lambda)$을 따름을 알 수 있다.

이 예제 5.15의 결과를 일반화시키면 다음과 같은 결과를 얻을 수 있다.

- $X_1, \ldots, X_k$이 서로 독립이고 $X_i \sim \Gamma(\alpha_i, \lambda)$를 따르면 다음을 만족한다.

$$X_1 + \cdots + X_k \sim \Gamma\left(\sum_{i=1}^{k} \alpha_i,\ \lambda\right)$$

이로부터 다음의 사실을 쉽게 얻을 수 있다.

- $X_1,\ \ldots,\ X_n$이 서로 독립이고 $X_i \sim Exponential(\lambda)$를 따르면 다음을 만족한다.

$$X_1 + \cdots + X_n \sim \Gamma(n,\ \lambda)$$

또한 통계학에서 많이 이용되는 확률분포인 χ^2분포에 대한 다음과 같은 성질을 얻을 수 있다. 4장에서 설명한 바와 같이 자유도가 n인 χ^2 분포는 모수가 $(n/2,\ 1/2)$인 감마분포와 같으므로 χ^2 분포를 따르는 독립인 확률변수들의 합의 분포 역시 χ^2 분포이고, 자유도는 확률변수들의 자유도의 합이 됨을 알 수 있다. 즉,

- $X_1,\ \ldots,\ X_k$이 서로 독립이고 $X_i \sim \chi^2(n_i)$를 따르면 다음을 만족한다.

$$X_1 + \cdots + X_k \sim \chi^2(n_1 + \cdots + n_k)$$

특히 확률변수 $Z_1,\ Z_2,\ \ldots,\ Z_n$이 독립이고 표준정규분포를 따를 때, Z_i^2은 $\chi^2(1)$분포를 따른다.(예제 4.26) 따라서 그들의 제곱합은 자유도가 n인 χ^2분포를 따른다. 즉, 다음을 만족한다.

$$\sum_{i=1}^{n} Z_i^2 \sim \chi^2(n)$$

다음의 예제에서는 합성곱을 이용하는 것보다 누적분포함수를 구하고 그것을 미분하여 확률밀도함수를 얻는 방법이 실수할 가능성을 줄여주는 경우를 보여 준다.

예제 5.16

확률변수 X와 Y가 서로 독립이고, 모두 $Unif(0,\ 1)$를 따른다고 할 때 $U = X + Y$의 확률밀도함수를 구하라.

풀이 **방법 1**: 합성곱을 이용하여 다음과 같이 확률밀도함수를 구할 수 있다.

$$f_U(u) = \int_{-\infty}^{\infty} f_X(x) f_Y(u-x) dx$$

여기서도 주의할 것은 $Unif(0, 1)$ 분포의 정의역이 실수 전체가 아니기 때문에 적분할 때 적분 구역을 실수 전체가 아닌 정의역으로 한정해야 한다는 것이다. 이를 고려하면 위의 적분에서는 x가 $0 < x < 1$와 $0 < u - x < 1$를 만족하는 구역, 즉

$$\max(0, u-1) < x < \min(1, u)$$

에서 적분해야 한다. 따라서 이를 u의 값에 따라 나누어 적분하면 다음과 같이 U의 확률밀도함수를 구할 수 있다.

$$f_U(u) = \begin{cases} \int_0^u dx = u, & 0 < u \le 1 \\ \int_{u-1}^1 dx = 2-u, & 1 < u < 2 \end{cases}$$

방법 2: 위에서 정의역이 실수 전체가 아닌 경우 합성곱을 이용할 때 주의할 점을 설명하였는데, 이 예제와 같이 결합 확률밀도함수가 상수여서 U의 누적분포함수를 구하는 것이 비교적 간단할 때는 누적분포함수를 구하고 이를 미분하여 확률밀도함수를 구하는 것이 합성곱을 이용하여 구할 때보다 실수할 위험을 줄여준다. U의 누적분포함수는

$$F_U(u) = P(U \le u) = P(X + Y \le u)$$

이고, $(X, Y)'$의 결합 확률밀도함수는 면적이 1인 정사각형 위에서 1의 값을 가지므로 U의 누적분포함수는 u의 값에 따라 다음 그림과 같이 어두운 부분의 면적과 같다.

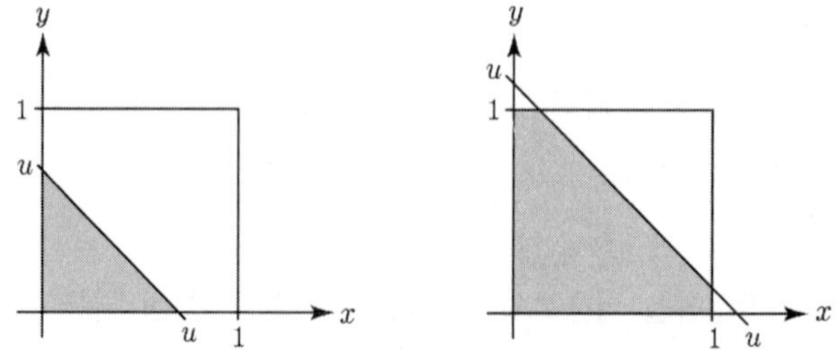

따라서

$$F_U(u) = \begin{cases} \frac{1}{2}u^2, & 0 < u \le 1 \\ 1 - \frac{1}{2}(2-u)^2, & 1 < u < 2 \end{cases}$$

이고, 이를 미분하면 U의 확률밀도함수

$$f_U(u) = \begin{cases} u, & 0 < u \le 1 \\ 2-u, & 1 < u < 2 \end{cases}$$

를 얻을 수 있고, 이는 위에서 얻은 것과 같다.

5. 결합 확률분포에서의 기댓값 계산

확률벡터의 함수의 기댓값을 계산하는 방법을 살펴보자. 확률벡터 $(X, Y)'$에 이차원 공간에서 정의되는 함수 $g(\cdot, \cdot)$를 적용하면 $g(X, Y)$는 새로운 확률변수이다. $g(X, Y)$의 기댓값은 $(X, Y)'$가 이산인지 연속인지에 따라 다음과 같이 구할 수 있다.

$\begin{pmatrix} X \\ Y \end{pmatrix}$의 함수 $g(X, Y)$의 기댓값

- 이산인 경우: $E[g(X, Y)] = \sum_x \sum_y g(x, y)p(x, y)$
- 연속인 경우: $E[g(X, Y)] = \int_R \int_R g(x, y)f(x, y)dxdy$

확률벡터 $(X, Y)'$가 이산 확률변수로 이루어져 있고 $g(x, y) = x + y$이면

$$\begin{aligned} E(X+Y) &= \sum_x \sum_y (x+y)p(x, y) \\ &= \sum_x \sum_y xp(x, y) + \sum_x \sum_y yp(x, y) \\ &- E(X) + E(Y) \end{aligned}$$

을 만족한다. 이를 확장하면 확률변수들의 합의 기댓값은 각 확률변수들의 기댓값의 합과 같다는 사실을 알 수 있다. 여기서 $E(X)$는 다음과 같이 X의 주변 확률질량함수를 이용하여 구하면 된다.

$$E(X) = \sum_x \sum_y x\, p(x,\ y) = \sum_x x \sum_y p(x,\ y) = \sum_x x\, p_X(x)$$

일반적으로 $g(x,\ y)$가 x나 y만의 함수로 표현될 때 그 기댓값은 그의 주변 확률질량함수를 이용하여 구할 수 있다. 여기서 설명한 사실들은 확률벡터가 연속 확률변수로 이루어져 있을 때에도 마찬가지로 적용된다. 다음의 예제에서 연습해 보자.

예제 5.17

다음 물음에 답하라.

(1) 위의 예제 5.2에서 $E(X)$, $E(X^2)$, $E(Y)$, $E(Y^2)$, $E(XY)$를 구하라.

(2) 위의 예제 5.8에서 $E(X)$, $E(X^2)$, $E(Y)$, $E(Y^2)$, $E(XY)$를 구하라.

풀이 (1) 우선 X와 Y의 주변 확률분포로부터 다음을 쉽게 구할 수 있다.

$$E(X) = -1 \times p_X(-1) + 1 \times p_X(1) = -0.3 + 0.3 = 0,$$
$$E(Y) = -1 \times p_Y(-1) + 1 \times p_Y(1) = -0.25 + 0.55 = 0.3$$

마찬가지 방법으로 구하면

$$E(X^2) = 0.3 + 0.3 = 0.6, \qquad E(Y^2) = 0.25 + 0.55 = 0.8$$

이다. 또한 결합 확률분포표로부터 XY의 기댓값을 다음과 같이 구할 수 있다.

$$\begin{aligned} E(XY) &= 1 \times (p(-1,\ -1) + p(1, 1)) + (-1)(p(1,\ -1) + p(-1, 1)) \\ &= 0.2 - 0.25 \\ &= -0.05 \end{aligned}$$

(2) 예제 5.8(1)에서 구한 X와 Y의 주변 확률분포가 다음과 같고

$$X \sim \Gamma(4,\ 1), \qquad Y \sim \Gamma(5,\ 1)$$

모수가 (α, λ)인 감마분포를 따르는 확률변수의 기댓값과 제곱의 기댓값(예제 4.27)이 α/λ, $\alpha(\alpha+1)/\lambda^2$이므로 $E(X)=4$, $E(X^2)=20$, $E(Y)=5$, $E(Y^2)=30$이다. 또한 결합 확률밀도함수를 이용하면

$$E(XY)=\frac{1}{6}\int_0^{\infty} ye^{-y}\int_0^{y} x^4 dx\,dy=\frac{1}{30}\int_0^{\infty} y^6 e^{-y}dy=\frac{720}{30}=24$$

이다.

기댓값은 평균이나 분산과 같이 확률분포의 특징을 설명하는데 많이 이용된다. 결합 확률분포의 경우에도 기댓값을 이용해서 정의하는 특성들이 있는데, 그 중에서 거의 가장 많이 쓰이는 것으로 두 변수 간의 선형관계의 정도를 표현하는 **상관계수**(Correlation coefficient)가 있다. 상관계수를 정의하기 위해서는 두 변가 결합적으로 어떻게 퍼져 있는지를 표현하는 **공분산**(Covariance)을 정의할 필요가 있다. 두 변수 X와 Y의 공분산은 $Cov(X, Y)$, 혹은 $\sigma_{X,Y}$로 표현하고, $Cov(X, Y)=E[(X-\mu_x)(Y-\mu_y)]$로 정의한다. 이 값은 X나 Y가 각각의 평균으로부터 넓게 분포할수록 절댓값이 큰 값을 갖고, X가 큰 값을 가질 때 Y도 큰 값을 갖는 경향(양의 상관관계)이 있으면 양수 값을, X가 큰 값을 가질 때 Y는 작은 값을 갖는 경향(음의 상관관계)이 있으면 음수 값을 가진다.

X와 Y의 상관계수는 $Corr(X, Y)$, 혹은 $\rho_{X,Y}$로 표현하고, 공분산을 각 변수의 표준편차로 나눠서 표준화시킨 것으로 정의한다. 상관계수는 -1과 1 사이의 값을 갖고, 공분산과 같은 부호를 가지므로 양의 상관관계가 있을 때 양수 값을, 음의 상관관계가 있을 때 음수 값을 갖는다. 절댓값이 1에 가까울수록 선형관계의 강도가 크다고 할 수 있다. 다음은 공분산과 상관계수의 정의를 정리한 것이다.

확률변수 X와 Y의 공분산과 상관계수

- 공분산: $Cov(X, Y)=E[(X-\mu_x)(Y-\mu_y)]=E(XY)-\mu_X\mu_Y=\sigma_{X,Y}$
- 상관계수: $Corr(X, Y)=\dfrac{Cov(X, Y)}{\sqrt{Var(X)}\sqrt{Var(Y)}}=\rho_{X,Y}$

위의 예제 5.17의 결과를 이용하면 예제 5.2의 X와 Y의 공분산은

$$Cov(X, Y) = E(XY) - E(X)E(Y) = -0.05$$

이고, 각 확률변수의 분산이

$$Var(X) = E(X^2) = 0.6, \qquad Var(Y) = 0.8 - 0.3^2 = 0.71$$

이므로 X와 Y의 상관계수는

$$Corr(X, Y) = \frac{-0.05}{\sqrt{0.6}\sqrt{0.71}} = -0.0766$$

이다. 또한 예제 5.8의 경우에는 X와 Y의 공분산은

$$Cov(X, Y) = E(XY) - E(X)E(Y) = 24 - 20 = 4$$

이고, $Var(X) = 4$, $Var(Y) = 5$이므로 X와 Y의 상관계수는

$$Corr(X, Y) = \frac{4}{\sqrt{4}\sqrt{5}} = 0.8944$$

이다.

확률변수 X와 Y가 서로 독립인 경우 이들의 결합 확률밀도함수는 두 주변 확률밀도함수의 곱이므로 $g(x, y)$가 각 변수의 함수의 곱으로 표현되면, 즉 $g(x, y) = g_1(x) \times g_2(y)$이면, $g(X, Y)$의 기댓값은 다음과 같이 기댓값의 곱으로 표현된다.

$$\begin{aligned} E(g(X, Y)) &= \int_R \int_R g_1(x) g_2(y) f_X(x) f_Y(y) dx dy \\ &= \int_R g_1(x) f_X(x) dx \int_R g_2(y) f_Y(y) dy \\ &= E(g_1(X)) E(g_2(Y)) \end{aligned}$$

예를 들어 X와 Y가 서로 독립인 경우 $E(XY) = E(X)E(Y)$가 성립한다. 따라서 X와 Y가 서로 독립인 경우 $Cov(X, Y) = Corr(X, Y) = 0$이다. 또한 공분산의 정의로부터 $Cov(X, X) = Var(X)$이 성립하고, 확률변수 X, Y, U에 대하여

$$Cov(X+Y, U) = Cov(X, U) + Cov(Y, U)$$

이 성립함을 알 수 있다. 이는 확률변수 X_1, ..., X_n, Y_1, ..., Y_m에 대하여 다음과 같이 확장될 수 있다.

$$Cov(\sum_{i=1}^{n} X_i,\ \sum_{j=1}^{m} Y_j) = \sum_{i=1}^{n} \sum_{j=1}^{m} Cov(X_i,\ Y_j)$$

예제 5.18

확률변수 X_1, X_2, ... , X_{10}이 서로 독립이고 성공확률이 p인 베르누이분포를 따를 때 $Cov(X_1 + \cdots + X_5,\ X_2 + \cdots + X_{10})$를 계산하라.

풀이 서로 독립인 확률변수들의 공분산은 0이고, X_i의 분산은 $p(1-p)$이므로 구하고자 하는 공분산은

$$\begin{aligned} Cov(X_1 + \cdots + X_5,\ X_2 + \cdots + X_{10}) &= \sum_{i=1}^{5} \sum_{j=2}^{10} Cov(X_i,\ X_j) \\ &= \sum_{i=2}^{5} Var(X_i) \\ &= 4p(1-p) \end{aligned}$$

이다.

위에서 확률변수들의 합의 기댓값은 확률변수들의 기댓값의 합이라고 하였는데, 여기 기술한 분산과 공분산의 관계와 공분산의 성질을 이용하면 확률변수들의 합의 분산을 구할 수 있다. 확률변수 X_1, X_2, ..., X_n에 대하여 그들의 합의 분산은

$$\begin{aligned} Var\left(\sum_{i=1}^{n} X_i\right) &= Cov\left(\sum_{i=1}^{n} X_i,\ \sum_{i=1}^{n} X_i\right) \\ &= \sum_{i=1}^{n} \sum_{j=1}^{n} Cov(X_i,\ X_j) \\ &= \sum_{i=1}^{n} Var(X_i) + 2\sum_{i<j} Cov(X_i,\ X_j) \end{aligned}$$

로 구할 수 있다. 특히 확률변수 X_1, X_2, ..., X_n이 서로 독립이면 모든 공분산의 항들이 0이므로 합의 분산은 분산의 합으로 구할 수 있다. 즉,

$$Var\left(\sum_{i=1}^{n} X_i\right) = \sum_{i=1}^{n} Var(X_i)$$

이 성립한다. 다음의 예제는 이 특성을 이용하여 이항분포의 분산을 구하는 방법을 제시한다.

예제 5.19

확률변수 X가 $Bin(n, p)$를 따를 때 X를 독립인 베르누이 확률변수의 합으로 표현하고, 그것을 이용하여 평균과 분산을 구하라.

풀이 확률변수 B_i를 i 번째 베르누이 시행에서 성공이면 1, 실패이면 0을 갖는 확률변수라고 하면 n 번의 베르누이 시행에서의 성공 횟수인 확률변수 X는 확률변수 $B_1, B_2, \ldots, B_n$의 합, 즉 $X = B_1 + B_2 + \cdots + B_n$으로 표현된다. 각 $i = 1, \ldots, n$에 대하여 $B_i \sim Bernoulli(p)$이므로

$$E(B_i) = p\,,\ \ Var(B_i) = p(1-p)$$

이다. 이를 이용하여 X의 기댓값과 분산은 다음과 같이 3장에서 구한 것과 일치하는 식을 얻을 수 있다.

$$E(X) = E(B_1) + E(B_2) + \cdots + E(B_n) = p + \cdots + p = np$$
$$Var(X) = Var(B_1 + \cdots + B_n) = Var(B_1) + \cdots + Var(B_n) = np(1-p)$$

위 예제에서 이항분포를 따르는 확률변수는 독립인 베르누이 확률변수의 합으로 표현되었는데 초기하분포를 따르는 확률변수는 독립은 아니지만 베르누이 확률변수들의 합으로 표현된다. 이를 이용하면 초기하분포의 평균과 분산을 계산하는 것도 그다지 어려운 일이 아니다.

다음 예제에서는 초기하분포의 평균과 분산을 구하는 방법을 제공한다.

예제 5.20

m개의 흰 공과 $N-m$개의 검은 공이 들어 있는 주머니에서 n개의 공을 비복원추출할 때 선택된 흰 공의 수를 X라고 하면 X는 $Hypergeometric(n, N, m)$를 따른다. X를 베르누이 확률변수의 합으로 표현하고, 그것을 이용하여 X의 평균과 분산을 구하라.

풀이 확률변수 B_i를 i번째 선택한 공이 흰 공이면 1, 아니면 0을 갖는 확률변수라고 하면 X는 B_1, B_2, ..., B_n의 합, 즉 $X = B_1 + B_2 + \cdots + B_n$으로 표현된다. 비복원추출의 경우 B_i들은 독립은 아니지만 앞의 3장에서 설명한 바와 같이 $P(B_i = 1) = m/N = p$로 일정하다. 따라서 X의 평균은

$$E(X) = \sum_{i=1}^{n} E(B_i) = \sum_{i=1}^{n} P(B_i = 1) = np$$

이다. X의 분산은 B_i들이 독립이 아니므로 B_i의 분산의 합으로 표현되지 않는다. 그러나 B_i들이 모두 같은 분포를 따르고, 확률변수들 간의 관계가 같으므로 다음 식을 이용할 수 있다.

$$Var(X) = Var(B_1 + \cdots + B_n) = n\,Var(B_1) + n(n-1)\,Cov(B_1,\ B_2)$$

확률변수 B_i의 정의에 의해서 $Var(B_1) = p(1-p)$이고,

$$\begin{aligned} E(B_1 B_2) &= P(B_1 = 1,\ B_2 = 1) \\ &= P(B_1 = 1)P(B_2 = 1 | B_1 = 1) \\ &= \frac{m}{N}\frac{(m-1)}{(N-1)} \end{aligned}$$

이므로

$$Cov(B_1,\ B_2) = p\frac{(m-1)}{(N-1)} - p^2 = \frac{-p(1-p)}{(N-1)}$$

이다. 따라서

$$Var(X) = np(1-p) - n(n-1)\frac{p(1-p)}{(N-1)} = np(1-p)\left(1 - \frac{n-1}{N-1}\right)$$

를 얻을 수 있다.

확률변수 X, Y가 있고, $Y = y$가 주어졌을 때 X의 조건부 분포에서의 기댓값은 조건부 확률질량(밀도)함수를 이용하여 구한다. $Y = y$가 주어졌을 때 $g(X,\ Y)$의 조건부 기댓값은 $g(X,\ Y)$에서 Y에는 y로 놓고, X를 포함하는 부분에 대해

서 조건부 확률질량(밀도)함수를 이용하여 다음과 같이 구한다.

$$E(g(X,\ Y)|Y=y)=E(g(X,\ y)|Y=y)=\begin{cases}\displaystyle\sum_x g(x,\ y)p_{X|Y}(x|y)\\ \displaystyle\int_{-\infty}^{\infty} g(x,\ y)f_{X|Y}(x|y)dx\end{cases}$$

예를 들어 $g(x,\ y)=xy$이면 $E(XY|Y=y)=yE(X|Y=y)$이다. $Y=y$가 주어졌을 때 조건부 기댓값은 x에 대해서 적분(합)해서 구하기 때문에 x는 남아 있지 않고 y만 남는다. 즉, 적당한 함수 h가 존재해서 $E(g(X,\ Y)|Y=y)=h(y)$로 표현할 수 있다. Y에 대해 어떤 특정한 값이 주어진 것이 아니라 Y라는 확률변수의 정보가 모두 주어졌다고 할 때 조건부 기댓값은 Y의 함수로 표현된다. 즉, $E(g(X,\ Y)|Y)=h(Y)$이 성립한다.

이제 조건부 분포의 평균과 분산에 대해서 공부해 보자. $g(x,\ y)=x$이면 $g(X,\ Y)$의 조건부 기댓값 $E(X|Y=y)$은 $Y=y$일 때의 X의 조건부 분포의 평균(기댓값)이라고 할 수 있다. 또한 $Y=y$일 때의 X의 조건부 분산 $Var(X|Y=y)$은 조건부 분포에 대한 분산이라고 할 수 있고 다음과 같이 정의한다.

$$Var(X|Y=y)=E(X^2|Y=y)-[E(X|Y=y)]^2$$

예제 5.21

다음 물음에 답하라.

(1) 예제 5.1에서 $E(X|Y=1)$, $Var(X|Y=1)$을 계산하라.

(2) 예제 5.8에서 $E(Y|X=4)$, $Var(Y|X=4)$를 계산하라.

(3) 예제 5.8에서 다음 식

$$E(Y|X=4)=\int_0^{\infty} P(Y>y|X=4)dy$$

를 이용하여 $E(Y|X=4)$를 구하고, (2)의 결과와 비교하라.

풀이 (1) 예제 5.6(1)에서 구한 $Y=1$일 때의 X의 조건부 확률질량함수를 이용하면 조건부 기댓값은

$$E(X|Y=1) = \frac{(-2-3+1)}{9} = -\frac{4}{9} = -0.\dot{4}$$

이고,

$$E(X^2|Y=1) = \frac{(4+3+1)}{9} = \frac{8}{9}$$

이므로 조건부 분산은

$$Var(X|Y=1) = \frac{8}{9} - \left(\frac{4}{9}\right)^2 = 0.6914$$

이다.

(2) 예제 5.8(2)에서 구한 $X=4$일 때의 Y의 조건부 확률밀도함수는

$$f_{Y|X}(y|4) = e^{-(y-4)}, \quad 4 < y$$

이고 $y-4=t$ 라고 놓으면 $dy=dt$이므로 조건부 기댓값은

$$\begin{aligned} E(Y|X=4) &= \int_4^{\infty} ye^{-(y-4)}dy \\ &= \int_0^{\infty} (t+4)e^{-t}dt \\ &= \Gamma(2) + 4\Gamma(1) \\ &= 5 \end{aligned}$$

이다. 마찬가지 방법으로 Y^2의 기댓값을 구하면

$$E(Y^2|X=4) = \int_0^{\infty} (t+4)^2 e^{-t}dt = \Gamma(3) + 8\Gamma(2) + 16\Gamma(1) = 26$$

이므로 조건부 분산은

$$Var(Y|X=4) = 26 - 25 = 1$$

이다.

(3) $X=4$일 때의 Y의 조건부 확률밀도함수를 이용하면 $y \le 4$일 때 $P(Y>y|X=4)=1$이고, $y>4$일 때

$$P(Y>y\,|X=4)=\int_y^{\infty} e^{-(s-4)}ds=-e^{-(s-4)}\Big]_y^{\infty}=e^{-(y-4)}$$

이다. 이를 주어진 식에 대입하면

$$E(Y\,|X=4)=\int_0^4 dy+\int_4^{\infty} e^{-(y-4)}dy=4+1=5$$

이고 이는 위에서 구한 조건부 기댓값과 일치한다.

이 예제로부터 정리 4.1이 조건부 기댓값을 계산할 때에도 유용하게 쓰일 수 있음을 알 수 있다.

앞에서 언급한 바와 같이 두 확률변수의 결합 확률분포가 주어지는 대신에 한 변수에 대한 주변 확률분포가 주어지고, 그 변수가 어떤 값을 갖는 상황에서 다른 변수의 조건부 분포가 주어지는 경우가 있다. 이런 경우에는 두 확률변수의 함수의 기댓값을 직접 계산하는 것보다 조건부 기댓값을 이용하여 기댓값을 계산하는 것이 쉬운 방법일 수 있다. 특히 두 변수 중 하나는 연속 확률변수이고, 다른 하나는 이산 확률변수일 경우 두 확률변수의 함수의 기댓값을 계산하는 가능한 방법은 조건부 기댓값을 먼저 계산하고 이를 이용하여 기댓값을 계산하는 것이다. 다음의 정리는 조건부 기댓값을 이용하여 기댓값을 계산하는 유용한 식을 제공한다.

정리 5.3

확률변수 X, Y에 대하여 다음을 만족한다.

$$E(g(X,Y))=E[E(g(X,Y)|Y)]$$

이 정리를 두 확률변수가 연속일 때 설명해 보자. 우선 $E(g(X,Y)|Y)$를 $h(Y)$라고 하면

$$E[E(g(X,Y)\,|Y)]=E(h(Y))=\int_R h(y)f_Y(y)dy$$

이고, $h(y) = E(g(X,\ Y)|Y=y)$이므로 다음과 같이 정리 5.3이 성립함을 보일 수 있다.

$$
\begin{aligned}
E[E(g(X,\ Y)\,|\,Y)] &= \int_R E(g(X,\ Y)\,|\,Y=y) f_Y(y)dy \\
&= \int_{-\infty}^{\infty}\int_{-\infty}^{\infty} g(x,\ y) f_{X|Y}(x|y)dx\ f_Y(y)dy \\
&= \int_{-\infty}^{\infty}\int_{-\infty}^{\infty} g(x,\ y)\frac{f(x,y)}{f_Y(y)}dx\ f_Y(y)\,dy \\
&= \int_{-\infty}^{\infty}\int_{-\infty}^{\infty} g(x,\ y) f(x,y)dx\ dy \\
&= E(g(X,\ Y))
\end{aligned}
$$

예를 들어 $g(x) = x$이면 $E(X) = E(E(X\,|\,Y))$이고, $g(x) = x^2$이면 $E(X^2) = E(E(X^2\,|\,Y))$이 성립한다. 이를 이용하면 X의 분산도 직접 구하기 어려운 경우에 조건부 기댓값을 이용하여 다음과 같이 구할 수 있다.

$$
Var(X) = E(X^2) - (E(X))^2 = E(E(X^2\,|\,Y)) - (E(E(X\,|\,Y))^2 \qquad (5.1)
$$

이 식을 조금 변형하면 다음과 같은 식을 얻을 수 있다.

$$
Var(X) = E\,(Var(X\,|\,Y)) + Var(E(X\,|\,Y)) \qquad (5.2)
$$

분산을 구하는 이 두 개의 식 중에서 문제에 따라서 더 수월한 계산식을 이용하면 된다.

식 (5.1)로부터 식 (5.2)를 얻는 과정을 간략히 설명하면 다음과 같다. 조건부 분산의 식으로부터

$$
E(X^2\,|\,Y=y) = Var(X\,|\,Y=y) + [E(X|\,Y=y)]^2
$$

이 성립하므로 $E(X\,|\,Y=y) = h(y)$로 놓으면

$$
E(E(X^2\,|\,Y)) = E(Var(X\,|\,Y)) + E(h(Y)^2)
$$

이고, $[E(E(X\,|\,Y))]^2 = [E(h(Y))]^2$이다. 이를 종합하면 다음과 같이 식 (5.2)를 얻을 수 있다.

$$\begin{aligned} Var(X) &= E(E(X^2|Y)) - (E(E(X|Y)))^2 \\ &= E(Var(X|Y)) + E(h(Y)^2) - (E(h(Y)))^2 \\ &= E(Var(X|Y)) + Var(h(Y)) \\ &= E(Var(X|Y)) + Var(E(X|Y)) \end{aligned}$$

예제 5.22

다음 물음에 답하라.

(1) 확률변수 X, Y가 예제 5.9에서와 같은 확률분포를 따를 때 $E(Y)$와 $Var(Y)$를 구하라.

(2) $Y \sim \Gamma(\alpha, \lambda)$, $X|Y=y \sim Poisson(y)$일 때 $E(X)$, $Var(X)$를 구하라.

(3) 확률변수 X의 확률질량함수는 다음과 같고, $X=x$일 때 Y의 조건부분포는 $\Gamma(12, x)$라고 할 때 $E(Y)$를 구하라.

$$p(1)=0.2, \quad p(2)=0.3, \quad p(3)=0.4, \quad p(4)=0.1$$

풀이 (1) $X \sim \Gamma(2, 1)$, $Y|X=x \sim Unif(0, x)$이고, $Unif(0, x)$의 평균은 $x/2$이므로,

$$E(Y|X=x) = \frac{x}{2}, \quad E(Y|X) = \frac{X}{2}$$

이다. $E(X)=2$이므로 정리 5.3을 이용하면 $E(Y)$는 다음과 같다.

$$E(Y) = E(E(Y|X)) = E\left(\frac{X}{2}\right) = \frac{E(X)}{2} = \frac{1}{2} \times 2 = 1$$

또한 주어진 정보로부터

$$E(Y^2|X=x) = \frac{x^2}{3}, \quad E(Y^2|X) = \frac{X^2}{3}$$

이고, $Var(X)=2$를 이용하면

$$E(X^2) = Var(X) + (E(X))^2 = 2 + 2^2 = 6$$

이므로

$$E(Y^2) = E(E(Y^2|X)) = E\left(\frac{X^2}{3}\right) = 2$$

이다. 따라서 Y의 분산은 다음과 같다.

$$Var(Y) = E(Y^2) - (E(Y))^2 = 2 - 1 = 1$$

(2) 포아송분포 $Poisson(y)$의 평균은 y이므로,

$$E(X|Y=y) = y, \quad E(X|Y) = Y$$

이다. $E(Y) = \alpha/\lambda$이므로, 정리 5.3을 이용하여 $E(X)$를 구하면 다음과 같다.

$$E(X) = E(E(X|Y)) = E(Y) = \frac{\alpha}{\lambda}$$

또한

$$Var(X|Y=y) = y, \quad Var(X|Y) = Y$$

$Var(Y) = \alpha/\lambda^2$이므로 식 (5.2)를 이용하면

$$\begin{aligned} Var(X) &= E\,(Var(X|Y)) + Var(E(X|Y)) \\ &= E(Y) + Var(Y) \\ &= \frac{\alpha}{\lambda} + \frac{\alpha}{\lambda^2} \end{aligned}$$

이다.

(3) $Y|_{X=x} \sim \Gamma(12, x)$이므로 $E(Y|X=x) = 12/x$이다. 또한 X의 확률질량함수를 이용하면

$$E\left(\frac{1}{X}\right) = 0.2 \times 1 + 0.3 \times \frac{1}{2} + 0.4 \times \frac{1}{3} + 0.1 \times \frac{1}{4} = \frac{6.1}{12}$$

이므로 Y의 기댓값은 다음과 같다.

$$E(Y) = E(E(Y|X)) = 12E\left(\frac{1}{X}\right) = 6.1$$

3장에서 성공확률이 p인 기하분포의 기댓값이 $1/p$임을 보여 주었다. 다음 예제는 기하분포의 기댓값을 계산하는 또 다른 방법으로 조건부 기댓값을 이용하는 방법을 소개한다. 이 방법을 이용하면 기하분포의 분산도 비교적 간단하게 구할 수 있다.

예제 5.23

성공확률이 p인 기하분포의 평균과 분산을 첫 시행의 결과에 대한 조건부 기댓값을 이용하여 구하라.

풀이 확률변수 X는 성공확률이 p인 기하분포를 따르고, 첫 번째 결과가 성공이면 1이고 아니면 0인 값을 갖는 확률변수를 Y라고 하자. $Y=1$이면 $X=1$이고, $Y=0$이면 두 번째 시행부터 시작해 성공까지의 시행횟수는 기하분포의 무기억성에 의해 X와 같은 분포를 따른다. 즉,

$$X \mid Y=1 = 1, \quad X-1 \mid Y=0 \sim X \ (\text{혹은 } X \mid Y=0 \sim 1+X)$$

이 성립한다. 따라서

$$E(X \mid Y=1)=1, \quad E(X \mid Y=0)=1+E(X)$$

이 성립하고, 정리 5.3에 의하면

$$E(X)=E(E(X \mid Y))=E(X \mid Y=1)P(Y=1)+E(X \mid Y=0)P(Y=0)$$

이므로

$$\begin{aligned} E(X) &= P(Y=1)+(1+E(X))P(Y=0) \\ &= p+(1+E(X))(1-p) \\ &= 1+E(X)-pE(X) \end{aligned}$$

가 성립한다. 이로부터 $E(X)=1/p$를 얻을 수 있다. 마찬가지 방법으로

$$\begin{aligned} E(X^2) &= E(X^2 \mid Y=1)P(Y=1)+E(X^2 \mid Y=0)P(Y=0) \\ &= p+E((1+X)^2)(1-p) \\ &= p+(1+2E(X)+E(X^2))(1-p) \end{aligned}$$

이고, $E(X)=1/p$을 이용하면

$$E(X^2) = \frac{1}{p}\left(p + (1-p) + 2\frac{(1-p)}{p}\right) = \frac{2}{p^2} - \frac{1}{p}$$

를 구할 수 있다. 따라서

$$Var(X) = E(X^2) - (E(X))^2 = \frac{1}{p^2} - \frac{1}{p} = \frac{(1-p)}{p^2}$$

이다.

조건부 기댓값을 거쳐서 기댓값을 계산하는 방법은 독립변수들의 랜덤합–합하는 독립변수들의 개수가 정해진 값이 아니라 확률변수인 경우의 합–에 대한 기댓값을 계산할 때 가장 유용하게 쓰인다. 다음의 예제는 이런 종류의 전형적인 예를 보여 준다.

예제 5.24

어느 가게에서 하루 동안 구매하는 손님의 수를 N이라고 하고, 구매한 손님 중 i 번째 손님이 구매한 액수(단위: 만 원)를 X_i 라고 하자. 구매한 손님들은 서로 독립적으로 구매하고, 구매하는 손님의 수와 손님의 구매액수는 독립이다. 만일 X_i가 평균이 10이고 분산이 25인 분포를 따르고, $N \sim Poisson(8)$이라고 가정할 때 하루 총 매상의 기댓값과 분산을 구하라.

풀이 하루 총 매상은 X_i들의 랜덤합인

$$S_N = X_1 + X_2 + \cdots + X_N$$

로 표현된다. 따라서 S_N는 X_i 라는 확률변수뿐 아니라 N이라는 확률변수에 의해서도 영향을 받는다. 따라서 S_N의 기댓값은 한 번에 구하기가 어렵고, N에 대하여 조건부 기댓값을 이용하여 최종 기댓값을 구하는 것이 바람직하다.

$N = n$으로 주어졌을 때 S_N의 기댓값은

$$E(S_N \mid N = n) = E(S_n \mid N = n) = E(X_1 + X_2 + \cdots + X_n \mid N = n)$$

이고, N과 X_i들이 서로 독립이므로

$$E(S_N|N=n)=E(X_1+X_2+\cdots+X_n)=nE(X_1)$$

이다. 따라서 $E(S_N)=E(E(S_N|N))$를 이용하면

$$E(S_N)=E(N)E(X_1)=8\times 10=80$$

이다.

S_N의 분산을 구하기 위해서 $E(S_N^2)$을 구해야 한다. 우선 위에서 $E(S_N|N=n)$을 구한 방법과 마찬가지로 $E(S_N^2|N=n)$을 구해 보자. X_i들은 서로 독립이고, N과도 독립이므로

$$\begin{aligned}E(S_N^2|N=n)=E(S_n^2|N=n)=E(S_n^2)&=Var(S_n)+[E(S_n)]^2\\&=n\,Var(X_1)+n^2[E(X_1)]^2\end{aligned}$$

이고, 이로부터

$$E(S_N^2)=E(N)\,Var(X_1)+E(N^2)[E(X_1)]^2$$

이 성립한다. 따라서 이 식에 주어진 정보를 대입하면 $E(S_N^2)$을 얻을 수 있고, 위에서 $E(S_N)$을 구했으므로 $Var(S_N)$을 계산할 수 있다 . 그러나 랜덤합의 분산을 계산하는 간결한 식을 얻기 위해서 조금 더 나아가 보자. 위에서 구한 식과 $E(S_N)=E(N)E(X_1)$을 이용하면

$$\begin{aligned}Var(S_N)&=E(S_N^2)-[E(S_N)]^2\\&=E(N)\,Var(X_1)+E(N^2)[E(X_1)]^2-[E(N)E(X_1)]^2\\&=E(N)\,Var(X_1)+Var(N)[E(X_1)]^2\end{aligned}$$

이라는 비교적 간편한 식을 얻을 수 있다. 따라서

$$Var(S_N)=8\times 25+8\times 10^2=1000$$

이다.

6. 다변량 정규분포

이 절에서는 **다변량 정규분포**(multivariate normal distribution)에 대해 소개하고자 한다. 일변량 정규분포는 평균과 분산에 의해 분포가 결정되었는데, 다변량 정규분포는 주변 확률분포의 평균과 분산, 그리고 모든 확률변수 쌍에 대한 공분산에 의해 결정된다. n-차원의 확률벡터를 $\boldsymbol{X} = (X_1, X_2, \ldots, X_n)'$라고 하고 $\boldsymbol{X}$의 평균 벡터는

$$\boldsymbol{\mu} = E(\boldsymbol{X}) = (E(X_1), E(X_2), \ldots, E(X_n))' = (\mu_1, \mu_2, \ldots, \mu_n)'$$

로, $\boldsymbol{X}$의 분산-공분산 행렬은

$$\Sigma = Cov(\boldsymbol{X}) = \begin{pmatrix} Var(X_1) & Cov(X_1, X_2) \cdots & Cov(X_1, X_n) \\ & Var(X_2) \quad \cdots & Cov(X_2, X_n) \\ & \ddots & \vdots \\ sym & & Var(X_n) \end{pmatrix} = \begin{pmatrix} \sigma_{11} & \sigma_{12} \cdots & \sigma_{1n} \\ & \sigma_{22} \cdots & \sigma_{2n} \\ & \ddots & \vdots \\ sym & & \sigma_{nn} \end{pmatrix}$$

로 표현할 때 n-차원의 정규분포는 다음과 같이 정의한다.

n-차원 정규분포

확률벡터 $\boldsymbol{X}$의 확률밀도함수가 다음과 같을 때

$$f(\boldsymbol{x}) = \frac{1}{\sqrt{|\Sigma|}(2\pi)^{n/2}} \exp\left(-\frac{(\boldsymbol{x}-\boldsymbol{\mu})'\Sigma^{-1}(\boldsymbol{x}-\boldsymbol{\mu})}{2}\right)$$

$\boldsymbol{X}$는 평균이 $\boldsymbol{\mu}$이고 분산이 Σ인 n-차원의 정규분포를 따른다고 하고, $\boldsymbol{X} \sim \boldsymbol{N}(\boldsymbol{\mu}, \Sigma)$로 표현한다. 이때 $|\Sigma|$는 Σ의 행렬식(determinant)을 나타낸다.

예제 5.25

확률벡터 $\begin{pmatrix} U \\ V \\ W \end{pmatrix}$는 다변량 정규분포 $N\left(\begin{pmatrix} 1 \\ -3 \\ 2 \end{pmatrix}, \begin{pmatrix} 2 & 0 & -1 \\ 0 & 4 & 2 \\ -1 & 2 & 3 \end{pmatrix}\right)$를 따른다고 한다. 이때 $E(U^2)$와 $Cov(2U+3V, -2V+4W)$를 계산하라.

풀이 주어진 정보로부터 $E(U) = 1$, $Var(U) = 2$이므로

$$E(U^2) = Var(U) + (E(U))^2 = 2 + 1^2 = 3$$

이다. 또한

$$\begin{aligned} &Cov(2U+3V,\ -2V+4W) \\ &= -4\,Cov(U,\ V) - 6\,Var(V) + 8\,Cov(U,\ W) + 12\,Cov(V,\ W) \end{aligned}$$

이므로 주어진 정보로부터 $Cov(U,\ V) = 0$, $Var(V) = 4$, $Cov(U,\ W) = -1$, $Cov(V,\ W) = 2$를 대입하면

$$Cov(2U+3V,\ -2V+4W) = 0 - 6\times 4 + 8\times(-1) + 12\times 2 = -8$$

을 얻을 수 있다.

다음 정리는 다변량 정규분포를 따르는 확률벡터를 선형변환할 때 그 분포도 (다변량) 정규분포를 따른다는 유용한 사실을 보여 준다.

정리 5.4

확률벡터 $\boldsymbol{X}(n\times 1)$가 $\boldsymbol{X} \sim \boldsymbol{N}(\boldsymbol{\mu},\ \Sigma)$를 따를 때 임의의 $k\times n$ 행렬인 A와 $k\times 1$ 벡터인 $\boldsymbol{b}$에 대하여 다음을 만족한다.

$$A\boldsymbol{X} + \boldsymbol{b} \sim \boldsymbol{N}(A\boldsymbol{\mu} + \boldsymbol{b},\ A\Sigma A')$$

이 정리를 이용하면 다변량 정규분포를 따르는 $n\times 1$ 확률벡터 $\boldsymbol{X}$에서 n개의 원소 중 일부인 $r(<n)$개로 이루어진 확률벡터 $\boldsymbol{X}_0$의 주변 확률분포 역시 (다변량) 정규분포를 따름을 알 수 있다. 예를 들어 $n=3$일 때 $\boldsymbol{X}_0 = (X_1,\ X_3)'$의 확률분포는 정리 5.4에서 $A = \begin{pmatrix} 1\,0\,0 \\ 0\,0\,1 \end{pmatrix}$, $\boldsymbol{b} = \begin{pmatrix} 0 \\ 0 \end{pmatrix}$를 적용하면 다음과 같이 구할 수 있다.

$$\boldsymbol{X}_0 \sim \boldsymbol{N}\left(\begin{pmatrix} \mu_1 \\ \mu_3 \end{pmatrix},\ \begin{pmatrix} \sigma_{11} & \sigma_{13} \\ \sigma_{13} & \sigma_{33} \end{pmatrix}\right)$$

또한 다변량 정규분포를 따르는 확률벡터 $\boldsymbol{X}$에 있는 확률변수들이 서로 독립이면 $i \neq j$에 대하여 $Cov(X_i,\ X_j) = 0$이므로 분산–공분산 행렬이 대각원소만 0이 아니고 나머지 원소는 모두 0인 대각행렬이 되고, 확률밀도함수도 주변 확률밀도함

수의 곱으로 표현된다.

다음의 세 예제는 다변량 정규분포와 관련한 다양한 문제를 다룬다.

예제 5.26

확률변수 X_1, ..., X_n는 서로 독립이고, $i=1$, ..., n에 대하여 X_i는 정규분포 $N(\mu_i,\ \sigma_i^2)$을 따른다고 할 때 $\sum_{i=1}^{n} X_i$의 분포를 밝혀라.

풀이 확률변수 X_1, ..., X_n로 만들어진 확률벡터를 $\boldsymbol{X}$라고 하면 $\boldsymbol{X}$는 다음과 같이 다변량 정규분포를 따른다.

$$\boldsymbol{X} \sim \boldsymbol{N}\left(\begin{pmatrix} \mu_1 \\ \vdots \\ \vdots \\ \mu_n \end{pmatrix}, \begin{pmatrix} \sigma_1^2 & 0 & \cdots & 0 \\ 0 & \sigma_2^2 & & 0 \\ \vdots & & \ddots & \vdots \\ 0 & \cdots & \cdots & \sigma_n^2 \end{pmatrix}\right) \sim \boldsymbol{N}(\boldsymbol{\mu},\ \Sigma)$$

행렬 A를 원소가 1로만 이루어지는 $1\times n$ 행렬이라고 하면, 즉 $A=(1,\ ...,\ 1)$이면 $\sum_{i=1}^{n} X_i = A\boldsymbol{X}$로 표현된다. 따라서 $A\boldsymbol{\mu}=\sum_{i=1}^{n}\mu_i$, $A\Sigma A' = \sum_{i=1}^{n}\sigma_i^2$이므로 정리 5.4에 의해

$$\sum_{i=1}^{n} X_i = A\boldsymbol{X} \sim \boldsymbol{N}(A\boldsymbol{\mu},\ A\Sigma A') \sim N\left(\sum_{i=1}^{n}\mu_i,\ \sum_{i=1}^{n}\sigma_i^2\right)$$

을 만족한다.

예제 5.27

확률변수 X_1, X_2, X_3, X_4는 서로 독립이고 정규분포 $N(0,\ 1)$을 따른다. 새로운 확률변수 U, V, W를

$$U = X_1 + 2X_2 + 3, \qquad V = X_2 + X_3 - 1, \qquad W = X_1 - 2X_3 + X_4$$

로 정의할 때 확률벡터 $\boldsymbol{Y} = (U,\ V,\ W)'$의 결합 확률분포를 밝혀라.

풀이 확률벡터 $\boldsymbol{X} = (X_1, X_2, X_3, X_4)'$는 평균이 $\boldsymbol{\mu} = \boldsymbol{0}_4$, $\Sigma = I_4$인 정규분포를 따른다. 이때 $\boldsymbol{0}_4$은 0으로만 이루어진 4×1 벡터를 의미하고, I_4는 4×4 항등행렬을 의미한다. 주어진 식으로부터 $\boldsymbol{Y} = A\boldsymbol{X} + \boldsymbol{b}$를 만족하는 A, $\boldsymbol{b}$는

$$A = \begin{pmatrix} 1 & 2 & 0 & 0 \\ 0 & 1 & 1 & 0 \\ 1 & 0 & -2 & 1 \end{pmatrix}, \quad \boldsymbol{b} = \begin{pmatrix} 3 \\ -1 \\ 0 \end{pmatrix}$$

로 표현됨을 알 수 있다. 따라서 정리 5.4에 의해 $\boldsymbol{Y}$는 평균과 분산이

$$\boldsymbol{\mu}_Y = A\boldsymbol{0} + \boldsymbol{b} = \begin{pmatrix} 3 \\ -1 \\ 0 \end{pmatrix}, \quad \Sigma_Y = AI_4A' = \begin{pmatrix} 5 & 2 & 1 \\ 2 & 2 & -2 \\ 1 & -2 & 6 \end{pmatrix}$$

인 정규분포를 따른다.

예제 5.28

확률변수 X, Y가 다음을 만족하는 이변량 정규분포를 따를 때

$$E(X) = \mu_x,\ E(Y) = \mu_y, \quad Var(X) = \sigma_x^2,\ Var(Y) = \sigma_y^2,$$
$$\rho = Corr(X, Y) = \frac{Cov(X, Y)}{\sigma_x \sigma_y}$$

다음 물음에 답하라.

(1) 확률벡터 $(X, Y)'$의 확률밀도함수가 다음과 같이 표현될 수 있음을 설명하라.

$$f(x, y) = \frac{1}{\sigma_x \sigma_y \sqrt{(1-\rho^2)2\pi}} \times \exp\left(-\frac{1}{2(1-\rho^2)}\left[\frac{(x-\mu_x)^2}{\sigma_x^2} - 2\rho\frac{(x-\mu_x)(y-\mu_y)}{\sigma_x\sigma_y} + \frac{(y-\mu_y)^2}{\sigma_y^2}\right]\right)$$

(2) 확률변수 Y가 $Y = y$로 주어졌을 때 확률변수 X의 조건부 확률밀도함수를 구하라.

풀이 (1) 확률벡터 $(X, Y)'$가 $\boldsymbol{N}(\boldsymbol{\mu}, \Sigma)$를 따른다고 하면 $\boldsymbol{\mu}$, Σ는

$$\boldsymbol{\mu} = (\mu_x,\ \mu_y)',\quad \Sigma = \begin{pmatrix} \sigma_x^2 & \rho\sigma_x\sigma_y \\ \rho\sigma_x\sigma_y & \sigma_y^2 \end{pmatrix}$$

이다. 따라서 확률밀도함수 식

$$f(\boldsymbol{x}) = \frac{1}{\sqrt{|\Sigma|}(2\pi)^{n/2}} \exp\left(-\frac{(\boldsymbol{x}-\boldsymbol{\mu})'\Sigma^{-1}(\boldsymbol{x}-\boldsymbol{\mu})}{2}\right)$$

에서 $n=2$, $|\Sigma| = (\sigma_x^2\sigma_y^2 - \rho^2\sigma_x^2\sigma_y^2) = \sigma_x^2\sigma_y^2(1-\rho^2)$이고,

$$\Sigma^{-1} = \frac{1}{\sigma_x^2\sigma_y^2(1-\rho^2)} \begin{pmatrix} \sigma_y^2 & -\rho\sigma_x\sigma_y \\ -\rho\sigma_x\sigma_y & \sigma_x^2 \end{pmatrix}$$

이다. 이 식을 이용하면

$$\begin{aligned}
&(\boldsymbol{x}-\boldsymbol{\mu})'\Sigma^{-1}(\boldsymbol{x}-\boldsymbol{\mu}) \\
&\quad = (x-\mu_x,\ y-\mu_y)\Sigma^{-1}(x-\mu_x,\ y-\mu_y)' \\
&\quad = \frac{1}{\sigma_x^2\sigma_y^2(1-\rho^2)}[(x-\mu_x)\sigma_y^2 - (y-\mu_y)\rho\sigma_x\sigma_y, \\
&\qquad\qquad -(x-\mu_x)\rho\sigma_x\sigma_y + (y-\mu_y)\sigma_x^2](x-\mu_x,\ y-\mu_y)' \\
&\quad = \frac{1}{(1-\rho^2)}\left[\frac{(x-\mu_x)^2}{\sigma_x^2} - 2\rho\frac{(x-\mu_x)(y-\mu_y)}{\sigma_x\sigma_y} + \frac{(y-\mu_y)^2}{\sigma_y^2}\right]
\end{aligned}$$

이고, 이로부터 원하는 표현식을 얻을 수 있다.

(2) 정리 5.4를 이용하여 이변량 정규분포로부터 Y의 주변 확률밀도함수를 구하면

$$f_Y(y) = \frac{1}{\sigma_y\sqrt{2\pi}} \exp\left[-\frac{(y-\mu_y)^2}{\sigma_y^2}\right]$$

이고, (1)에서의 이변량 정규분포는 다음과 같이 표현할 수 있다.

$$\begin{aligned}
f(x,\ y) = &\frac{1}{\sigma_x\sigma_y\sqrt{(1-\rho^2)}2\pi} \times \\
&\exp\left(-\frac{1}{2\sigma_x^2(1-\rho^2)}\left[x-\mu_x-\rho\frac{\sigma_x}{\sigma_y}(y-\mu_y)\right]^2 - \frac{(y-\mu_y)^2}{2\sigma_y^2}\right)
\end{aligned}$$

따라서 $Y=y$가 주어졌을 때 X의 조건부 확률밀도함수는

$$
\begin{aligned}
f_{X \mid Y}(x \mid y) &= \frac{f(x, y)}{f_Y(y)} \\
&= \frac{1}{\sigma_x \sqrt{2\pi(1-\rho^2)}} \exp\left(-\frac{1}{2\sigma_x^2(1-\rho^2)}\left[x-\mu_x-\rho\frac{\sigma_x}{\sigma_y}(y-\mu_y)\right]^2\right)
\end{aligned}
$$

이다.

7. 연습문제

5.1 X와 Y의 결합확률분포가 다음과 같을 때 $P(X+Y=1)$, $P(X>Y)$를 계산하라.

x \ y	0	1	2	합계
0	0	0.2	0.1	0.3
1	0.2	0.4	0	0.6
2	0.1	0	0	0.1
합계	0.3	0.6	0.1	1

5.2 X와 Y의 결합확률분포가 다음과 같을 때 물음에 답하라.

x \ y	0	1	2	$p_X(x)$
0	153/435	0	0	153/435
1	54/435	162/435	0	216/435
2	3/435	27/435	36/435	66/435
$p_Y(y)$	210/435	189/435	36/435	1

(1) $P(X=Y)$, $P(X \le 1)$, $P(X-Y=1)$을 구하라.

(2) $U=X+Y$의 확률질량함수를 구하라.

5.3 반지름이 10 cm인 원판에는 반지름이 4 cm, 7 cm, 9 cm인 동심원이 그려져

있고, 가장 안 쪽부터 차례로 빨간색, 흰색, 파란색, 검은색으로 칠해져 있다. 원판에 10개의 다트를 던진다고 할 때 빨간색, 흰색, 파란색, 검은색에 떨어진 횟수를 각각 X_1, X_2, X_3, X_4라고 할 때 다음 물음에 답하라.

(1) 확률벡터 $(X_1, X_2, X_3)'$는 어떤 분포를 따르는가?

(2) X_1+X_2는 어떤 분포를 따르는가? $P(X_1+X_2=7)$를 구하라.

5.4 3명의 사람이 모여 독립적으로 1부터 6까지의 숫자 중 하나를 임의로 선택하는 시행을 n번 반복한다. 3명 모두 같은 숫자를 선택하는 횟수를 X, 2명만 같은 숫자를 선택하는 횟수를 Y라고 할 때 다음 물음에 답하라.

(1) $(X, Y)'$는 어떤 분포를 따르는가?

(2) 20번의 시행에서 3명 모두 같은 숫자를 선택하는 경우가 1번 있었다고 할 때, 2명만 같은 숫자를 선택하는 경우의 횟수는 어떤 분포를 따르는지 정확히 밝혀라.

5.5 확률변수 X와 Y의 결합 확률밀도함수가 다음과 같을 때 물음에 답하라.

$$f(x, y)=6e^{-3x}e^{-2y}, \quad x>0, \ y>0$$

(1) 확률 $P(X>1, \ Y<1)$, $P(X<Y)$을 구하라.

(2) X의 확률밀도함수를 구하라.

5.6 확률변수 X와 Y의 결합 확률밀도함수가 다음과 같을 때

$$f(x, y)=2e^{-(2x+y)}, \quad x>0, \ y>0$$

확률변수 $U=X/Y$의 확률밀도함수를 구하라.

5.7 연습문제 5.3에서 다음의 조건부 분포와 관련한 물음에 답하라.

(1) $X_1=2$라고 주어져 있을 때 $(X_3, X_4)'$의 조건부 분포를 기술하고, $X_3=3$, $X_4=2$의 조건부 확률을 구하라.

(2) $X_1|X_1+X_2=7$은 어떤 분포를 따르는가?

5.8 확률변수 X와 Y의 결합 확률밀도함수가 다음과 같을 때 물음에 답하라.

$$f(x, y)=\frac{1}{8}(x^2-y^2)e^{-x}, \quad 0<x<\infty, \quad -x\le y\le x$$

(1) X의 주변 확률밀도함수를 구하고, X가 어떤 분포를 따르는지 밝혀라.

(2) $X=x$일 때 Y의 조건부 확률밀도함수를 구하라.

5.9 확률변수 X는 평균이 2인 지수분포를 따르고, $X=x$일 때 Y는 $Unif(0, x)$를 따를 때, $(X, Y)'$의 결합 확률밀도함수를 구하라.

5.10 연습문제 5.1~5.2의 각 경우에 X와 Y가 독립인지 판단하라.

5.11 확률변수 X와 Y의 결합 확률밀도함수가 다음과 같을 때 물음에 답하라.

$$f(x, y)=xy, \quad 0<x<1, \quad 0<y<2$$

(1) X와 Y는 서로 독립인가?

(2) 결합 누적분포함수를 구하라.

5.12 확률변수 X는 $Unif(-1, 2)$이고, 확률변수 Y는 X와 독립이며 평균이 1인 지수분포를 따른다. $P(X \leq Y)$를 계산하라.

5.13 예제 5.12에서 사원 B가 손님 ㄱ의 일처리를 했다고 가정할 때 물음에 답하고 예제 5.12의 결과와 비교하라.

5.14 다음 각 항에 표현된 확률변수 X와 Y의 결합 확률밀도함수로부터 그들의 독립 여부를 판단하라.

(1) $f(x, y)=(x+y), \quad 0<x<1, \ 0<y<1$

(2) $f(x, y)=12xy(1-x), \quad 0<x<1, \ 0<y<1$

(3) $f(x, y)=\dfrac{1}{x^2y^2}, \quad x \geq 1, \ y \geq 1$

(4) $f(x, y)=\dfrac{e^{-y}}{y}, \quad 0<x<y, \ 0<y<\infty$

5.15 확률변수 X와 Y가 서로 독립이고, $X \sim Bin(n, p)$, $Y \sim Bin(m, p)$를 따른다고 할 때 $U=X+Y$는 $Bin(n+m, p)$를 따름을 보여라.

5.16 다음의 각 물음에 답하라.

(1) 확률변수 X와 Y가 서로 독립이고, $X \sim Geometric(p)$, $Y \sim Geometric(p)$를 따른다고 할 때 두 확률변수의 합 $U=X+Y$는

$NB(2, p)$를 따름을 보여라.

(2) 확률변수 X와 Y가 서로 독립이고, $X \sim NB(r, p)$, $Y \sim Geometric(p)$를 따른다고 할 때 $\binom{n}{k} = \sum_{i=k}^{n} \binom{i-1}{k-1}$을 이용하여 두 확률변수의 합 $U = X + Y$는 $NB(r+1, p)$를 따름을 보여라.

5.17 연습문제 5.15에서 $X | X+Y=N$의 확률질량함수를 구하고 어떤 분포를 따르는지 밝혀라.

5.18 예제 5.14에서 $U=n$으로 주어졌을 때 X의 조건부 확률분포를 구하라.

5.19 합성곱의 식을 이용하여 표준정규분포를 따르는 두 개의 독립인 확률변수의 합의 분포를 구하라.

5.20 어떤 병원의 한 검사실에서 두 가지 검사(A, B)를 한다. A 검사에 걸리는 시간(X)은 평균이 5인 지수분포를, B 검사에 걸리는 시간(Y)은 평균이 10인 지수분포를 따르고, 두 검사에 걸리는 시간은 서로 독립이라고 한다. 어떤 환자가 두 검사를 순차적으로 받는다고 할 때 걸리는 시간(U)에 대하여 다음 물음에 답하라. 단, 두 검사 사이에 기다리는 시간은 없다.

(1) 확률변수 U의 확률밀도함수를 구하라.

(2) 환자의 보호자가 검사를 시작한 때부터 검사실 밖에서 기다리기 시작해서 10분이 경과한 시점에 10분을 더 기다릴 확률을 구하라.

5.21 연습문제 5.2의 결합 확률분포표를 이용하여 XY의 기댓값을 구하고, $V=XY$의 확률분포를 이용한 V의 기댓값과 같은지 확인하라.

5.22 연습문제 5.8의 결합 확률밀도함수를 이용하여 $E(XY)$를 구하라.

5.23 확률변수 X가 모수가 (r, p)인 음이항분포를 따를 때 음이항분포가 독립인 기하분포의 합으로 표현된다는 사실을 이용하여 X의 기댓값과 분산을 구하라.

5.24 4쌍의 부부로 이루어져 있는 여행단이 있다. 점심식사를 하기 위해 식당에 들어가서 4명씩 앉을 수 있는 2개의 테이블에 임의로 앉는다고 할 때 같은 테이블에 앉는 부부의 수 X의 기댓값을 구하라.

5.25 어느 대학원 강의에는 9명의 학생이 있는데, 2명은 2차, 3명은 3차, 4명은 4차

학생이라고 한다. 임의로 3명씩 그룹을 지어 프로젝트 과제를 수행하는데, 각 차수의 학생을 1명씩 모두 포함하는 그룹의 수를 X라고 할 때 X의 기댓값을 구하라.

5.26 딸 한 명씩을 데리고 온 4쌍의 부부가 하나의 원탁에 임의로 앉는다고 할 때 구성원 3명이 나란히 앉는 가족의 수를 X라고 하자. (두 명은 나란히 앉고, 한명은 떨어져 있는 것은 3명이 나란히 앉는 것이 아니다.) 첫 번째 가족이 나란히 앉을 확률을 구하고, $E(X)$를 구하라.

5.27 1~5까지의 숫자가 적혀 있는 5개의 박스에 7개의 공을 하나씩 임의로 넣을 때, 확률변수 X를 비어 있는 박스의 수라고 하자. $E(X)$, $Var(X)$를 구하라.

5.28 예제 5.2의 결합 확률분포에 대하여 다음 물음에 답하라.

(1) $X|Y=-1$는 어떤 분포를 따르는지 밝히고, $E(X|Y=-1)$를 구하라.

(2) $Y|X=0$는 어떤 분포를 따르는지 밝히고, $E(Y|X=0)$를 구하라.

5.29 확률변수 X와 Y의 결합 확률밀도함수가 다음과 같을 때, $Cov(X, Y)$를 구하라.

$$f(x, y) = \frac{1}{x}2e^{-2x}, \quad x > 0, \quad 0 < y < x$$

5.30 확률변수 X, Y가 예제 5.7에서와 같은 결합 확률분포를 따를 때 $E(XY)$를 구하라.

5.31 게임을 하기 위해 만들어진 4등분된 원판에 0, 1, 2, 4라고 쓰여 있다. 이 원판에 임의로 다트를 던져서 나오는 숫자가 0이면 게임이 바로 끝나고, 숫자가 나오면 그 수만큼 고삼차를 마시고 다시 원판에 다트를 던지는 일을 계속 해야 한다. 어떤 사람이 이 게임을 시작해서 게임이 끝날 때까지 마셔야 하는 고삼차의 잔 수를 X라고 할 때 X의 기댓값을 구하라.

5.32 확률변수 X는 $(0, 1)$에서 균일분포를 따르고, $X=x$일 때 Y의 조건부 분포는 $Bin(3, x)$을 따른다.

(1) Y의 기댓값과 분산을 구하라.

(2) Y의 누적분포함수를 구하라.

5.33 확률변수 X는 평균이 1이 지수분포를 따르고 $X=x$ 일 때 Y의 조건부분포는 평균이 x 이 포아송분포를 따른다고 할 때 다음 물음에 답하라.

(1) $P(Y=3)$을 구하라.

(2) $E(Y)$와 $Var(Y)$를 구하라.

5.34 확률변수 X와 Y는 서로 독립이고,

$$X \sim Unif(0,2), \qquad Y \sim Unif(0,1)$$

을 따를 때 다음 물음에 답하라.

(1) $X-Y$의 확률밀도함수를 구하라.

(2) 새로운 확률변수 $U=I_{\{X>0.5\}}$에 대하여 $E(X|U=1)$, $E(X|U=0)$을 구하고, $E(X)=E[E(X|U)]$가 성립함을 보여라.

5.35 두 종류의 전구가 있는데 한 종류(A)는 평균수명이 400일이고 표준편차가 30일인 정규분포를, 다른 종류(B)는 평균이 380일이고, 표준편차는 25일인 정규분포를 따른다고 하자. A 종류가 40%이고 나머지가 B 종류라고 할 때 임의로 선택한 한 전구 수명의 평균과 분산을 구하라.

5.36 확률벡터 $\begin{pmatrix} U \\ V \\ W \end{pmatrix}$는 다변량 정규분포 $N\left(\begin{pmatrix} 1 \\ -3 \\ 2 \end{pmatrix}, \begin{pmatrix} 2 & 0 & -1 \\ 0 & 4 & 2 \\ -1 & 2 & 3 \end{pmatrix}\right)$을 따른다고 한다. 다음 물음에 답하라.

(1) 확률벡터 $(U, W)'$의 결합 확률분포를 밝혀라.

(2) $E(U^2)$와 $Cov(2U+3V, -2V+4W+2)$를 계산하라.

5.37 확률벡터 $\boldsymbol{X}=(X_1, \ldots, X_5)'$를 이루는 5개의 확률변수는 서로 독립이고 정규분포 $N(1,1)$을 따른다. 새로운 확률변수 U, V, W를 다음과 같이 정의할 때 다음 물음에 답하라.

$$U=\sum_{i=1}^{4} X_i, \qquad V=\sum_{i=3}^{5}(X_i+1), \qquad W=X_2-2X_4-3$$

(1) 확률벡터 $\boldsymbol{Y}=(U, V, W)'$를 $A\boldsymbol{X}+\boldsymbol{b}$로 표현하는 행렬 A와 벡터 $\boldsymbol{b}$를 구하라.

(2) $\boldsymbol{Y} = (U,\ V,\ W)'$의 결합 확률분포를 밝혀라.

5.38 예제 5.28에서 두 확률변수 X, Y의 공분산이 0일 때 독립임을 보여라.

5.39 확률벡터 $\boldsymbol{X}(n\times 1)$가 $\boldsymbol{X} \sim \boldsymbol{N}(\boldsymbol{\mu},\ \Sigma)$를 따를 때 $(\boldsymbol{X}-\boldsymbol{\mu})'\Sigma^{-1}(\boldsymbol{X}-\boldsymbol{\mu})$의 분포가 자유도가 n인 카이제곱 분포임을 보여라.

06

극한정리

통계학에서 가장 많이 사용하는 추정량으로 표본평균이 있다. 표본평균이 갖는 여러 특징 중 한 가지는 표본평균의 값이 표본의 크기가 클수록 추정하고자 하는 모평균에 가까워진다는 것이다. 또한 표본평균은 표본의 크기가 클 때 적당히 표준화되면 근사적으로 정규분포에 가까운 분포를 갖는다. 표본의 크기가 클 때 표본평균이 갖는 이와 같은 특징은 표본평균을 모평균의 추정량으로서 매우 매력적인 것으로 만들어 준다.

표본평균에 대해서뿐 아니라 다른 추정량에 대해서도 이런 종류의 특징, 즉 표본의 크기가 클 때 추정량이 갖는 특징을 알아내는 것이 필요한데 이를 공부하는 분야가 확률론에서 중요한 부분을 차지하는 점근이론이다. 점근이론은 측도론 등 고급 수학의 지식이 필요한 내용으로 이를 학부과정에서 제대로 다루기는 어렵다. 따라서 이 장에서는 점근이론 중에서 아주 쉽고 잘 알려진 몇 가지 기본적이고 유용한 극한정리만을 소개하고자 한다.

1. 유용한 부등식

이 절에서는 극한정리를 정립하는데 유용하게 쓰이는 몇 가지의 부등식을 소개하고자 한다. 우선 다음과 같이 정리한 **마르코프 부등식**(Markov's inequality)이 있다.

마르코프 부등식
확률변수 X가 음이 아닌 값만을 취할 때, 임의의 양수 a에 대하여 다음 부등식을 만족한다.

$$P(X \geq a) \leq \frac{E(X)}{a}$$

마르코프 부등식에 대한 증명은 지시변수를 이용하면 간단하다. 확률변수 Y를 다음과 같이 정의하면

$$Y = I_{\{X \geq a\}}$$

다음을 만족한다.

- $X \geq a$이면 $\frac{X}{a} \geq 1$, $Y = 1$
- $X < a$이면 $0 \leq \frac{X}{a} < 1$, $Y = 0$

따라서

$$Y \leq \frac{X}{a}$$

이고, 양쪽에 기댓값을 구해도 부등식이 유지된다. 또한 지시변수의 기댓값은 지시변수가 1이 되는 사건의 확률과 같으므로

$$P(X \geq a) = E(Y) \leq \frac{E(X)}{a}$$

이 성립한다.

이 부등식은 확률변수가 0보다 크다는 것과 기댓값 이외에 아무런 정보가 없을 때 쓸 수 있는 것이므로 이 부등식이 제공하는 확률의 상한은 항상 유용한 정보를

제공하는 것은 아니다. 예를 들어 기댓값이 10이고 0보다 큰 값을 가지는 확률변수가 있다고 하자. 이 확률변수가 10보다 클 확률은 기댓값이 10이므로 상식적으로 1보다는 작으리라고 예상된다. 그러나 마르코프 부등식이 제공하는 확률의 상한은 1이기 때문에 상한으로서 의미 있는 정보를 주지 못한다. 다만, 부등식에서 a값이 기댓값에 비해 상당히 클 때 마르코프 부등식이 제공하는 확률의 상한은 어느 정도 의미 있다고 할 수 있다.

확률변수에 대한 정보가 조금 더 주어지면 마르코프 부등식보다 조금 나은 상한을 주는 다음의 **체비쉐프 부등식**(Chebyshev's inequality)을 얻는다. 이 체비쉐프 부등식은 응용할 때 해석을 쉽게 해주는 장점이 있고, 이 부등식을 이용하여 다음 절에서 소개하는 대수의 법칙을 증명할 수 있다.

체비쉐프 부등식

확률변수 X가 평균 μ와 분산 σ^2을 가질 때, 임의의 양수 a에 대하여 다음 부등식을 만족한다.

$$P(|X-\mu| \geq a) \leq \frac{\sigma^2}{a^2}$$

위의 체비쉐프 부등식을 다음과 같은 형태로 표현하기도 한다.

$$P(|X-\mu| \geq a\sigma) \leq \frac{1}{a^2}$$

이 표현에 의하면 확률변수의 평균과 분산이 존재하기만 하면 그 분포가 어떤 것인가와 무관하게 확률변수의 값이 평균으로부터 a배의 표준편차 바깥에 존재할 확률이 $1/a^2$ 이하임을 보여 준다.

체비쉐프 부등식의 증명은 다음의 사실과 마르코프 부등식으로부터 쉽게 얻어질 수 있다.

$$P(|X-\mu| \geq a) = P(|X-\mu|^2 \geq a^2)$$

다음의 예제는 체비쉐프 부등식에서 특정 a에 대하여 등식을 만족시키는 확률변수의 한 예를 제시한다. 이 예제로부터 확률변수의 분포에 대한 새로운 정보가 추가적으로 주어지지 않으면 체비쉐프 부등식의 상한을 줄일 수 없음을 알 수 있다.

예제 6.1

확률변수 X가 다음과 같은 확률질량함수를 가질 때

$$p(-2)=\frac{1}{8},\quad p(0)=\frac{3}{4},\quad p(2)=\frac{1}{8}$$

평균(μ)과 분산(σ^2)을 구하고, 다음 관계식이 성립함을 보여라.

$$P(|X-\mu|\geq 2\sigma)=\frac{1}{2^2}$$

풀이 확률변수 X는 0을 기준으로 대칭인 분포를 따르므로 $\mu=0$이고,

$$\sigma^2 = Var(X)=E(X^2)=\frac{((-2)^2+2^2)}{8}=1$$

이다. 따라서

$$\begin{aligned} P(|X-\mu|\geq 2\sigma) &= P(|X|\geq 2) \\ &= P(X=-2)+P(X=2) \\ &= \frac{1}{2^2} \end{aligned}$$

이 성립한다.

이 예제는 특별한 하나의 경우를 보여 주었는데, 임의의 주어진 a에 대해서도 다음과 같이 체비쉐프 부등식의 상한을 갖는 분포를 만들어 낼 수 있다.

$$p(-a)=\frac{1}{2a^2},\quad p(0)=1-\frac{1}{a^2},\quad p(a)=\frac{1}{2a^2}$$

즉, 이 경우에도 $\mu=0$, $\sigma=1$이고 다음을 만족한다.

$$P(|X-\mu|\geq a\sigma)=P(X=-a)+P(X=a)=\frac{1}{a^2}$$

다음의 예제는 주어지는 정보의 양이 증가하면서 원하는 확률의 상한이 어떻게

변하는가를 보여 준다.

예제 6.2

국가에서 주관하는 어느 시험의 점수분포는 평균이 100이고 표준편차가 20인 분포를 따른다고 한다. 그 시험을 치른 어떤 사람의 시험점수를 확률변수 X로 표현할 때, 위에 주어진 두 개의 부등식을 이용하여 여러 가정하에서 $P(X \geq 130)$의 상한에 대하여 논하라.

풀이 주어진 정보 외에 분포에 대한 아무런 정보가 없을 때를 생각해 보면 우선 시험점수는 양수이므로, 만약 마르코프 부등식을 쓴다면

$$P(X \geq 130) \leq \frac{100}{130} = 0.7692$$

이다. 그러나 체비쉐프 부등식을 쓰면 다음과 같이 이보다 나은 상한을 얻을 수 있다.

$$P(X \geq 130) \leq P(|X-100| \geq 30) \leq \frac{4}{9} = 0.\dot{4}$$

만약 시험점수의 분포가 대칭이라면 다음과 같이 조금 더 나은 상한을 얻을 수 있다.

$$P(X \geq 130) = \frac{1}{2}P(|X-100| \geq 30) \leq \frac{2}{9} = 0.\dot{2}$$

만약 시험점수의 분포가 정규분포를 따른다면

$$P(X \geq 130) = P\left(\frac{X-100}{20} \geq 1.5\right) = 0.06681$$

확률의 상한이 아니라 정확한 확률을 얻을 수 있다.

이와 같이 확률변수의 분포에 대한 정보가 많을수록 더 나은 상한을 얻을 수 있다.

2. 대수의 약법칙

이 절에서는 표본의 크기가 클 때 표본평균이 모평균에 가까워진다는 법칙인 대수의 법칙을 소개하고자 한다. 대수의 법칙에는 대수의 강법칙과 약법칙이 있는데, 그 차이는 확률변수가 어떤 상수에 '가까워진다'는 것의 다양한 개념 때문에 발생한다. 그런데 대수의 강법칙은 확률측도의 개념을 소개하지 않고는 설명하기 어려우므로 다루지 않고, 여기서는 **대수의 약법칙**(Weak Law of Large Numbers : WLLN)만 다루기로 한다.

평균이 μ이고 분산이 σ^2인 모집단에서 크기가 n인 임의표본 X_1, ..., X_n을 얻었다고 하면, 그로부터 계산한 표본평균

$$\overline{X}_n = \frac{1}{n}\sum_{i=1}^{n} X_i$$

의 기댓값과 분산은 다음과 같다.

$$E(\overline{X}_n) = \frac{1}{n}E\left(\sum_{i=1}^{n} X_i\right) = \frac{1}{n}\times n\mu = \mu$$

$$Var(\overline{X}_n) = \frac{1}{n^2}Var\left(\sum_{i=1}^{n} X_i\right) = \frac{1}{n^2}\times n\sigma^2 = \frac{\sigma^2}{n}$$

이로부터 표본의 크기 n이 커지면 표본평균의 분산은 0에 가까워지고 따라서 표본평균은 모집단의 평균 μ를 기준으로 점점 집중되는 분포를 따른다는 사실을 알 수 있다. 즉, n이 커질 때 표본평균은 모평균 μ에 가까워진다는 사실을 알 수 있다.

이를 다음과 같이 정리하고 대수의 약법칙이라고 한다.

대수의 약법칙

확률변수 X_1, X_2, ..., X_n이 평균이 μ이고, 분산이 σ^2인 모집단에서 추출한 임의표본을 나타낸다고 하면 임의의 상수 $\epsilon>0$에 대해서 다음을 만족한다.

$$\lim_{n\to\infty} P(|\overline{X}_n - \mu| > \epsilon) = 0$$

이를 다음과 같이 표현한다.

$$\overline{X}_n \xrightarrow{P} \mu$$

체비쉐프 부등식으로부터 다음과 같이 대수의 약법칙은 바로 얻어진다.

$$P(|\overline{X}_n - \mu| > \epsilon) \le \frac{Var(\overline{X}_n)}{\epsilon^2} = \frac{\sigma^2}{n\epsilon^2} \quad \to \ 0$$

임의의 상수 ϵ이 아무리 작아도 n이 충분히 커지면 $\overline{X}_n$은 $\mu \pm \epsilon$ 사이에 올 확률이 1에 가까워진다. 즉, 모집단의 평균과 분산이 존재하기만 하면 어떤 모집단에서 추출한 임의표본의 표본평균도 표본의 크기가 커질 때 모평균에 가까워진다. 다음의 예제들은 몇 가지 분포의 경우에 대수의 약법칙이 적용되는 예를 구체적으로 보여 준다.

예제 6.3

확률변수 $X_1, X_2, \ldots, X_n$은 서로 독립이고, 성공확률이 p이 베르누이분포를 따른다고 할 때, 성공의 표본비율을 다음과 같이 정의하자.

$$\hat{p} = \frac{(X_1 + \cdots + X_n)}{n}$$

n이 증가함에 따라 $\hat{p}$이 p에 가까워짐을 보여라.

풀이 확률변수 $\hat{p}$의 평균은 p이고, 분산은 $p(1-p)/n$이므로 체비쉐프 부등식에 의해 다음을 만족한다.

$$P(|\hat{p} - p| > \epsilon) \le \frac{Var(\hat{p})}{\epsilon^2} = \frac{p(1-p)}{\epsilon^2 n} \quad \to \ 0$$

물론 확률변수 X_i의 평균은 p, 분산은 $p(1-p)$이고, $\hat{p}$이 X_i들의 표본평균의 형태로 정의되므로 대수의 약법칙에 의해 바로 $\hat{p} \xrightarrow{P} p$을 얻을 수 있다.

예제 6.4

확률변수 X가 감마분포 $\Gamma(n, \lambda)$를 따른다고 하자. n이 증가할 때 X/n가 $1/\lambda$에 가까워짐을 보여라.

풀이 감마분포를 따르는 X의 평균은 n/λ이고, 분산은 n/λ^2이므로 X/n의 기댓값은 $1/\lambda$이고 분산은 $1/n\lambda^2$이다. 체비쉐프 부등식을 이용하면 다음을 만족한다.

$$P\left(\left|\frac{X}{n}-\frac{1}{\lambda}\right|>\epsilon\right)\leq\frac{Var(X/n)}{\epsilon^2}=\frac{1}{\epsilon^2 n\lambda^2}\quad\rightarrow\quad 0$$

물론 이 경우에도 대수의 약법칙을 이용할 수 있다. 지수분포와 감마분포의 관계를 이용하면 X는 n개의 서로 독립이고 모수가 λ인 지수분포를 따르는 확률변수의 합으로 표현된다. 따라서 X/n은 지수분포를 따르는 n개의 확률변수의 평균의 형태로 표현되므로 대수의 약법칙에 의하면

$$\frac{X}{n}\xrightarrow{P}\frac{1}{\lambda}$$

을 바로 얻을 수 있다.

3. 중심극한정리

앞의 2절에서 우리는 대수의 약법칙에 의해 표본평균이 모평균에 가까워진다는 것을 배웠다. 이 절에서는 표본평균을 적절히 표준화시키면 표본의 크기가 클 때 표준화된 표본평균의 분포가 정규분포에 가까워짐을 설명하는 **중심극한정리**(Central Limit Theorem)를 소개하고자 한다.

중심극한정리

확률변수 $X_1, X_2, \ldots, X_n$이 평균이 μ이고, 분산이 σ^2인 모집단에서 추출한 임의표본을 나타낸다고 하면 임의의 실수 a에 대해 다음을 만족한다.

$$P\left(\frac{\sqrt{n}(\overline{X}_n-\mu)}{\sigma}\leq a\right)\ \rightarrow\ \Phi(a),\quad n\rightarrow\infty$$

중심극한정리의 증명은 좀 더 고급한 확률론의 지식을 필요로 하므로 여기서는

생략하기로 한다.

중심극한정리에 의하면 모집단의 분포가 어떤 것인가에 상관없이 평균과 분산이 존재하기만 하면 표본의 크기가 클 때 표준화된 표본평균의 분포가 근사적으로 정규분포를 따른다. 즉, 근사적으로 다음을 만족한다.

$$\frac{\sqrt{n}(\overline{X}_n - \mu)}{\sigma} \sim N(0,\ 1)$$

좌변의 분모, 분자에 $\sqrt{n}$ 을 곱하면 확률변수들의 합에 대한 것으로 바꿀 수 있다. 즉, 근사적으로 다음을 만족한다.

$$\frac{\left(\sum_{i=1}^{n} X_i - n\mu\right)}{\sqrt{n}\sigma} \sim N(0,\ 1)$$

따라서 어느 정도의 표본의 크기만 확보되면(일반적으로 30 이상) 표본평균(혹은 확률변수들의 합)과 관련한 어떤 확률도 근사적으로 계산할 수 있게 된다. 이와 같은 유용한 특성으로 인해 모평균을 추정하는데 표본평균이 가장 광범위하게 사용된다고 할 수 있다.

앞의 4장에서 우리는 이항분포에 대하여 시행횟수 n 이 클 때 이항분포가 정규분포에 가까워짐을 공부하였는데 이항분포를 따르는 확률변수 X를 베르누이 분포를 따르는 n 개의 확률변수의 합으로 표현하면 이항분포의 정규분포근사는 중심극한정리의 한 예라고 할 수 있다.

다음의 예제는 n 이 커질 때 표본의 비율이 모비율에 가까워진다는 예제 6.4의 결과를 중심극한정리를 이용하여 구체적으로 보여 준다.

예제 6.5

확률변수 $X_1,\ X_2,\ \dots,\ X_n$는 서로 독립이고 성공 확률이 0.3인 베르누이 분포를 따른다. 표본비율을 $\hat{p} = (X_1 + \cdots + X_n)/n$이라고 할 때, 표본의 크기가 30, 100, 1000인 경우에 $P(|\hat{p} - 0.3| > 0.03)$일 확률을 구하라.

풀이 X_i 의 평균은 0.3, 분산은 0.21이고, 표본의 크기가 30 이상이므로 중심극한정리에 의하면 $\hat{p}$ 은 근사적으로 다음을 만족한다.

$$\frac{\sqrt{n}(\hat{p}-0.3)}{\sqrt{0.21}} \sim N(0,\ 1)$$

따라서

$$P(|\hat{p}-0.3|>0.03)=P\left(\frac{\sqrt{n}\,|\hat{p}-0.3|}{\sqrt{0.21}}>\frac{\sqrt{n}\,0.03}{\sqrt{0.21}}\right)=2\left(1-\Phi\left(\frac{\sqrt{n}\,0.03}{\sqrt{0.21}}\right)\right)$$

이 성립한다. $n=30,\ 100,\ 1000$에 대하여 $\dfrac{\sqrt{n}\,0.03}{\sqrt{0.21}}$의 값을 순서대로 구하면 0.3586, 0.6547, 2.0702이므로 구하고자 하는 확률은 정규분포표를 이용하여 각 n에 대해서 다음과 같이 구할 수 있다.

$$n=30, \qquad P(|\hat{p}-0.3|>0.03)=2(1-\Phi(0.36))=0.7188$$
$$n=100, \qquad P(|\hat{p}-0.3|>0.03)=2(1-\Phi(0.65))=0.5156$$
$$n=1000, \qquad P(|\hat{p}-0.3|>0.03)=2(1-\Phi(2.07))=0.0384$$

이와 같이 모비율에 대한 표본비율의 오차가 0.03보다 클 확률이 표본의 크기가 커지면서 점점 작아지는 것을 볼 수 있다.

다음의 예제는 중심극한정리가 이용되는 유용한 하나의 예를 제시한다.

예제 6.6

주식시장에서 모든 종목의 주식 가격은 독립적으로 결정되고, 각 종목에 같은 금액을 투자할 때 얻어지는 손익의 분포는 주식의 종목과 상관없이 모두 같다고 가정한다. 한 종목의 주식에 100(단위: 만 원)을 한 달 동안 투자할 때 얻어지는 손익을 X라고 하면 X는 다음과 같은 확률질량함수를 갖는다고 한다.

$$p(-10)=\frac{1}{4}, \quad p(0)=\frac{1}{4}, \quad p(10)=\frac{1}{4}, \quad p(20)=\frac{1}{4}$$

어떤 사람이 다음의 두 방법으로 1억 원을 투자한다고 할 때 각 경우에 그 사람이 한 달 후 얻게 되는 수익이 800(만 원) 이상일 확률과 손해를 볼 확률을 (근사적으로) 구하라.

(1) 한 종목의 주식에 모두 투자한다.
(2) 100개 종목의 주식에 분산 투자한다.

풀이 (1) 한 달 후 손익을 U라고 하면 $U=100X$와 같다. 따라서 구하고자 하는 확률은 다음과 같다.

$$P(U \geq 800) = P(X \geq 8) = p(10) + p(20) = \frac{1}{2}$$

$$P(U < 0) = P(X < 0) = p(-10) = \frac{1}{4}$$

(2) 한 달 후 손익을 V라고 하면 V는 X와 같은 분포를 따르는 100개의 확률변수들의 합으로 표현할 수 있다. 즉, i 번째 종목의 주식투자에 대한 손익을 X_i라고 하면 $V = X_1 + \cdots + X_{100}$이다. n이 30 이상이므로 중심극한정리에 의하면 V에 대한 확률을 정규분포를 이용하여 근사적으로 구할 수 있다. 일단 X_1의 평균과 분산을 구해 보면 다음과 같다.

$$E(X_1) = \frac{(-10+10+20)}{4} = 5$$

$$Var(X_1) = \frac{(15^2+5^2+5^2+15^2)}{4} = 125$$

중심극한정리에 따르면 V의 분포는 근사적으로 기댓값이 500이고, 분산이 12500인 정규분포를 따른다. 따라서 구하고자 하는 확률은 표준정규분포의 누적분포함수를 이용하여 다음과 같이 근사적으로 구할 수 있다.

$$P(V \geq 800) = P\left(\frac{V-500}{\sqrt{12500}} \geq \frac{800-500}{\sqrt{12500}}\right) \approx 1 - \Phi(2.68) = 0.0037$$

$$P(V < 0) = P\left(\frac{V-500}{\sqrt{12500}} < \frac{-500}{\sqrt{12500}}\right) \approx \Phi(-4.47) \approx 0$$

4. 연습문제

6.1 본문에 주어진 부등식을 이용하여 평균이 10이고 양수 값을 갖는 확률변수 X와 관련하여 다음 각 조건 아래에서 X가 20보다 클 확률의 상한을 구하라.

(1) 아무런 조건이 없다.

(2) X의 표준편차가 5이다.

6.2 어느 휴대전화 대리점에서는 새로운 고객과의 약정을 하루 평균 20건 맺는다. 본문에 주어진 부등식을 이용하여 다음 확률의 상한을 구하라.

(1) 임의의 어느 날 새로운 휴대전화 약정 건수가 30건 이상일 확률

(2) 하루 새로운 휴대전화 약정 건수의 분포가 대칭이고, 표준편차가 5일 때 약정 건수가 30건 이상일 확률

6.3 평균이 λ 인 포아송분포에 대하여 체비쉐프 부등식을 이용하여 약대수의 법칙이 성립함을 보여라.

6.4 확률변수 $X_1,\ X_2,\ \dots,\ X_n$ 이 평균이 μ이고 분산이 σ^2인 정규분포를 따른다고 하면 표본분산 S^2은 다음과 같은 특성을 갖는다고 알려져 있다.

$$\frac{(n-1)S^2}{\sigma^2} \sim \chi^2(n-1)$$

이 특성을 이용하여 S^2이 σ^2으로 가까워짐을 보여라.

6.5 모수가 $(n,\ 1)$인 감마분포를 따르는 X에 대해서 다음 부등식

$$P\left(\left|\frac{X}{n}-1\right| > 0.1\right) < 0.1$$

을 만족하기 위한 최소의 n을 다음 각 상황에서 구하라.

(1) 체비쉐프 부등식을 이용한다.

(2) 중심극한정리를 이용한다.

6.6 어느 대형 가게에서는 영업시간 동안 카드계산서를 발급하게 되는데, 계산서 발급기의 종이 롤을 새로 끼우고 다 쓸 때까지 걸리는 시간이 평균 4시간인 지수

분포를 따른다고 한다. 이 영업점에서는 100개의 롤을 비축하고 있고, 다 쓴 후에는 즉시 갈아 끼운다고 할 때 450 영업시간 직후에도 비축한 롤이 부족하지 않을 확률을 구하라.

07

확률과정

우리가 일상생활에서 흔히 접하게 되는 자료 중의 하나는 시간의 흐름을 따라 관측하는 값이다. 이러한 자료는 시간에 따라 변화하며, 아직 관측하지 않은 미래의 자료는 어떤 값을 가질지 불확실하다. 예를 들어 어느 회사의 주식 가격은 시간의 흐름에 따라 끊임없이 변화하는 값으로 내일의 주식 가격이 어떻게 될지는 누구도 100% 확신을 가지고 예측할 수는 없다. 이렇게 연속적인 시간에 따라서 변하는 불확실한 자료뿐 아니라 매 단계별로 변하는 불확실한 위치, 예를 들면 임의보행(random walk) 등에 관한 문제는 네트워크상의 랜덤 그래프 이론이나, 생태학, 심리학 등에서 중요한 문제로 부각되고 있다.

이 장에서는 이산이나 연속인 시간과 공간의 상태에 따른 불확실성을 다루는 기본적인 확률과정 이론을 소개하고 대표적인 응용이론으로 기계학습 등의 최신 응용 분야의 컴퓨팅 분야에서 필수적인 MCMC(Markov Chain Monte Carlo)가 기초로 하는 마르코프 연쇄 이론과 그 응용 분야를 공부해 보고자 한다.

1. 확률과정

우리가 일상생활에서 흔히 접하게 되는 자료 중의 하나는 시간의 흐름을 따라 관측하는 값이다. 이러한 자료는 시간에 따라 변화하며, 아직 관측하지 않은 미래의 자료는 어떤 값을 가질지 불확실하다. 예를 들어 어느 회사의 주식 가격은 시간의 흐름에 따라 끊임없이 변화하는 값으로 내일의 주식 가격이 어떻게 될지는 누구도 100% 확신을 가지고 예측할 수는 없다. 참고로 아래 그림은 주식에 대한 정보를 제공해주는 사이트인 팍스넷(http://paxnet.moneta.co.kr)에서 인용한 그림이다. 이 그림은 일정기간 동안 삼성전자 주식 가격의 변화를 나타낸 것이다. 이 그림은 여러 가지 정보를 나타내고 있지만, 기본적으로 시간의 흐름에 따른 주식 가격에 대한 정보를 나타내고 있다.

또 아래 자료는 2004년 12월 14일부터 27일까지 삼성전자 주식의 주식 가격의 변화를 나타낸 자료이다.

일자	종가	시가	고가	저가	전일비
2004/12/27	437,500	433,000	437,500	431,500	▲ 4,500
2004/12/24	433,000	434,500	435,000	430,000	▼ 1,500
2004/12/23	434,500	445,000	446,000	432,000	▼ 8,000
2004/12/22	442,500	448,500	449,500	442,000	▼ 3,500

2004/12/22	442,500	448,500	449,500	442,000	▼ 3,500
2004/12/21	446,000	446,000	447,000	440,000	▲ 1,000
2004/12/20	445,000	437,000	446,000	437,000	▲ 1,000
2004/12/17	444,000	441,000	444,500	435,500	▲ 4,000
2004/12/16	440,000	433,500	444,000	432,000	▲ 11,500
2004/12/15	428,500	418,000	428,500	418,000	▲ 16,000
2004/12/14	412,500	402,000	413,500	402,000	▲ 10,500

위 자료를 통해 거래일의 종가(마지막 거래 가격)를 순차적으로 다음과 같이 나열할 수 있다.

4125, 4285, 4400, 4440, 4450, 4460, 4425, 4345, 4330, 4375 (단위: 백 원)

이처럼 어느 시점에서의 값은 고정된 상수가 아니라 여러 가능한 값 중에서 어떤 한 값을 확률적으로 가지며, 순차적으로 관측하게 되는 것을 **확률과정(stochastic process)**이라고 한다. 구체적으로 확률과정이란 다음을 말한다.

시간 t에서 관측하는 값을 $X(t)$로 나타낼 때, 우리가 얻는 자료는 여러 시점 $t_1, t_2, t_3, \cdots$에서 관측한 값인 $X(t_1), X(t_2), X(t_3), \cdots$라 할 수 있다. 이때, 순차적으로 주어지는 확률변수의 모임 $\{X(t_1), X(t_2), X(t_3), \cdots\}$을 확률과정이라 한다. 위의 주식값의 종가에 대한 예에서

$$X(t_1) = 412500,\ X(t_2) = 428500, \cdots$$

이라 할 수 있다.

확률과정의 대표적인 예로 다음과 같은 경우를 생각할 수 있다.

- 주식 거래일의 종가
- 일별로 관측한 날씨
- 상점에서 시간별로 측정한 손님의 수
- 연속적으로 측정한 파도의 높이

이러한 자료에 대하여 우리의 주요관심 사항은 순차적으로 주어지는 자료가 어떤 특징을 가지고 있는지 분석함으로써 미래의 값을 예측하거나 미래의 값에 대한

확률분포를 알아내고자 하는 것일 수 있다. 예를 들어 일별로 주어지는 날씨의 연관성을 분석함으로써 과거 며칠 동안 날씨로부터 3일 후 날씨가 맑을 확률을 알아내고자 할 수도 있다. 또는 12월 17일 삼성전자 주식이 437,500원일 때 앞으로 한 달 후 삼성전자 주식이 450,000원 이상일 확률에 관심이 있을 수도 있다.

확률과정은 우리가 관측하는 시간 t와 이 시점에서 관측한 $X(t)$의 값의 특징에 따라 여러 가지 경우로 분류할 수 있다. 먼저 자료를 관측하는 시점인 t는 연속적으로 주어지는 경우와 일정한 간격을 가지는 경우가 있다. 예를 들어 어느 지점에서 측정한 파도의 높이는 끊임없이 변화하므로 파도의 높이에 대한 자료는 연속적으로 얻어진다고 할 수 있다. 이 경우에 자료를 관측하는 시점인 t는 연속적이라 할 수 있다. 반대로 일정한 간격을 두고 자료를 관측하는 경우도 있다. 예를 들어 일별로 날씨를 관측하는 경우에는 하루에 하나씩의 자료가 주어진다. 이처럼 간격을 두고서 관측하는 확률과정은 시간을 상징적인 정수로 표현하여 $\{X(0), X(1), X(2), \cdots\}$ 혹은 $\{X_0, X_1, X_2, \cdots\}$으로 나타내게 된다. 이 책에서는 주로 $\{X_0, X_1, X_2, \cdots\}$를 사용하여 나타낼 것이다.

확률과정은 $X(t)$가 이산형 확률변수인 경우와 연속형 확률변수 경우로 나눌 수도 있다. 주식 가격을 나타내는 $X(t)$는 모든 양수 값을 가질 수 있으므로 연속형 확률변수이고, 어느 상점을 이용하는 손님의 수를 나타내는 $X(t)$는 정수값만을 가지므로 이산형 확률변수이다. $X(t)$가 연속형 확률변수인 경우는 다루기 쉽지 않으므로 이 책에서는 $X(t)$가 이산형 확률변수인 경우를 주로 다루게 될 것이다.

확률과정(stochastic process)

$\{X(t) : t \in T\}$, $X(t)$는 시점 t에서의 확률변수, $X(t, \omega)$

인덱스 집합(index set)

집합 T로서 보통 양의 실수나 정수의 집합

상태공간(state space)

확률과정이 가지는 값들의 집합

2. 마르코프 연쇄

2.1 마르코프 연쇄

순차적으로 관측하는 확률과정이 특별한 성질을 가지는 경우가 있다. 이러한 성질은 확률과정이 가지고 있는 특징이나 미래의 관측값에 대한 확률분포를 알아내는데 큰 도움을 줄 수 있다. 몇 가지 예를 통해 특별한 성질을 가지는 확률과정에 대해 알아보도록 하자.

우리 주변에서 관측할 수 있는 자료 중에서 확률과정이라 할 수 있는 하나가 어느 집안의 세대별 인구수이다. 어떤 가계의 첫 번째 조상에서 출발하여 차례로 그 후손의 수를 관측할 때 순차적으로 관측하게 되는 세대별 후손의 수는 확률과정이라 할 수 있다. n번째 세대의 후손의 수를 X_n이라 할 때, X_0은 가계의 첫 번째 조상의 수인 1이라 할 수 있다. 또 X_1은 첫 번째 조상의 자식의 수가 되며, X_2는 그 다음 세대의 수가 된다. 같은 한 명으로부터 출발한 어느 가계는 번창할 수도 있고, 또 어떤 가계는 어느 시점에서 사라질 수도 있다.

나를 출발점으로 한 후손의 수를 차례로 나타낸 것도 확률과정이라 할 수 있다. 이때 $X_0 = 1$이며, X_1은 나의 자식의 수, X_2는 나의 손자의 수 등이다. 나의 피를 이어받은 후손이 계속하여 이어져갈 확률은 얼마일까? 반대로 언제가 나의 후손이 사라질 확률은 얼마일까? n번째 후손의 수가 0이 된다면, 그 순간 나의 후손은 사라진다고 할 수 있다. 이러한 확률을 구하기 위해서는 확률과정 X_n의 성질을 이해하여야 한다.

또 다른 확률과정의 예로 매일 관측하는 날씨를 들 수 있다. 날씨의 상태를 세 가지 {맑음, 흐림, 비}로 분류하고, 매일의 날씨를 관측한다고 하자. 처음 기록한 날씨가 맑음이었고, 다음 날은 흐렸고, 이어진 날에는 비가 왔다면, 날씨를 나타내는 확률과정은

$$X_0 = \text{맑음},\ X_1 = \text{흐림},\ X_2 = \text{비}, \cdots$$

로 나타낼 수 있다. 이러한 확률과정의 성질을 분석하여, 오늘의 날씨가 맑을 때 이틀 후 날씨도 맑을 확률을 구할 수 있다.

위에서 다룬 두 확률과정은 한 가지 차이점이 있다. n번째 후손의 수를 나타내

는 확률과정 X_n은 정수값을 가지는 반면, 날씨를 나타내는 확률과정 X_n은 정수값이 아니라 날씨를 나타내는 {맑음, 흐림, 비} 중 하나를 가지게 된다. 이처럼 X_n이 가지는 값이 숫자 값이 아닌 경우는 기호화하여 나타내기 불편하기 때문에 X_n이 가질 수 있는 값을 상징화하여 숫자로 나타내게 된다. 예를 들어 날씨의 상태를 나타내는 세 가지 값 {맑음, 흐림, 비} 대신에 아래와 같이 숫자 0, 1, 2를 사용하여 나타낼 수 있다.

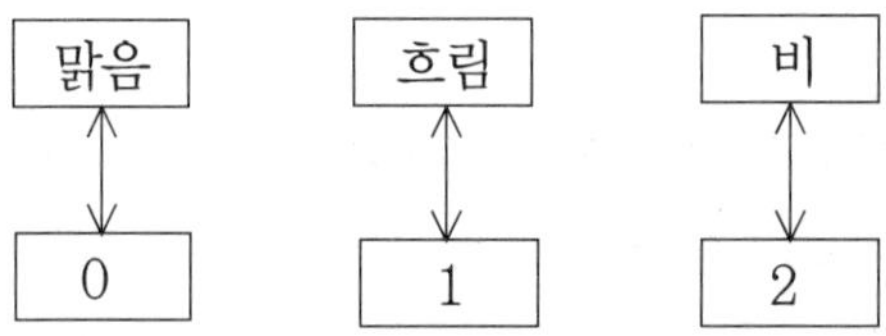

여기서 숫자 0은 단순히 '맑음'을 대신하여 사용한 것으로 이해하면 된다. 또 숫자 1은 '흐림'을, 2는 '비'를 대신하여 사용된 것이다. 즉, 날씨를 나타내는 X_n은 $\{0,1,2\}$의 값 중 하나를 가지는 확률과정이라 할 수 있다.

이처럼 숫자 값이 아닌 다른 값을 가지는 확률변수도 숫자를 이용하여 나타낼 수 있으므로, 지금부터 다루는 확률과정은 정수값 $0, 1, 2, \cdots$을 가진다고 하겠다. 흔히 X_n의 값이 i일 때, 확률과정은 '단계 n에서 상태 i에 있다'라고 말한다.

순차적으로 주어지는 확률과정 $\{X_0, X_1, X_2, \cdots\}$에서 현재 시점의 나타내는 확률변수를 X_n이라 할 때, 우리의 관심 사항은 다음에 관측하게 되는 X_{n+1}이 어떤 상태에 있을 것인가에 관한 것이다. X_{n+1}은 여러 가지 가능한 상태 중 하나의 값을 가지게 되므로, 우리가 알 수 있는 것은 X_{n+1}의 확률분포에 관한 것이다. 즉 과거와 현재의 관측값이 주어졌을 때, 주요 관심사항 중 하나는 미래의 값인 X_{n+1}에 대한 확률분포에 대한 것이다.

과거 현재 미래

예를 들어 나의 후손의 수를 나타내는 확률과정에서 자식의 수는 2명, 손자의 수는 3명, 즉

$$X_0 = 1,\ X_1 = 2,\ X_2 = 3$$

이라고 할 때, 증손자의 수 X_3가 5명일 확률은 얼마일까?

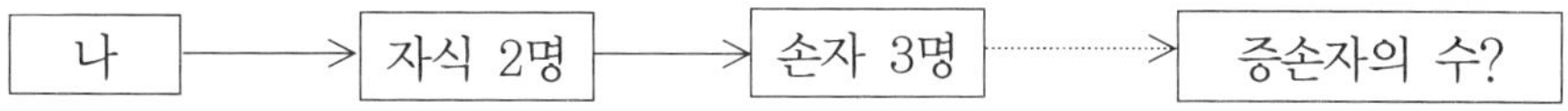

또 날씨를 나타내는 확률과정에 대하여 지난 3일 동안의 날씨가 흐림, 비, 흐림이었고, 오늘의 날씨가 맑았을 때, 내일의 날씨는 어떻게 될까?

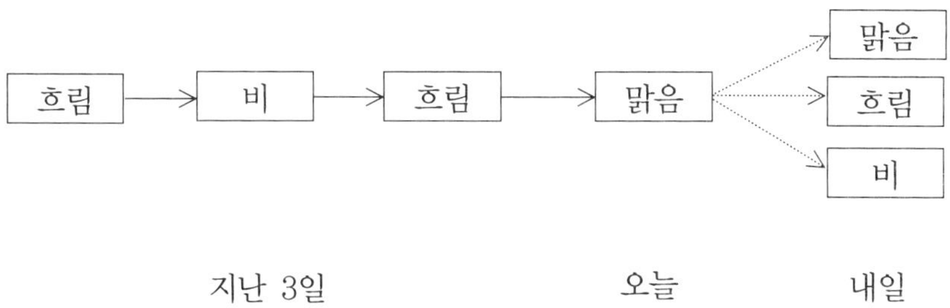

일반적인 확률과정에서 X_{n+1}의 확률분포는 과거부터 현재까지의 관측값에 영향을 받게 될 것이다. 따라서 우리가 고려해야 할 X_{n+1}의 확률분포는 과거의 관측값 $X_0, X_1, \cdots, X_{n-1}$과 현재의 관측값 X_n이 주어진 상태에서 X_{n+1}의 조건부 확률분포일 것이다.

어떤 확률과정에 대해서는 위의 X_{n+1}의 조건부 확률분포가 현재에만 의존하는 경우가 있다. 후손의 수를 나타내는 확률과정을 생각하여 보면, n번째 세대의 수까지 주어졌을 때, $(n+1)$번째 세대의 수를 결정하는 요인은 바로 전 세대의 수이고, 그 이전 세대의 수는 영향을 주지 않는다는 사실이다. 예를 들어 나의 자식의 수와 손자의 수가 주어진 상황에서 증손자의 수를 결정하는 요인은 손자의 수라는 것이다. 이처럼 과거의 관측값 $X_0, X_1, \cdots, X_{n-1}$과 현재의 관측값 X_n이 주어진 상황에서 미래의 값인 X_{n+1}의 조건부 확률분포가 현재 상태에만 의존할 때, 확률과정이 **무기억성**(memoryless) 성질을 가지고 있다고 한다.

무기억성의 성질을 가지고 있는 확률과정에 대하여 미래의 상태 X_{n+1}은 현재의 상태 X_n에만 의존하므로 과거의 상태를 거쳐 현재 단계에서 상태 i에 있을 때 다음 단계에서 j로 변화될 확률은

$$P(X_{n+1} = j \mid X_n = i)$$

이라 할 수 있다. 이는 미래의 상태는 오직 현재의 상태에만 영향을 받는다는 것을 나타낸다.

또한 어떤 확률과정에 대해서는 위의 확률, 단계 n의 상태 i로부터 그다음 단계에서 상태 j로 변화될 확률이 단계 n에 의존하지 않을 수 있다. 예를 들어 후손의 수를 나타내는 확률과정에서 어느 세대에서 그다음 세대로 변화하는 확률은 세대에 상관없이 일정하다고 할 수 있다. 즉 손자의 수 3에서 증손자의 수 5로 변화될 확률이나 10대 후손의 수 3에서 11대 후손의 수 5로 변화될 확률이 같다는 것이다. 즉

$$P(X_3 = 5 \mid X_2 = 3) = P(X_{11} = 5 \mid X_{10} = 3)$$

이다. 이처럼 단계 n의 상태 i로부터 그다음 단계에서 상태 j로 변화될 확률 $P(X_{n+1} = j \mid X_n = i)$이 n에 의존하지 않을 때, 확률과정이 **정상**(stationary) 성질을 가지고 있다고 한다.

정상 성질을 가지고 있는 확률과정에 대하여 상태 i에서 상태 j로 변화될 확률은 현재 단계 n에 상관없으므로 이 확률을 i와 j만을 이용하여 나타낼 수 있다. 이 확률을 일반적으로 P_{ij}로 나타내며

$$P_{ij} = P(X_{n+1} = j \mid X_n = i)$$

이를 상태 i에서 상태 j로의 **전이확률(transition probability)**이라 한다.

확률과정이 무기억성과 정상이라는 두 가지 성질을 가지고 있을 때, 이를 **동질 마르코프 연쇄**(homogeneous Markov chain)라 하고, 이 책에서는 줄여서 **마르코프 연쇄**(Markov chain)라 한다.

마르코프 연쇄

확률과정 $\{X_0, X_1, X_2, \cdots\}$이 아래의 두 가지 성질을 가지고 있을 때, 이를 마르코프 연쇄라 한다.

(i) 과거의 상태 $X_0, X_1, \ldots, X_{n-1}$과 현재의 상태 X_n이 주어졌을 때, 그다음 단계인 X_{n+1}의 확률분포는 현재의 상태에만 의존한다.

(ii) 단계 n의 상태 i로부터 그다음 단계에서 상태 j로 변화될 확률은 단계 n에 의존하지 않는다.

상태 {맑음, 흐림, 비}를 0, 1, 2로 나타낸 날씨의 확률과정이 마르코프 연쇄라고 가정한다면 이는 다음을 의미한다.

(i) 내일의 날씨는 어제까지의 날씨와는 무관하고 오늘의 날씨에만 의존한다. 예를 들어 오늘 날씨가 맑았을 때, 내일 날씨도 맑을 확률은 어제의 날씨가 흐린 날이건 비가 온 날이건 상관없다는 것이다.

(ii) 오늘 어떤 날씨 상태에서 내일의 특정한 날씨로 변화될 확률과 임의의 어떤 날로부터 그다음 날 같은 날씨 변화를 가질 확률은 같다. 즉 오늘의 날씨가 맑을 때 내일도 맑을 확률은 4일 후 맑을 때 5일 후에도 맑을 확률과 같다는 것을 의미한다.

마르코프 연쇄에 대하여 상태 i에서 상태 j로 변화될 확률인 P_{ij}는 다음과 같은 성질을 가지게 된다. 먼저 P_{ij}는 확률을 나타내므로 0과 1 사이의 값을 가져야 한다. 또한 상태 i에서 출발했을 때 그다음 단계에서는 가능한 여러 상태 중에서 반드시 하나의 상태에는 있어야 하므로 그다음 단계의 상태를 j라 할 때 j를 변화시키며 합한 확률의 값은 1이이야 한다. 즉

$$\sum_j P_{ij} = 1$$

이다. 이는 모든 i에 대하여 만족하여야 한다.

2.2 전이확률행렬과 전이도

마르코프 연쇄는 무기억성과 정상이라는 성질을 가지고 있으므로 미래 시점의 확률분포는 현재의 상태와 전이확률로부터 구할 수 있다. 따라서 마르코프 연쇄는 확률과정이 가질 수 있는 상태와 한 상태에서 다른 상태로 변화될 확률인 전이확률에 의하여 결정된다고 할 수 있다.

상태 i와 j에 대하여 i에서 j로 변화될 확률 P_{ij}를 행렬을 이용하면 마르코프 연쇄의 특징을 한번에 나타낼 수 있다. 상태 i에서 상태 j로 변화될 확률을 $(i+1)$번째 행, $(j+1)$번째 열의 원소로 나타내 행렬 P를 **전이확률행렬**(transition probability matrix)라 한다. 여기서 $(i+1)$번째 행과 과 $(j+1)$번째 열이라 한 이유는 상태가 0을 포함하기 때문이다. 전이확률행렬은 다음과 같이 나타낼 수 있다.

$$P = \begin{pmatrix} P_{00} & P_{01} & P_{02} & \cdots \\ P_{10} & P_{11} & P_{12} & \cdots \\ P_{20} & P_{21} & P_{22} & \cdots \\ \vdots & \vdots & \vdots & \ddots \end{pmatrix}$$

예를 들어 P의 두 번째 행의 세 번째 열의 원소 P_{12}는 상태 1에서 상태 로 변화될 확률을 나타낸다. 전이확률 P_{ij}의 성질로부터 P의 각 원소는 0과 1 사이의 값을 가지며, 각 행의 합은 1이어야 한다.

상태공간이 $\{0,1,2\}$인 마르코프 연쇄의 한 가지 가능한 전이확률행렬은 다음과 같을 수 있다.

$$P = \begin{pmatrix} 0.2 & 0.5 & 0.3 \\ 0.1 & 0.0 & 0.9 \\ 0.5 & 0.1 & 0.4 \end{pmatrix}$$

현재 상태가 0에 있을 때, 다음 단계에서 상태 0, 1, 2로 변화될 확률은 각각 0.2, 0.5, 0.3임을 알 수 있다. 위 행렬의 각 원소는 0과 1 사이의 값을 가지며, 각 행의 합은 1임을 확인할 수 있다.

마르코프 연쇄는 그림을 통하여 그 특징을 나타내기도 한다. 마르코프 연쇄가 가질 수 있는 상태와 전이확률을 그림으로 나타낸 것을 **전이도**(transition diagram)라 한다. 앞에서 다룬 상태 $\{0,1,2\}$의 마르코프 연쇄에 대한 전이도로 다음과 같다.

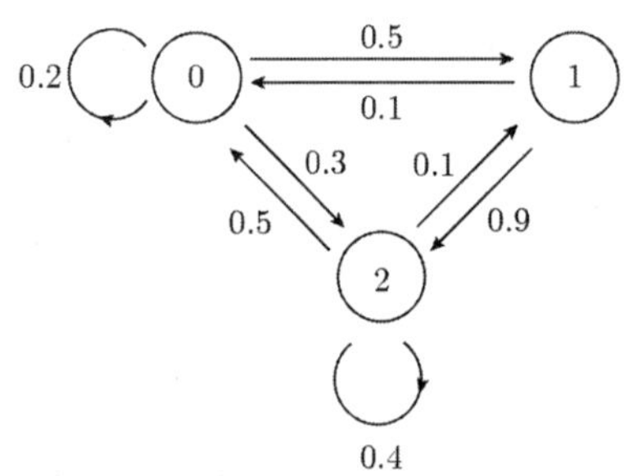

이 전이도를 통하여 현재 상태에서 다음 단계의 어떤 상태로 변화할 수 있는지 쉽게 파악할 수 있으며, 그 확률은 얼마인지 알 수 있다. 위 전이도를 볼 때 현재 상태가 1이라면, 다음 단계에서는 상태 0이거나 상태 2에 도달하게 된다. 상태 0으로 변화될 확률은 0.1이고 상태 2로 변화될 확률은 0.9임을 알 수 있다. 또한 현재 상태가 0이라면, 다음 단계에서는 상태 0, 1, 2 모두 가능함을 알 수 있다.

예제 7.1

내일의 날씨는 과거의 날씨와는 상관없고 오늘의 날씨에만 의존한다고 한다. 날씨를 {맑음, 흐림, 비}의 세 가지 상태로 분류하였을 때, 오늘의 날씨가 맑으면 내일의 날씨가 맑음, 흐림, 비일 확률은 각각 0.7, 0.2, 0.1이고, 오늘의 날씨가 흐리면 내일의 날씨가 맑음, 흐림, 비일 확률은 각각 0.6, 0.2, 0.2이고, 오늘 비가 오면 내일의 날씨가 맑음, 흐림, 비일 확률은 각각 0.5, 0.2, 0.3이라고 한다. 이때, 날씨를 나타내는 마르코프 연쇄에 대하여 다음 물음에 답하라.

(1) 전이확률행렬은?

(2) 전이도는?

풀이 날씨의 세 가지 상태 {맑음, 흐림, 비}를 각각 0, 1, 2라 할 때, 주어진 조건에 의하여 전이확률행렬은

$$P = \begin{pmatrix} 0.7 & 0.2 & 0.1 \\ 0.6 & 0.2 & 0.2 \\ 0.5 & 0.2 & 0.3 \end{pmatrix}$$

이며, 전이도는

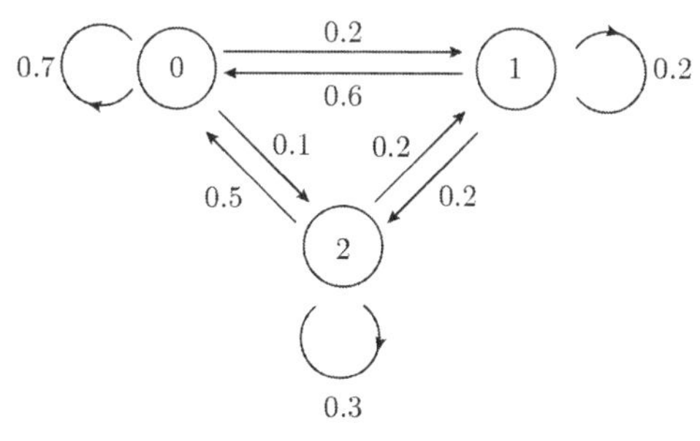

이다. 각 상태를 0, 1, 2 대신에 날씨를 이용하여 아래와 같이 나타낼 수도 있다.

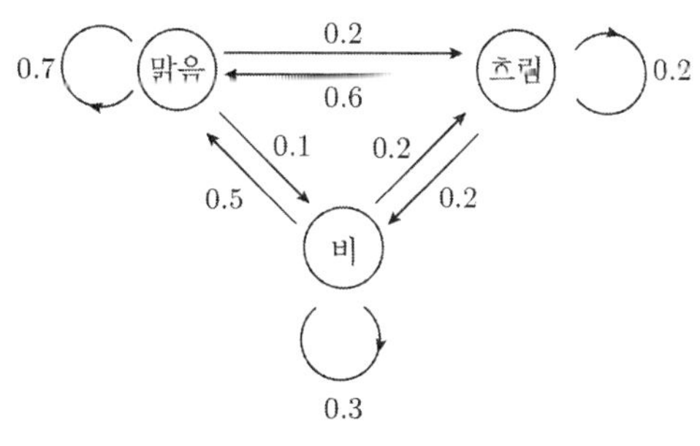

예제 7.2

앞면이 나올 확률이 $\frac{1}{2}$인 동전을 연속하여 던지는 실험에서 X_n은 n번째까지 던져 연속하여 나온 앞면의 수를 나타낸다고 하자. 예를 들어 $n-2$번째는 뒷면, $n-1$번째와 n번째가 앞면이면 $X_n = 2$이다. 또 n번째가 뒷면이면 $X_n = 0$이다. 동전을 던진 결과가 아래와 같을 때,

뒷면, 앞면, 뒷면, 앞면, 앞면, 앞면, 뒷면, 뒷면, ⋯

$X_1 = 0, X_2 = 1, X_3 = 0, X_4 = 1, X_5 = 2, X_6 = 3, X_7 = 0, X_8 = 0, \cdots$이다. X_n이 마르코프 연쇄가 됨을 설명하고, 전이확률행렬과 전이도를 구하라.

풀이 먼저 X_n이 가질 수 있는 값은 0을 포함한 양의 정수값을 가진다. $X_n = i$일 때, 즉 n번째 시행까지 앞면이 연속하여 i번 연속하여 나온 상태일 때, $(n+1)$번째 동전이 앞면이면 연속하여 $(i+1)$번 앞면이 나온 상태이므로 $X_{n+1} = i+1$이 되고, $(n+1)$번째 동전이 뒷면이면 연속하여 나온 앞면은 수는 0이므로 $X_{n+1} = i+1$이 된다. 즉 $X_n = i$일 때, X_{n+1}의 값은 0과 $i+1$ 중 하나이다. X_{n+1}이 $i+1$일 확률은 $(n+1)$번째 동전이 앞면일 확률이므로 $\frac{1}{2}$이며, X_{n+1}이 0일 확률은 $(n+1)$번째 동전이 뒷면일 확률이므로 $\frac{1}{2}$이다. 이 확률은 $X_1, X_2, \cdots, X_{n-1}$에 무관하다. 즉 확률과정은 무기억성 성질을 가지고 있고, 전이확률은

$$P(X_{n+1} = i+1 \mid X_n = i) = \frac{1}{2}$$

와

$$P(X_{n+1} = 0 \mid X_n = i) = \frac{1}{2}$$

이다. 따라서 X_n은 마르코프 연쇄이며, 전이행렬 P와 전이도는 아래와 같다.

$$P = \begin{pmatrix} \frac{1}{2} & \frac{1}{2} & 0 & 0 & \cdots \\ \frac{1}{2} & 0 & \frac{1}{2} & 0 & \cdots \\ \frac{1}{2} & 0 & 0 & \frac{1}{2} & \cdots \\ \vdots & \vdots & \vdots & \vdots & \ddots \end{pmatrix}$$

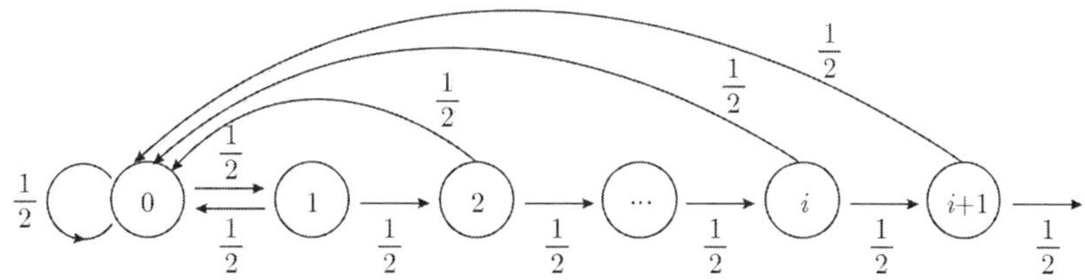

예제 7.3

인간은 어떤 유전자의 형태에 따라 AA, aa, Aa의 세 가지 타입으로 분류된다고 한다. 전체 인구 중 각 타입의 비율은 30%, 20%, 50%라고 하며, 이 비율은 세대에 상관없이 일정한 비율을 유지한다고 한다. 자식은 부모의 유전자 타입 중 하나씩 물려받아 결합한 형태의 유전자 타입을 가지게 된다. 예를 들어 부모가 Aa와 aa타입일 때, 한쪽 부모로부터는 A나 a를 물려받고 다른 부모로부터는 a를 물려받아 자식의 유전자 타입은 Aa가 되거나 aa가 된다고 한다. 부모가 가진 유전자 중 어떤 것을 물려받는지는 임의로 결정된다고 한다. 예를 들어 부모의 유전자 타입이 Aa일 때, 이 부모로부터 A를 받을 확률은 $\frac{1}{2}$, a를 받을 확률도 $\frac{1}{2}$이 된다. X_n을 어느 가계의 n번째 세대의 유전자 타입을 나타낸다고 한다. 확률과정 X_n이 마르코프 연쇄임을 설명하고 전이확률행렬과 전이도를 구하라.

풀이 n번째 세대의 유전자 타입은 부모인 $(n-1)$번째 세대에만 영향을 받고, 부모의 어떤 유전자 타입에서 자식의 특정 유전자 타입으로 변화될 확률은 n에 무관하므로 주어진 확률과정은 마르코프 연쇄임을 알 수 있다. 지금부터는 전이확률을 구해보도록 하자. 먼저 $X_n = AA$로서 한쪽 부모의 유전자 타입이 AA인 경우, 자식의 유전자 타입 X_{n+1}의 확률분포를 구하도록 하자. 먼저 자식의 유전자 타입이 AA일 확률을 알아보자. 자식이 AA 타입이기 위해서는 다른 한쪽 부모는

AA 타입이거나 Aa 타입일 수 있다. 다른 한쪽 부모가 AA 타입이면 자식의 유전자 타입은 항상 AA가 된다.

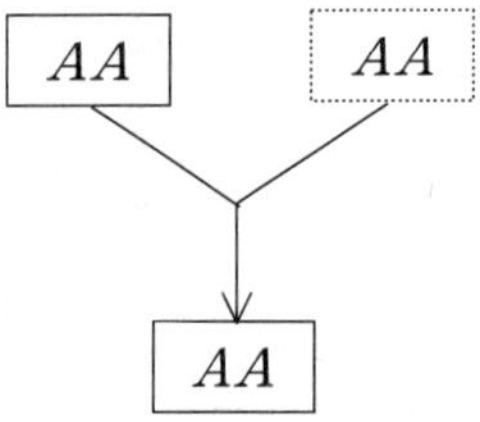

한편 다른 한쪽 부모가 Aa 타입이면 이 부모로부터는 A나 a를 물려받기 때문에 자식은 AA 타입이 되거나, Aa 타입이 된다. A나 a를 물려받을 확률이 각각 $\frac{1}{2}$이므로, 다른 한쪽 부모가 Aa 타입일 때 자식이 AA 타입일 확률은 $\frac{1}{2}$이다.

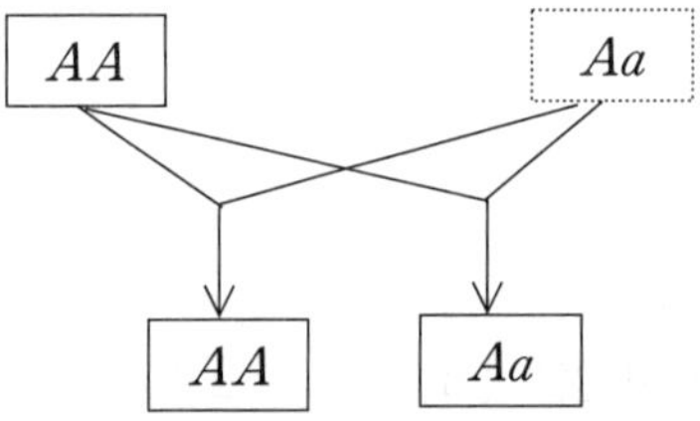

전체 인구 중 AA 타입과 Aa 타입인 비율은 30%와 50%이므로, 다른 한쪽 부모가 AA 타입과 Aa 타입인 확률은 각각 0.3과 0.5이다. 따라서 자식이 AA 타입일 확률은

$$P(X_{n+1} = AA \mid X_n = AA) = 0.3 + \frac{0.5}{2} = 0.55$$

이다. 자식이 Aa 타입이려면 다른 한쪽 부모는 aa 타입이거나 Aa 타입이어야 한다. 다른 한쪽 부모가 aa 타입이면 자식은 항상 Aa 타입이 되고, Aa 타입이면 이 부모로부터는 a를 물려받아야 하므로 $\frac{1}{2}$의 확률로 자식이 Aa 타입이 된다.

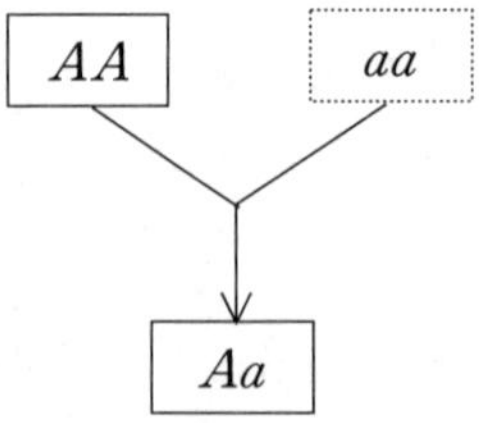

전체 인구 중 aa 타입과 Aa 타입인 비율은 20%와 50%이므로, 자식이 Aa 타입일 확률은

$$P(X_{n+1} = Aa \mid X_n = AA) = 0.2 + \frac{0.5}{2} = 0.45$$

이다. 부모가 AA 타입이 때, 자식이 aa 타입이 될 수는 없으므로

$$P(X_{n+1} = aa \mid X_n = AA) = 0$$

이다. 이와 같은 방법으로 부모가 aa 타입이거나 Aa 타입일 때, 자식의 유전자 타입에 대한 확률은 아래와 같이 주어짐을 확인할 수 있다. 먼저 부모가 aa 타입일 때는

$$P(X_{n+1} = AA \mid X_n = aa) = 0$$
$$P(X_{n+1} = aa \mid X_n = aa) = 0.2 + \frac{0.5}{2} = 0.45$$
$$P(X_{n+1} = Aa \mid X_n = aa) = 0.3 + \frac{0.5}{2} = 0.55$$

이고, 부모가 Aa 타입일 때는

$$P(X_{n+1} = AA \mid X_n = Aa) = \frac{0.3}{2} + \frac{0.5}{4} = 0.275$$
$$P(X_{n+1} = aa \mid X_n = Aa) = \frac{0.2}{2} + \frac{0.5}{4} = 0.225$$
$$P(X_{n+1} = Aa \mid X_n = Aa) = \frac{1}{2}(0.3 + 0.2 + 0.5) = 0.5$$

이다. 이 마르코프 연쇄에 대한 전이도는

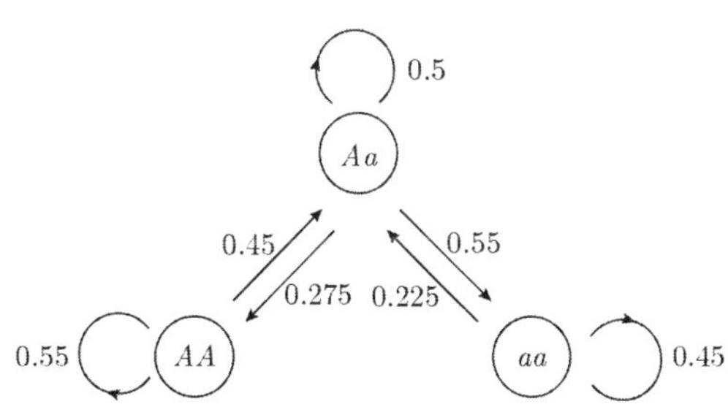

로 주어지며, 첫 번째 행과 열은 AA, 두 번째 행과 열은 aa, 세 번째 행과 열은 Aa를 나타내는 전이확률행렬 P는

$$P = \begin{pmatrix} 0.55 & 0 & 0.45 \\ 0 & 0.45 & 0.55 \\ 0.275 & 0.225 & 0.5 \end{pmatrix}$$

이다.

2.3 채프만-콜모고로프(Chapman-Kolmogorov) 방정식

마르코프 연쇄인 확률과정에 대하여 현재로부터 1단계 후의 확률분포는 전이확률을 이용하여 구할 수 있다. 그렇다면 2단계 후의 확률분포는 어떻게 구할 수 있을까? 또는 3단계 후의 확률분포는 어떻게 구할 수 있을까? 예를 들어 날씨에 대한 마르코프 연쇄에서 오늘의 날씨가 맑을 때, 모레 비가 올 확률은 얼마일까? 혹은 3일 후 날씨가 맑을 확률은 얼마일까?

다음과 같은 전이도를 가지는 날씨에 대한 마르코프 연쇄를 통해 2단계 후의 확률분포를 구하는 방법을 알아보도록 하자.

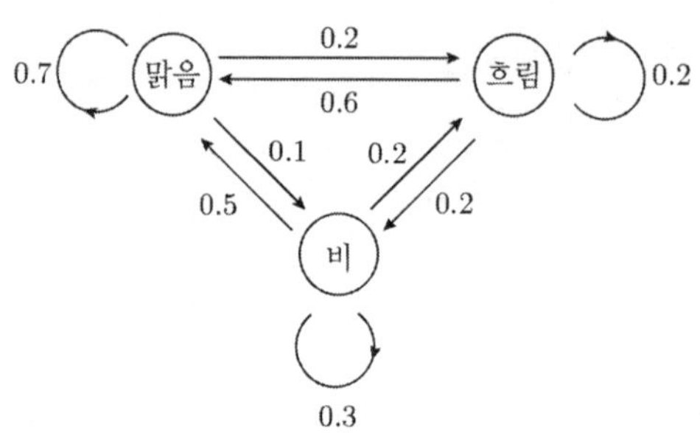

예를 들어 오늘의 날씨가 맑을 때, 모레 비가 올 확률을 구해보도록 하자. 오늘 맑은 날씨에서 모레 비가 오는 날씨로 변화하는 과정은 내일의 날씨를 고려할 때 다음 세 가지 경우가 있다.

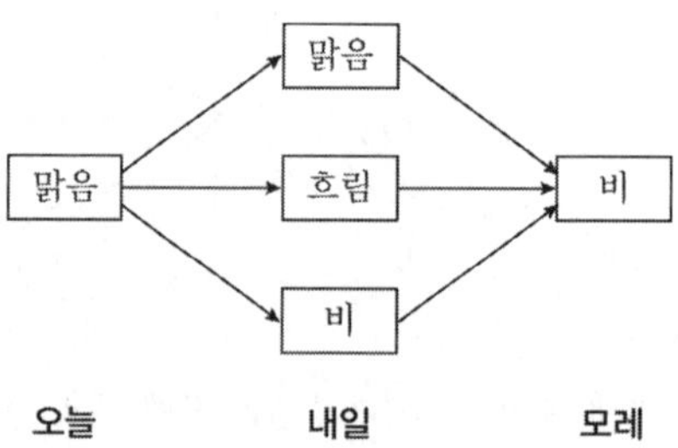

첫 번째 내일은 맑고 모레 비가 오는 경우가 있고, 두 번째 내일은 흐리고 모레 비가 오는 경우, 세 번째 내일은 비가 오고 모레도 비가 오는 경우가 있다. 첫 번째 경우는 맑음에서 맑음으로 이어지고, 이어서 맑음에서 비로 변화되는 경우이므로, 이 확률은

$$0.7 \times 0.1 = 0.07$$

이다. 두 번째 경우는 맑음에서 흐림으로 변화하고, 이어서 흐림에서 비로 변화하는 경우이므로, 이 확률은

$$0.2 \times 0.2 = 0.04$$

이다. 마지막 경우는 맑음에서 비로 변화하고, 이어서 비에서 비로 이어지는 경우이므로, 이 확률은

$$0.1 \times 0.3 = 0.03$$

이다. 오늘의 날씨 맑음에서 모레 비가 오는 경우는 앞의 세 가지 모두 가능하므로, 구하는 확률은 위의 세 확률을 합한 값인

$$0.07 + 0.04 + 0.03 = 0.14$$

이다.

위의 예에서 날씨의 상태 {맑음, 흐림, 비}를 숫자 {0, 1, 2}로 나타낼 때, 세 가지 각 경우의 확률은 전이확률을 사용하면

$$0.07 \times 0.01 = P_{00} \times P_{02}$$
$$0.02 \times 0.02 = P_{01} \times P_{12}$$
$$0.01 \times 0.03 = P_{02} \times P_{22}$$

로 나타낼 수 있다. 또 오늘 맑을 때 모레 비가 올 확률은 위의 세 확률의 합인

$$P_{00}P_{02} + P_{01}P_{12} + P_{02}P_{22}$$

가 된다.

앞에서 다룬 예를 확장하여 가능한 상태가 $\{0, 1, 2, \cdots, K\}$인 일반적인 마르코

프 연쇄에 대하여 2단계 후의 확률분포를 구할 수 있다. 현재 상태 i에서 2단계 후 상태 j로 변화되는 경우는 중간 단계는 0부터 K까지 모두 가능하다. 이를 다음 그림과 같이 나타낼 수 있다.

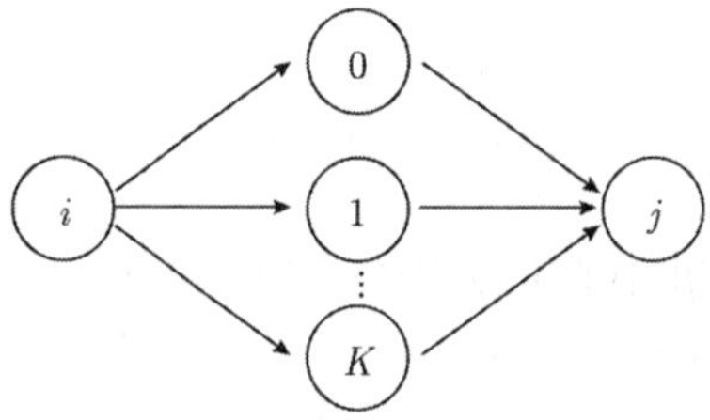

중간 단계에서 상태 0을 경유하는 경우는 먼저 상태 i에서 0으로 변화하고, 계속하여 상태 0에서 j로 변화할 때이므로, 이 확률을 전이확률을 사용하여 나타내면

$$P_{i0} \times P_{0j}$$

이다. 같은 방법으로 중간 단계에서 상태 1을 경유할 확률은

$$P_{i1} \times P_{1j}$$

이고, 중간 단계에서 상태 k를 경유할 확률은

$$P_{ik} \times P_{kj}$$

이다. 중간 단계는 0부터 K까지 모두 가능하므로, 상태 i에서 출발하여 2단계 후 상태 j에 도달할 확률은 위의 확률을 모두 합한 값인

$$P_{i0}P_{0j} + P_{i1}P_{1j} + \cdots + P_{iK}P_{Kj}$$

이 된다.

상태 i에서 2단계 후 j로 변화될 확률 $P(X_{n+2} = j \mid X_n = i)$을 2단계 전이확률이라 하며 $P_{ij}^{(2)}$로 나타낸다. 또 $P_{ij}^{(2)}$를 $(i+1)$번째 행, $(j+1)$번째 열의 원소로 가지는 행렬을 $P^{(2)}$로 나타내며, 이를 2단계 전이확률행렬이라 한다. 2단계 전이확률을 구하는 식

$$P_{ij}^{(2)} = P_{i0}P_{0j} + P_{i1}P_{1j} + \cdots + P_{iK}P_{Kj}$$

에서 우측에 있는 값은 전이확률행렬의 $(i+1)$번째 행과 $(j+1)$번째 열의 각 원소의 곱의 합임을 알 수 있다. 즉 전이확률핼렬 P와 P의 곱의 $(i+1)$번째 행, $(j+1)$번째 열의 원소가 된다. 이 사실로부터 2단계 전이확률행렬 $P^{(2)}$는 P와 P의 곱임을 알 수 있다. 즉

$$P^{(2)} = PP$$

이다.

앞에서 다룬 날씨에 대한 마르코프 연쇄에서 전이확률행렬 P는

$$P = \begin{pmatrix} 0.7 & 0.2 & 0.1 \\ 0.6 & 0.2 & 0.2 \\ 0.5 & 0.2 & 0.3 \end{pmatrix}$$

이었나. 따라서 2단계 전이확률행렬 $P^{(2)}$는

$$P^{(2)} = \begin{pmatrix} 0.7 & 0.2 & 0.1 \\ 0.6 & 0.2 & 0.2 \\ 0.5 & 0.2 & 0.3 \end{pmatrix} \times \begin{pmatrix} 0.7 & 0.2 & 0.1 \\ 0.6 & 0.2 & 0.2 \\ 0.5 & 0.2 & 0.3 \end{pmatrix} = \begin{pmatrix} 0.66 & 0.20 & 0.14 \\ 0.64 & 0.20 & 0.16 \\ 0.62 & 0.20 & 0.18 \end{pmatrix}$$

임을 알 수 있다. 예를 들어 오늘의 날씨가 맑을 때, 모레 비가 올 확률은 $P^{(2)}$의 1행 3열 원소이므로 0.14로 앞에서 구한 값과 같음을 확인할 수 있다.

2단계 전이확률을 구하는 방법을 이용하여 일반적인 m단계 전이확률도 구할 수 있다. m단계 전이확률행렬을 $P^{(m)}$이라 할 때, $P^{(m)}$은 $(m-1)$ 단계 전이확률행렬과 1단계 전이확률행렬의 곱으로 구할 수 있다. 즉

$$P^{(m)} = P^{(m-1)}P$$

이며, 이 관계식을 이용하면 m단계 전이확률행렬 $P^{(m)}$은

$$\begin{aligned} P^{(m)} &= P^{(m-1)}P = (P^{(m-2)}P)P \\ &= \cdots = PP\cdots P \end{aligned}$$

로 구할 수 있다. 즉 1단계 전이확률행렬을 m번의 곱한 것이다.

일반적인 $(m+n)$단계 전이확률 $P_{ij}^{(m+n)}$은 m단계 전이확률 $P_{ij}^{(m)}$과 n단계 전이확률 $P_{ij}^{(n)}$을 사용하여, 아래와 같이 구할 수 있다.

$$P_{ij}^{(m+n)} = P_{i0}^{(m)} P_{0j}^{(n)} + P_{i1}^{(m)} P_{1j}^{(n)} + \cdots + P_{iK}^{(m)} P_{Kj}^{(n)}$$

혹은 전이확률행렬로 나타내면

$$P^{(m+n)} = P^{(m)} P^{(n)}$$

이다. 이 식을 **채프만-콜모고로프 방정식**(Chapman-Kolmogorov equations)이라 한다.

예제 7.4

다음과 같은 전이도를 갖는 마르코프 연쇄의 2단계 전이확률행렬을 구하여라.

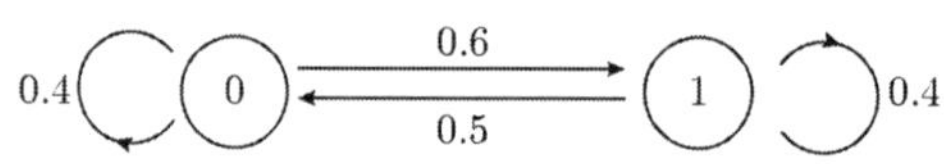

풀이 위 전이도에 대한 전이확률행렬 P는

$$P = \begin{pmatrix} 0.4 & 0.6 \\ 0.5 & 0.5 \end{pmatrix}$$

이다. 따라서 2단계 전이확률행렬 $P^{(2)}$는

$$P^{(2)} = \begin{pmatrix} 0.4 & 0.6 \\ 0.5 & 0.5 \end{pmatrix} \times \begin{pmatrix} 0.4 & 0.6 \\ 0.5 & 0.5 \end{pmatrix} = \begin{pmatrix} 0.46 & 0.54 \\ 0.45 & 0.55 \end{pmatrix}$$

이다.

2.4 도박꾼의 파산

도박장에서 승리할 확률이 얼마일까? 카지노에 많은 사람들이 있는데, 대부분의 사람들은 아마도 자신은 돈을 딸 수 있을 것이라는 기대감으로 부푼 꿈을 가지고 카지노로 향할 것이다. 그러나 현실을 볼 때 도박을 해서 돈을 딸 확률은 매우 작음을 쉽게 확인할 수 있을 것이다. 여기에서는 공평한 게임을 한다고 하더라고 여러분이 카지노를 상대로 승리할 확률은 거의 무시할 수 있는 수준임을 보이도록 하겠다. 그리고 실제로 도박장에서 진행하는 게임은 공평하지도 않다. 여러분이 100원을 배팅하였을 때, 게임을 하여 돌려받을 수 있는 기대 금액이 100원에도 미치지 못한다. 따라서 카지노를 상대로 여러분이 승리할 확률은 더욱 작다고 할 수 있다.

여기에서는 도박장을 대신하여 두 사람이 공평한 게임을 하는 상황을 설정하여 보자. 게임을 하는 갑과 을은 각각 100원과 500원을 가지고 게임을 시작한다고 한다. 매 게임에서 갑과 을이 이길 확률은 각각 $\frac{1}{2}$이라고 한다. 매 게임에서 진 사람이 승리한 사람에게 1원씩을 주기로 하고, 두 사람 중 한 사람의 돈이 모두 없어질 때까지 게임을 계속하기로 한다고 하자.

여기서 관심 사항은 결국 누가 승리할 것인가의 문제이다. 이 문제는 마르코프 연쇄의 성질을 이용하여 해결할 수 있다. n번 게임을 한 후 갑이 가진 돈을 X_n이라고 할 때 먼저 X_n은 마르코프 연쇄임을 확인할 수 있다.

갑이 가진 돈은 모두 잃었을 때인 0원에서 모두 땄을 때인 600원까지 가능하다. 따라서 X_n이 가지는 값은 0부터 600까지의 모든 정수값이 가능하다. $X_n = 0$인 경우는 갑이 돈을 모두 잃은 상태로 더 이상 게임을 하지 않으므로, $X_{n+1} = 0$이라 할 수 있다. 마찬가지로 $X_n = 600$인 경우는 갑이 돈을 모두 딴 상태이므로, $X_{n+1} = 600$이다. $1 \le X_n \le 599$인 경우를 생각하여 보자. n번 게임 후 갑이 가진 돈을 i원이라 할 때, $n+1$번 게임 후 갑의 돈은 $i+1$원(갑이 $n+1$번째 게임을 이겼을 때), 혹은 $i-1$원(갑이 $n+1$번째 게임을 졌을 때) 중 하나이다. 즉 $X_n = i$일 때, X_{n+1}은 $i-1$, $i+1$ 중 하나이다. X_{n+1}이 $i+1$일 확률은 갑이 게임에서 이길 확률인 $\frac{1}{2}$이며, X_{n+1}이 $i-1$일 확률은 갑이 게임에서 질 확률인 $\frac{1}{2}$이다. 따라서 n번 게임을 한 후 갑이 가진 돈을 나타내는 확률과정 X_n은 무기억성과 정상성질을 가지게 되는 마르코프 연쇄이다.

이 마르코프 연쇄의 전이행렬 P는

$$P = \begin{pmatrix} 1 & 0 & 0 & \cdots & 0 & 0 \\ \frac{1}{2} & 0 & \frac{1}{2} & \cdots & 0 & 0 \\ 0 & \frac{1}{2} & 0 & \cdots & 0 & 0 \\ \vdots & \vdots & \vdots & \ddots & \vdots & \vdots \\ 0 & 0 & 0 & \cdots & 0 & \frac{1}{2} \\ 0 & 0 & 0 & \cdots & 0 & 1 \end{pmatrix}$$

이다. 위 전이행렬에서 첫 번째 행의 첫 번째 원소가 1의 값을 가지는 이유는 X_n

이 0에 이르면 갑이 돈을 모두 잃은 상태이므로 더는 게임을 하지 않게 되고, 확률과정은 계속하여 상태 0에 머무르기 때문이다. 마찬가지로 마지막 행의 마지막 원소값인 1인 이유는 X_n이 600에 이르면 갑이 돈을 모두 딴 상태로 더 게임을 하지 않기 때문이다. 이 마르코프 연쇄의 전이도를 나타내면 아래와 같다.

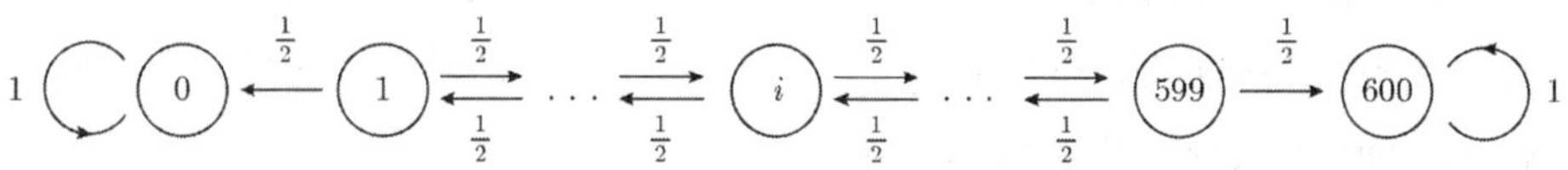

이제는 갑이 모든 돈을 딸 확률을 구하도록 하자. 마르코프 연쇄가 가지는 값은 0부터 600까지의 모든 정수값이 가능하고, 이 중 0과 600은 특수한 상태로, 이 상태에 도달하게 되면 계속해서 이 상태에 머무르게 된다. 상태 0은 갑이 돈을 모두 잃은 상태이며, 상태 600은 갑이 모든 돈을 따서 승리한 상태이다. 이 게임을 갑과 을 중 한 명이 모든 돈을 딸 때까지 계속하게 되면, 마르코프 연쇄는 궁극적으로 0이나 600의 두 상태 중 하나에 도달하게 된다.

이 문제를 해결하기 위해 갑이 처음부터 100원을 가지고 시작하는 대신, 갑이 처음에 i원을 가지고 시작한다고 하자. 갑이 i원에서 출발하여 결국 승리할 확률을 P_i라 하자. 갑이 승리하였다는 것은 어떤 단계에서 상태 600에 도달하였다는 것을 의미한다. 실제로 갑은 100원을 가지고 게임을 시작하므로 우리가 구하려고 하는 것은 P_{100}이라 할 수 있다. P_{100}을 구하는 하나의 방법은 마르코프 연쇄의 성질을 이용하여 P_i 사이의 연관성을 알아내는 것이다.

P_0는 처음부터 갑이 가진 돈이 하나도 없는 것을 나타내므로 갑이 승리할 가능성이 없다. 따라서 $P_0 = 0$이라 할 수 있다. 또 처음부터 갑이 가진 돈이 600원이면 을이 돈이 없는 상태여서 이미 갑이 승리한 것이므로 $P_{600} = 1$이다.

P_i(단, $1 \leqq i \leqq 599$) 사이의 연관성을 밝혀내기 위하여 한 번 게임을 한 후를 생각하여 보자. 갑이 처음에 i원을 가지고 시작하였을 때, 한 번 게임을 한 후 갑이 가진 돈은 $i+1$원이 되거나 $i-1$원이 된다.

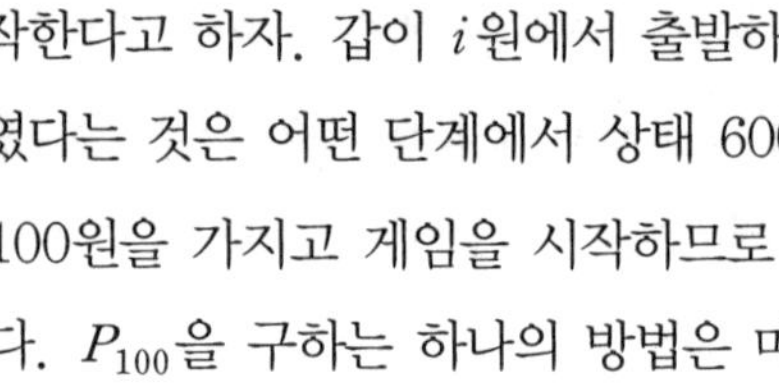

i에서 시작하여 다음 단계에서 $i+1$이 될 확률은 첫 번째 게임에서 갑이 승리하는 경우이므로 $\frac{1}{2}$이고, 다음 단계에서 $i-1$이 될 확률은 첫 번째 게임에서 을이 승리하는 경우이므로 $\frac{1}{2}$이다. 다음 단계에서 $i+1$이 된 후에 갑이 궁극적으로 돈을 모두 딸 확률은 처음부터 갑이 $i+1$원을 가지고 출발하여 승리할 확률인 P_{i+1}과 같다. 마찬가지로 다음 단계에서 $i-1$이 된 후에 갑이 궁극적으로 돈을 모두 딸 확률은 처음부터 갑이 $i-1$원을 가지고 출발하여 승리할 확률인 P_{i-1}과 같다. 따라서 처음에 갑이 i원을 가지고 출발하여 승리할 확률 P_i는 첫 번째 게임의 결과를 생각할 때,

$$P_i = \frac{1}{2}P_{i+1} + \frac{1}{2}P_{i-1}$$

이라 할 수 있다. 위 식은 아래와 같이 정리할 수도 있다.

$$P_{i+1} - P_i = P_i - P_{i-1}$$

위 식에서 $i=2$인 경우는

$$P_2 - P_1 = P_1 - P_0$$

이 되고, $P_0 = 0$임을 이용하면, $P_2 - P_1 = P_1 - P_0 = P_1$이 된다. 이를 정리하면

$$P_2 = 2P_1$$

임을 알 수 있다. 한편 $i=3$을 대입하면

$$P_3 - P_2 = P_2 - P_1 = P_1$$

이 되므로 $P_3 = P_2 + P_1$ 이 된다. 앞에서 구한 $P_2 = 2P_1$임을 이용하면

$$P_3 = 3P_1$$

임을 알 수 있다. 같은 방법을 계속하여 적용하면

$$P_i = iP_1$$

임을 확인할 수 있다.

위 식으로부터 P_1의 값을 알면 P_i값을 구할 수 있다. 한편 $P_{600} = 1$이므로, 위 식에 $P_{600} = 1$을 대입하면

$$P_1 = \frac{1}{600}$$

임을 알 수 있다. 따라서

$$P_i = \frac{i}{600}$$

이 된다. 갑이 처음에 100원을 가지고 시작하므로 구하는 확률은

$$P_{100} = \frac{100}{600}$$

이다.

앞에서 구한 확률 $\frac{100}{600}$은 갑과 을이 가진 돈을 모두 합한 금액에서 갑이 가진 금액의 비율이다. 실제로 두 사람이 각각 M원과 N원을 가지고 시작할 때, M원을 가지고 시작하는 사람이 승리할 확률은 $\frac{M}{M+N}$임을 확인할 수도 있다. 이 값은 두 사람이 가진 돈을 합한 금액 중에서 자기가 가지고 있는 금액의 비율이다. 카지노에서 게임을 한다면 여러분이 가지고 있는 금액과 카지노가 가지고 있는 금액을 상상하여 보라. 카지노가 가지고 있는 돈 N은 여러분이 가지고 있는 돈 M에 비해서 엄청나게 큰 액수이므로 여러분이 승리할 확률은 0이라고 해도 틀린 말은 아니다. 여러분이 카지노를 상대로 누가 이기는지 끝까지 게임을 하겠다고 하는 것이 얼마나 무모한 것인지 위 확률은 알려주고 있다. 더욱이 카지노의 게임은 공평한 게임도 아니다.

3. 연습문제

7.1 $\{X_t, t \geq 0\}$이 마르코프 연쇄일 때, 다음 명제에 대하여 '참', '거짓'을 밝히고, 그 이유를 설명하여라.

(1) $P(X_{n+2} \in A \mid X_t = k, X_{t-1} = j, X_{t-2} = i)$

$= P(X_2 \in A \mid X_0 = k)$

(2) $P(X_3 = i \mid X_4 = j, X_5 = k) = P(X_3 = i \mid X_4 = j)$

(3) $P(X_3 = i \mid X_4 = j) = P(X_4 = j \mid X_3 = i)$

(4) $P(X_3 = k, X_1 = i \mid X_2 = j) = P(X_3 = k \mid X_2 = j)$

$P(X_1 = i \mid X_2 = j)$

(5) $P(X_0 = 0, X_1 = i, X_2 = j, X_3 = k, X_5 = l) = P_{0i}P_{ij}P_{jk}P_{kl}^{(2)}$

7.2 다음의 행렬에 대하여 마르코프 연쇄의 전이확률행렬이 될 수 있는지 '참', '거짓'을 밝히고, 그 이유를 설명하여라.

(1) $\begin{pmatrix} 1 & 0 & 0 \\ 0 & 1 & 0 \\ 0 & 0 & 1 \end{pmatrix}$ (2) $\begin{pmatrix} 0.2 & 0.8 & 0 \\ 0.4 & 0 & 0.6 \\ 0.3 & 0.2 & 0.5 \end{pmatrix}$ (3) $\begin{pmatrix} 0.3 & 0.2 & 0.6 \\ 0.3 & 0.5 & 0.3 \\ 0.4 & 0.3 & 0.1 \end{pmatrix}$ (4) $\begin{pmatrix} 1 & 0 & 0 \\ 1 & 0 & 0 \\ 1 & 0 & 0 \end{pmatrix}$

7.3 다음과 같은 전이도를 가지는 마르코프 연쇄에 대하여 현재 상태 1에 있을 때 2단계 후에도 상태 1에 있을 확률을 구하여라.

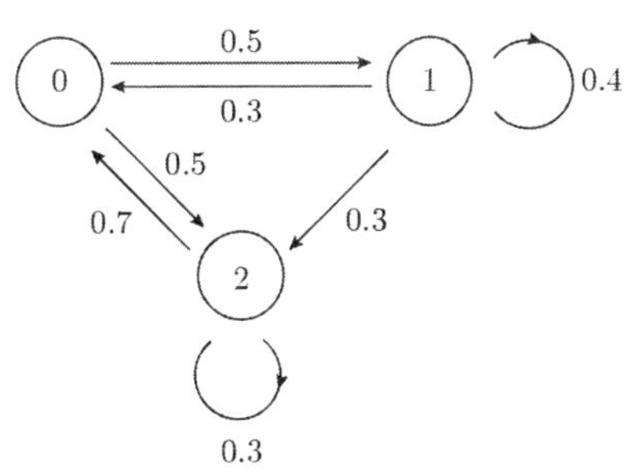

7.4 과속 단속 측정기에 과속으로 적발되는 자동차를 수를 나타내는 확률과정은 시간당 평균이 2인 포아송과정이라고 한다. 2시간 동안 이 측정기에 과속으로 단속된 차량의 수가 1대일 확률을 구하여라.

7.5 3번 문제에서 내일 과속으로 단속된 첫 번째 차량과 두 번째 차량의 시간간격이 1시간 이상일 확률을 구하여라.

7.6 도박꾼의 파산 문제에서 갑이 M원, 을이 N원을 가지고 시작한다고 할 때, 갑이 돈을 모두 딸 확률이 $\frac{M}{M+N}$임을 보여라.

7.7 $\{X_t, t \geq 0\}$이 마르코프 연쇄면, 시간의 역방향으로도 마르코프 성질이 만족함을 보여라.

$$P(X_{t-1} = i \mid X_t = j, X_{t+1} = k) = P(X_{t-1} = i \mid X_t = j)$$

부록

연습문제 정리

표준정규분포표

1 장

1.1 (1) $\Omega=\{bbb, bbw, bwb, wbb, bww, wbw, wwb\}$
(2) $\{bbw, bwb, wbb\}$
(3) $\{wbb, wbw, wwb\}$

1.2 (1) $A^c \cap C^c$, (2) $B \cap C^c$

1.3 (1) $A_1^c A_2^c A_3$ (2) $\cup_{k=5}^{10} A_k$

1.4 0.18

1.5 (1) 0.24, (2) 0.26, (3) 0.38

1.6 0.93

1.7 (1) $\Omega=\{a, bb, baa, babb, babaa, ...\}$, (2) 3/7

1.8 9/19

1.9 0.6

1.10 (1) 30, (2) 120

1.11 $\binom{n}{m}(N-1)^{n-m}/N^n$

1.12 (1) 286, (2) 1001, (3) 690

1.13 2940

1.14 0.9082

1.15 0.5185

1.16 (1) 0.2312, (2) 0.5376

1.17 0.04762

1.19 0.7806

1.20 0.2718

1.21 0.3905

1.22 0.5333

1.23 (1) 0.5333, (2) 0.6

1.24 0.4954

1.25 (1) 5/6, (2) 2/3

2 장

2.1 1/3

2.2 (1) 1/3, (2) 0.5

2.3 2/3

2.4 0.3483

2.5 (2) 0.4598, 0.06897, 0.85

2.6 (1) 5/12, (2) 4/5

2.7 1/5

2.8 B

2.9 (1) 0.9216, (2) 0.01370

2.10 (1) 그르다, (2) 옳다, (3) 옳다.

2.12 0.9, 0.5143

2.13 35

2.14 0.1818

2.15 0.5929

2.16 0.6172

2.17 0.5318

2.18 (1) 5%, (2) 0.08696

2.19 0.2

2.20 (1) 1/9, (2) 0.25

2.21 0.1429

2.22 (1) 1/2, 1/6, (2) 5/8

2.23 변화가 없다.

2.24 1에서 1/9로 변한다.

3 장

3.1 (1) $\Omega=\{HH, TT, THH, HTT, HTHH, THTT, HTHT, THTH\}$

(2) $X(HH)=X(TT)=2$, $X(THH)=X(HTT)=3$,

$X(HTHH)=X(THTT)=X(HTHT)=X(THTH)=4$

(3) $p(2)=1/2$, $p(3)=1/4$, $p(4)=1/4$

3.2 $p(0)=1/15$, $p(i)=2^i/15$, $i=1, 2, 3$

3.3 $p(0)=1/3$, $p(-1)=p(1)=39/165$, $p(-2)=p(2)=15/165$,

$p(-3)=p(3)=1/165$

3.4 $p(0)=1/2$, $p(1)=1/6$, $p(2)=1/12$, $p(3)=1/20$, $p(4)=1/5$

3.5 $p(0)=0.3$, $p(1)=0.4$, $p(2)=0.3$

3.6 (1) $p(0)=1/3$, $p(1)=4/15$, $p(2)=7/30$, $p(3)=1/6$, (2) 1/2

3.7 $p(n)=\left(\frac{5}{6}\right)^{n-1}-5\left(\frac{4}{6}\right)^{n-1}+10\left(\frac{3}{6}\right)^{n-1}-10\left(\frac{2}{6}\right)^{n-1}+5\left(\frac{1}{6}\right)^{n-1}$, $n=6, 7, \ldots$

3.8 $P(X=1\,|X>0)=39/55$, $P(X=2\,|X>0)=15/55$, $P(X=3\,|X>0)=1/55$

3.9 (1) $p(-1)=0.1$, $p(0)=0.2$, $p(1)=0.15$, $p(2)=0.15$, $p(3)=0.25$, $p(4)=0.15$

(2) $F(y)=\begin{cases} 0, & y<0 \\ 0.15, & 0\le y<1 \\ 0.5, & 1\le y<2 \\ 0.85, & 2\le y<3 \\ 1, & 3\le y \end{cases}$

3.10 (1) 2.1, (2) 10.3, 5.1, 1.4171, (3) 10.3, 4.41, 1.4491

3.11 1, 10/9

3.12 2 또는 3

3.13 1.2333, 1.1789

3.14 (1) $a=0.3$, $b=0.2$ (2) 10.89

3.15 3/4

3.16 (1) 1, $p(x)=\alpha(1-\alpha)^{x-3}$, $x\ge 3$, (2) $2+1/\alpha$

3.17 1.8

3.18 14.7

3.19 3

3.20 2, 0.3758

3.21 (1) 0.54, (2) 0.5721

3.22 0.1887

3.23 증가

3.24 (1) $\left(\dfrac{N}{N+M}\right)^{n-1}\left(\dfrac{M}{N+M}\right)$, (2) $\left(\dfrac{N}{N+M}\right)^{k-1}$

3.25 0.13

3.26 0.1631

3.27 (1) 0.1808, (2) 0.4365

3.28 0.6288

3.29 (1) 0.5006, (2) 0.9998

3.30 0.9159

3.31 (1) 0.8743, (2) 0.5109, (3) 0.06721

3.32 (1) 0.4512, (2) 20

3.33 (1) 0.1768, 0.5102, (2) 0.2127

4 장

4.1 (1) 2/9, (2) 0.008889, 0.008889

4.2 $F(x)=\begin{cases} 0 & x<0 \\ \dfrac{2}{9}\left(\dfrac{3}{2}x^2-\dfrac{1}{3}x^3\right) & 0\le x<3 \\ 1 & 3\le x \end{cases}$

4.3 1/4, 0.2873

4.4 (1) $F(x)=\begin{cases} 0 & x<0 \\ x/3 & 0\le x<1 \\ -1/6+x/2 & 1\le x<2 \\ 1/2+x/6 & 2\le x<3 \\ 1 & 3\le x \end{cases}$, (2) 0.7167

4.5 $f_{X|X>1.5}(x)=\begin{cases}6/5, & 1.5 \le x \le 2\\ 2/5, & 2 < x \le 3\end{cases}$

4.6 $f_Y(y)=\begin{cases}1/(6\sqrt{y}), & 0 \le y < 1\\ 1/(4\sqrt{y}), & 1 \le y < 4\\ 1/(12\sqrt{y}), & 4 \le y < 9\end{cases}$

4.7 $f_Y(y)=\begin{cases}2e^{-2(2-y)}+2e^{-2(2+y)} & 0 \le y < 2\\ 2e^{-2(2+y)} & 2 \le y\end{cases}$

4.8 $f_U(u)=\begin{cases}f_X(u+3)+f_X(-u+3) & 0 \le u < 3\\ f_X(u+3) & 3 \le u\end{cases}$

4.9 (1) $f(x)=e^{-2x}+2xe^{-2x}, \quad x \ge 0$ (2) 3/4

4.10 (1) 10, (2) 15

4.11 (1) 3.75, (2) 30

4.12 4/3

4.13 3/4

4.14 (1) 0.095, (2) 0.1942

4.15 0.1038

4.16 0.3264

4.17 (1) 0.2231, (2) 0.2231

4.18 $Exponetial(1/9)$

4.19 0.7138

4.20 $F(x)=\begin{cases}\frac{1}{2}e^{\lambda x} & x < 0\\ 1-\frac{1}{2}e^{-\lambda x} & x > 0\end{cases}$

4.21 $f_Y(y)=\begin{cases}2/3, & 0 < y < 1\\ 1/3, & 1 \le y < 2\end{cases}$

4.22 $f_X(x)=x/2,\ 0 \le x \le 2$

4.23 1.25(억 원)

4.24 $f_Y(y)=\frac{1}{\pi}\frac{1}{(y^2+1)}$

4.25 α/λ

4.26 $f_T(t)=\frac{2.5^3}{2}t^2e^{-2.5t}$, $t>0$

4.27 3/2

4.28 (1) $\lambda(t)=1/(2-t)$, $0<t<2$ (2) $\lambda(t)=1/3$, $t>0$

5 장

5.1 0.4, 0.3

5.2 (1) 351/435, 369/435, 81/435

(2) $p_U(0)=153/435$, $p_U(1)=54/435$, $p_U(2)=165/435$, $p_U(3)=27/435$, $p_U(4)=36/435$

5.3 (1) $M(10, 0.16, 0.33, 0.32)$, (2) $Bin(10, 0.49)$, 0.1080

5.4 (1) $M(n, 1/36, 15/36)$, (2) $Bin(19, 15/35)$

5.5 (1) $e^{-3}(1-e^{-2})$, 3/5 (2) $f_X(x)=3e^{-3x}$, $x>0$

5.6 $f_U(u)=\frac{2}{(1+2u)^2}$, $u>0$

5.7 (1) $M(8, 0.3810, 0.2262)$, 0.09604 (2) $Bin(7, 16/49)$

5.8 (1) $\Gamma(4, 1)$ (2) $f_{Y|X}(y|x)=\frac{3}{4}(x^2-y^2)/x^3$, $-x\le y\le x$

5.9 $f(x, y)=\frac{1}{2}e^{-x/2}\frac{1}{x}$, $0<y<x$

5.10 (1) 독립이 아니다, (2) 독립이 아니다.

5.11 (1) 독립이다. (2) $F(x, y) = \begin{cases} 0 & x<0 \text{ or } y<0 \\ x^2y^2/4 & 0 \le x \le 1,\ 0 \le y \le 2 \\ y^2/4 & 1<x,\ 0 \le y \le 2 \\ x^2 & 0 \le x \le 1,\ 2<y \\ 1 & 1<x,\ 2<y \end{cases}$

5.12 0.6216

5.13 (1) 1/3, (2) 2/3, 1/3, (3) 4/9, (4) 0.3299

5.14 (1) (4) 독립이 아니다, (2) (3) 독립이다.

5.17 $Hypergeometric(N,\ n+m,\ n)$

5.18 $Bin\left(n,\ \dfrac{\lambda_1}{\lambda_1+\lambda_2}\right)$

5.19 $N(0,\ 2)$

5.20 (1) $f_U(u) = \dfrac{1}{5}e^{-\frac{1}{10}u}\left(1-e^{-\frac{1}{10}u}\right),\ u>0$ (2) 0.4203

5.21 0.8276, 같다

5.22 0

5.23 $r/p,\ r(1-p)/p^2$

5.24 12/7

5.25 6/7

5.26 0.05455, 0.2182

5.27 1.04858, 0.5089

5.28 (1) $p_{X|Y}(-1|-1)=1/5,\ \ p_{X|Y}(0|-1)=2/5,\ \ p_{X|Y}(1|-1)=2/5,$ 1/5
(2) $p_{Y|X}(-1|0)=1/4,\ \ p_{Y|X}(0|0)=1/8,\ \ p_{Y|X}(1|0)=5/8,$ 3/8

5.29 1/8

5.30 1

5.31 7

5.32 (1) 1.5, 1.25, (2) $F_Y(y) = \begin{cases} 0 & y<0 \\ 0.25 & 0 \le y < 1 \\ 0.5 & 1 \le y < 2 \\ 0.75 & 2 \le y < 3 \\ 1 & 3 \le y \end{cases}$

5.33 (1) 1/16, (2) 1, 2

5.34 (1) $f_U(u)=\begin{cases}\frac{1}{2}(1+u) & -1\le u<0\\ \frac{1}{2} & 0\le u<1\\ \frac{1}{2}(2-u) & 1\le u<2\end{cases}$ (2) 5/4, 1/4

5.35 388, 831

5.36 (1) $\begin{pmatrix}U\\W\end{pmatrix}\sim N\left(\begin{pmatrix}1\\2\end{pmatrix},\begin{pmatrix}2 & -1\\-1 & 3\end{pmatrix}\right)$, (2) 3, −8

5.37 (1) $A=\begin{pmatrix}1&1&1&1&0\\0&0&1&1&1\\0&1&0&-2&0\end{pmatrix}$, $b=\begin{pmatrix}0\\3\\-3\end{pmatrix}$ (2) $N\left(\begin{pmatrix}4\\6\\-4\end{pmatrix},\begin{pmatrix}4&2&-1\\2&3&-2\\-1&-2&5\end{pmatrix}\right)$

6 장

6.1 (1) 1/2, (2) 1/4

6.2 (1) 2/3, (2) 0.125

6.5 (1) 1000, (2) 271

6.6 0.1056

7 장

7.2 (1) 참, (2) 참, (3) 거짓, (4) 참

7.3 0.31

7.4 $4e^{-4}$

7.5 e^{-2}

〈표〉 표준정규분포표

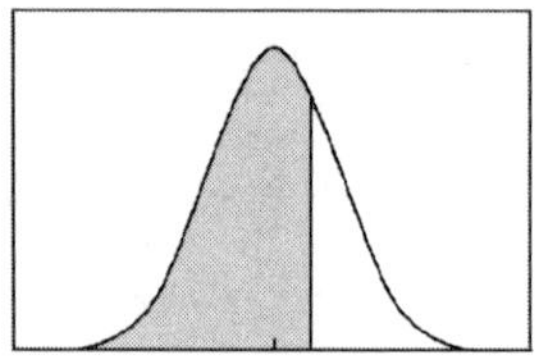

0 z

표의 숫자는 z와 같거나 작은 확률을 나타낸다.

z	.00	.01	.02	.03	.04	.05	.06	.07	.08	.09
0.0	.5000	.5040	.5080	.5120	.5160	.5199	.5239	.5279	.5319	.5359
0.1	.5398	.5438	.5478	.5517	.5557	.5596	.5636	.5675	.5714	.5753
0.2	.5793	.5832	.5871	.5910	.5948	.5987	.6026	.6064	.6103	.6141
0.3	.6179	.6217	.6255	.6293	.6331	.6368	.6406	.6443	.6480	.6517
0.4	.6554	.6591	.6628	.6664	.6700	.6736	.6772	.6808	.6844	.6879
0.5	.6915	.6950	.6985	.7019	.7054	.7088	.7123	.7157	.7190	.7224
0.6	.7257	.7291	.7324	.7357	.7389	.7422	.7454	.7486	.7517	.7549
0.7	.7580	.7611	.7642	.7673	.7704	.7734	.7764	.7794	.7823	.7852
0.8	.7881	.7910	.7939	.7967	.7995	.8023	.8051	.8078	.8106	.8133
0.9	.8159	.8186	.8212	.8238	.8264	.8289	.8315	.8340	.8365	.8389
1.0	.8413	.8438	.8461	.8485	.8508	.8531	.8554	.8577	.8599	.8621
1.1	.8643	.8665	.8686	.8708	.8729	.8749	.8770	.8790	.8810	.8830
1.2	.8849	.8869	.8888	.8907	.8925	.8944	.8962	.8980	.8997	.9015
1.3	.9032	.9049	.9066	.9082	.9099	.9115	.9131	.9147	.9162	.9177
1.4	.9192	.9207	.9222	.9236	.9251	.9265	.9279	.9292	.9306	.9319
1.5	.9332	.9345	.9357	.9370	.9382	.9394	.9406	.9418	.9429	.9441
1.6	.9452	.9463	.9474	.9484	.9495	.9505	.9515	.9525	.9535	.9545
1.7	.9554	.9564	.9573	.9582	.9591	.9599	.9608	.9616	.9625	.9633
1.8	.9641	.9649	.9656	.9664	.9671	.9678	.9686	.9693	.9699	.9706
1.9	.9713	.9719	.9726	.9732	.9738	.9744	.9750	.9756	.9761	.9767
2.0	.9772	.9778	.9783	.9788	.9793	.9798	.9803	.9808	.9812	.9817
2.1	.9821	.9826	.9830	.9834	.9838	.9842	.9846	.9850	.9854	.9857
2.2	.9861	.9864	.9868	.9871	.9875	.9878	.9881	.9884	.9887	.9890
2.3	.9893	.9896	.9898	.9901	.9904	.9906	.9909	.9911	.9913	.9916
2.4	.9918	.9920	.9922	.9925	.9927	.9929	.9931	.9932	.9934	.9936
2.5	.9938	.9940	.9941	.9943	.9945	.9946	.9948	.9949	.9951	.9952
2.6	.9953	.9955	.9956	.9957	.9959	.9960	.9961	.9962	.9963	.9964
2.7	.9965	.9966	.9967	.9968	.9969	.9970	.9971	.9972	.9973	.9974
2.8	.9974	.9975	.9976	.9977	.9977	.9978	.9979	.9979	.9980	.9981
2.9	.9981	.9982	.9982	.9983	.9984	.9984	.9985	.9985	.9986	.9986
3.0	.9987	.9987	.9987	.9988	.9988	.9989	.9989	.9989	.9990	.9990
3.1	.9990	.9991	.9991	.9991	.9992	.9992	.9992	.9992	.9993	.9993
3.2	.9993	.9993	.9994	.9994	.9994	.9994	.9994	.9995	.9995	.9995
3.3	.9995	.9995	.9995	.9996	.9996	.9996	.9996	.9996	.9996	.9997
3.4	.9997	.9997	.9997	.9997	.9997	.9997	.9997	.9997	.9997	.9998

찾아보기

확률론 강의 – 제3판 –

저　　자　박진호 · 박헌진 · 온일상 · 유동현
　　　　　조민호 · 조성일 · 조성훈 · 황진수
발 행 인　김지영
발 행 처　자유아카데미
주　　소　경기도 파주시 회동길 37-42
　　　　　파주출판도시
전　　화　031-955-1321
팩　　스　031-955-1322
홈페이지　www.freeaca.com
전자우편　main@freeaca.com (대표)
　　　　　editor@freeaca.com (편집)
　　　　　crm@freeaca.com (영업)
등　　록　제406-2003-017호, 1980. 7. 12
제3판1쇄　2023년 8월 31일 발행
제3판2쇄　2025년 8월 10일 발행

저자와의
협의하에
인지생략

ISBN 979-11-5808-462-2　93310